卫星直播数字电视
及其接收技术

苏凯雄 / 张　进 / 郭里婷 / 陈素琼 / 郑明魁　著

中国科学技术大学出版社

内 容 简 介

　　本书首先回顾了国内外卫星广播电视的发展历程,简要介绍了卫星直播数字电视系统的组成及其相关标准与规定;接着主要介绍了卫星数字电视前端系统的视、音频编码,多路复用,条件接收和信道传输等技术;然后重点介绍了卫星数字电视接收机软、硬件组成与原理,室外接收天线与高频头的结构与参数;最后介绍了接收系统的性能分析、系统设计和安装方法等。本书集作者多年教学、科研经验,结合实际应用系统和产品开发技术,以通俗易懂的语言进行描述,具备较好的可读性和实用性。

　　本书可作为高等院校和科研单位相关专业的教学、科研参考书,也可作为广电行业相关部门、企事业单位和业余爱好者的学习和培训资料。

图书在版编目(CIP)数据

卫星直播数字电视及其接收技术/苏凯雄等著. —合肥:中国科学技术大学出版社,2014.9

ISBN 978-7-312-03581-4

Ⅰ. 卫… Ⅱ. 苏… Ⅲ. 卫星直播电视—卫星数字电视—电视接收机

Ⅳ. TN943.3

中国版本图书馆 CIP 数据核字 (2014) 第 193641 号

出版	中国科学技术大学出版社
	安徽省合肥市金寨路 96 号,邮编:230026
	网址:http://press. ustc. edu. cn
印刷	合肥现代印务有限公司
发行	中国科学技术大学出版社
经销	全国新华书店
开本	710 mm×1000 mm　1/16
印张	15.5
字数	319 千
版次	2014 年 9 月第 1 版
印次	2014 年 9 月第 1 次印刷
定价	29.80 元

前　　言

利用人造地球卫星进行电视直播具有投资少、见效快、覆盖面广、收视成本低等优点,已成为众多国家实现电视覆盖的重要手段。数字电视具有抗干扰能力强、频谱利用率高、图像质量好、可兼容多种业务等优点,为卫星直播电视的发展注入了新的活力。近年来,随着科技进步和相关产业的快速发展,卫星直播数字电视接收设备开始进入千家万户,原来鲜为人知的高科技产品逐渐变成寻常百姓的家用电器。因而,无论是高等院校、科研单位、行业部门、制造企业,还是普通使用者或业余爱好者,均对蓬勃发展的卫星直播数字电视技术予以了极大关注。作者通过多方收集、整理资料,并结合 20 多年来在相关领域的教学、科研、成果推广和产品设计的实际经验和体会而写成此书。

全书内容共分为 10 章:第 1 章回顾了国内外卫星广播电视的发展历程,简要介绍了卫星直播数字电视系统的基本组成以及相关技术标准与规定;第 2～6 章以卫星直播数字电视前端系统信号处理流程为主线,结合国内外相关技术标准,介绍了视、音频编码,多路复用,条件接收和信道传输等技术;第 7～9 章围绕卫星直播数字电视接收终端的系统构成,分别介绍了卫星数字电视接收机硬件与软件的组成、原理及其设计方法,介绍了室外卫星接收天线和高频头的结构及其主要技术参数;第 10 章介绍了卫星直播数字电视接收系统的性能分析、系统设计和安装调整方法。

本书内容力求系统全面、新颖实用。前端系统的介绍中,重点突出了近年来发展起来并广泛采用的新技术;终端系统的介绍中,重点突出了实际应用的硬件电路和软件设计的方法与流程。书中力求文字简练、通俗易懂,并提供了大量新颖、实用的技术资料。本书可作为广播、通信、信息、电子和多媒体等专业的大中专学生、研究生的学习参考资料,也可作为广播电视相关企事业单位工程技术人员的学习和培训资料,还可作为相关产品生产企业技术人员以及无线电爱好者的参考资料。

本书的具体写作分工如下:第 1 章由苏凯雄、张进合作编写,第 2 章由苏凯雄、郑明魁合作编写,第 3 章、第 4 章、第 6 章和第 10 章由苏凯雄、郭里婷合作编写,

第 5 章、第 7 章、第 8 章由苏凯雄、张进、陈素琼合作编写,第 9 章由苏凯雄编写。同时,何晨曦、段海云、沈少阳、李辉、彭开通、张述明、吴迎晖、王献飞、张书义、吴好、陈周彬、陈建、吴林煌等参与了书中相关实例的软硬件设计工作。

　　由于著者水平有限,加之时间仓促,书中难免存在不妥之处,恳请读者指正。

苏凯雄

2014 年 4 月 26 日

目　　录

前言 ……………………………………………………………………（ⅰ）

第1章　卫星直播数字电视系统概述 ……………………………（1）
　1.1　卫星广播电视发展概况 ……………………………………（1）
　1.2　卫星直播数字电视系统组成 ………………………………（9）
　1.3　卫星直播数字电视的相关规范与标准 ……………………（13）

第2章　数字视频压缩编码技术 …………………………………（22）
　2.1　模拟视频信号的数字化 ……………………………………（22）
　2.2　视频压缩编码的基本方法 …………………………………（25）
　2.3　MPEG-2 视频压缩编码器 …………………………………（28）
　2.4　H.264 视频编码标准 ………………………………………（37）

第3章　数字音频压缩编码技术 …………………………………（50）
　3.1　音频技术发展概述 …………………………………………（50）
　3.2　音频压缩编码主要方法 ……………………………………（52）
　3.3　MPEG 音频编码器 …………………………………………（56）
　3.4　杜比 AC-3 音频编码器 ……………………………………（62）

第4章　数字电视多路复用技术 …………………………………（69）
　4.1　多路复用技术概述 …………………………………………（69）
　4.2　MPEG-2 的传送流结构 ……………………………………（70）
　4.3　系统时序模型 ………………………………………………（74）
　4.4　节目特殊信息 ………………………………………………（77）
　4.5　业务信息 ……………………………………………………（81）
　4.6　双层复用过程 ………………………………………………（85）

第5章　数字电视条件接收技术 …………………………………（89）
　5.1　条件接收系统概述 …………………………………………（89）
　5.2　条件接收系统原理 …………………………………………（90）
　5.3　条件接收的相关标准 ………………………………………（94）
　5.4　多系统条件接收技术 ………………………………………（98）

第6章　卫星直播数字电视信道传输技术 ·· （101）

6.1　信道传输技术简介 ·· （101）

6.2　DVB-S 信道传输标准 ·· （106）

6.3　DVB-S2 信道传输标准 ·· （113）

6.4　ABS-S 信道传输标准 ·· （126）

第7章　卫星数字电视接收机硬件系统 ·· （130）

7.1　卫星数字电视接收机的系统组成 ·· （130）

7.2　输入调谐解调器 ·· （132）

7.3　数字解调与信道解码器 ·· （134）

7.4　多路解复用器 ·· （143）

7.5　视音频解码器 ·· （146）

7.6　模拟视频编码器与音频数模转换器 ·· （153）

7.7　智能卡及其通信接口 ·· （156）

7.8　卫星数字电视接收机整机方案介绍 ·· （158）

第8章　卫星数字电视接收机软件系统 ·· （169）

8.1　卫星数字电视接收机软件基本架构 ·· （169）

8.2　实时操作系统内核 ·· （174）

8.3　调谐解调控制模块 ·· （180）

8.4　多路解复用控制模块 ·· （182）

8.5　视频解码控制模块 ·· （184）

8.6　条件接收控制模块 ·· （187）

8.7　用户接口模块 ·· （193）

第9章　卫星直播电视室外接收单元 ·· （199）

9.1　卫星接收天线的结构原理 ·· （199）

9.2　天线的技术参数 ·· （207）

9.3　卫星接收高频头 ·· （210）

9.4　高频头的主要参数 ·· （221）

第10章　卫星直播数字电视接收系统设计 ·· （224）

10.1　卫星电视质量与接收系统参数的关系 ·· （224）

10.2　卫星数字电视接收系统的性能分析 ·· （225）

10.3　卫星直播数字电视接收系统的设计 ·· （230）

10.4　卫星接收天线的安装与调整 ·· （233）

10.5　共用卫星天线的方法 ·· （237）

参考文献 ·· （238）

第1章 卫星直播数字电视系统概述

1.1 卫星广播电视发展概况

电视技术是人类在近代的最伟大发明之一。它将活动画面和自然声音转换成电的形式,并以光的速度向远处传播,使得千里之外的观众足不出户就能耳闻目睹天下诸事。如今,电视已成为全球最普及和最便捷的信息载体,并融入人们生活的各个方面,在传播时政新闻、提供资讯服务、丰富文化娱乐等方面起到了无可替代的作用。与此同时,伴随着人们对电视服务内容和广播服务质量的不懈追求,广播电视技术不断变革发展、推陈出新,并在全球造就了一个极其庞大的广播电视产业。

1.1.1 电视的卫星传送

早期的广播电视系统主要利用超高频无线电波进行电视节目的无线广播。由于超高频无线电波具有类似光线的传播特性,其传播距离受到地球表面曲率的限制和高山大川的阻隔,使得电视广播信号的覆盖区域局限在数十公里的范围以内。为了能够将电视节目传送到更远的地方去,人们主要通过提高发射天线和接收天线的高度、加大无线电波的发射功率、设立广播电视差转台或建立微波中继站等方法来解决。前两种方法可在一定程度上扩大本地区的电视覆盖范围,但需要付出较高的经济成本和环境代价;后两种方法可以实现电视节目的超视距、远距离传送,但过多的信号中间转发环节会造成电视质量的显著下降,影响电视收看效果。

为了克服地面无线电波传播的局限性,1945年英国人克拉克提出了通过在地球上空同步轨道上放置3颗人造地球卫星来实现全球通信的设想,如图1.1所示。

同步轨道是指在地球赤道上空约35 800 km处的一个圆形轨道。人造地球卫星处在这一轨道上围绕地球运转的周期恰好与地球的自转周期相同,使得人造卫星与地面处于相对静止不动的状态。运行于同步轨道上的卫星称为同步卫星,有时也称为静止卫星。由于当时科学技术水平的局限,这一"科学幻想"一直未能付诸实施。

1957年,苏联成功发射了世界上第一颗人造地球卫星——"斯普特尼克号",

才使人们看到这一科学幻想变成现实的希望。1962 年,美国相继发射了两颗低轨道卫星,分别进行了电视、电话、电报和传真等通信试验。但由于当时火箭发射技术的限制,这些试验卫星都运行于高度仅为几百到几千公里的椭圆轨道上,卫星围绕地球运行的周期比地球自转的周期短得多。由于卫星与地球处于相对的运动之中,可利用其进行无线信号转发的时间很短,所以不能用于进行长时间、不间断的无线通信或电视广播。

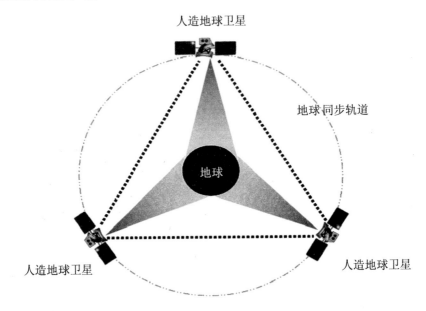

图 1.1　利用人造地球卫星来实现全球通信

随着火箭运载能力的提高、同步卫星发射和卫星姿态控制技术的发展,人们终于有能力将人造卫星发送到同步轨道上。1964 年 8 月,美国经过两次失败之后,终于成功地发射了世界上第一颗同步轨道通信卫星。该星定点于太平洋上空,成功地进行了跨越大洋的无线通信,并被用于向美洲观众转播远在日本东京举办的第十八届奥林匹克运动会的电视实况,使人类利用人造地球同步卫星进行跨越大洋传送电视节目的梦想真正成为现实。

为了建立和发展全球商业卫星通信系统,美国、加拿大、法国、联邦德国、澳大利亚、日本等 14 个国家于 1964 年 8 月联合成立了"国际通信卫星组织";于 1973年 2 月通过了《关于国际通信卫星的协定》和《关于国际通信卫星营运的协定》;于1965 年 4 月发射了第一颗卫星——"国际通信卫星 1 号"(INTELSAT-1),定位于大西洋上空的同步轨道,其通信容量为 240 路电话或 1 路电视;此后陆续发射了 2、3、4、5 和 5A 等卫星,分别定位于大西洋、印度洋、太平洋上空。目前,它已拥有由20 颗地球同步轨道卫星组成的全球卫星通信网络,为 200 多个国家和地区的客户提供电话通信、广播电视传送和网络接入等服务。

　　中国于 1977 年加入国际通信卫星组织,并于 20 世纪 80 年代初利用德、法联合研制的"交响乐"等卫星进行了电视传输试验。1984 年 4 月,中国发射了第一颗试验通信卫星,并利用其向新疆、西藏、内蒙古等地区传送中央电视台节目。1985 年,中国利用国际通信卫星组织的 5 号卫星的 4 个卫星转发器向全国各省(市、区)传送电视节目。1988 年 3 月和 1990 年 2 月,中国又成功发射了 2 颗东方红二号甲通信卫星,用于传送中央电视台 2 套节目和新疆、云南、贵州、西藏 4 个省(区)的地方电视台节目,以及 2 套中央教育电视节目,并在全国各地建立了数以千计的卫星地面接收转发站,有效地解决了边远省、市、自治区的电视覆盖问题。

　　由于同步卫星与地面距离遥远,加上当时的技术局限,卫星发射功率都比较小(几瓦到十几瓦),从卫星传播到地面的无线电信号极其微弱,因而地面接收站需要采用大型的抛物面天线(天线口径通常达 5 m 以上)才能收到卫星信号。这种用于通信和电视信号传输的小功率卫星通常称为通信卫星。由于通信卫星发射功率小,对地面接收系统的要求很高,因而地面卫星电视接收系统体积庞大、造价高昂,只能作为单位集体接收之用,或作为广播电视转播台的前端接收设备,将其所接收的卫星电视节目通过本地电视台以无线或有线的方式进行转发,供本地区的电视用户收看,如图 1.2 所示。

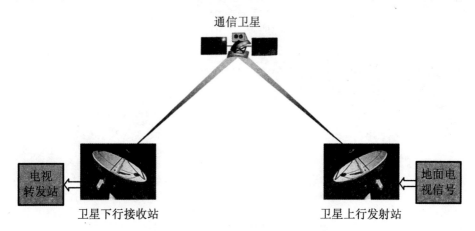

图 1.2　卫星电视传输系统示意图

1.1.2　电视的卫星广播

　　随着空间技术的进一步发展,在小功率通信卫星的基础上,人们进一步开展了大功率电视广播卫星的研制。利用广播卫星的大功率星载转发器,可以向其服务区内的家庭用户直接广播电视节目,而用户只需采用小口径卫星天线(口径为 1～2 m)就能正常收到卫星信号。1974 年 5 月,美国成功发射了第一颗试验广播卫星。该星采用 2.6 GHz 频段的一个电视频道,向没有电视台的落基山脉和阿拉斯加等地区进行了教育电视的实验广播。1976 年 10 月,苏联也发射了一颗试验广播卫星,命名为"荧光屏号",定位于东经 99°的同步轨道上。该星采用 714 MHz 下行频率传送一套电视节目,其覆盖区域的总面积达 $1 \times 10^7 \ \text{km}^2$。在中国长江以北地区,采用带 2 m 左右反射面的螺旋天线也可以清晰地收到"荧光屏号"卫星转播的电视节目。

由于技术的限制,早期的广播卫星采用较低的工作频段(低于 4 GHz),而卫星天线的增益与工作频率成正比关系,因此为了进一步减小卫星接收天线的尺寸、降低地面卫星电视接收系统的成本,人们开始开发工作于更高频段——Ku 频段(12 GHz)的卫星广播电视系统。20 世纪 70 年代末,美国和日本先后进行了 Ku 频段卫星广播系统的试验,并取得了成功。采用 Ku 频段进行电视的卫星广播,当卫星转发器发射功率达到 200 W 时,在卫星波束覆盖的中心区域内,只要采用 0.6~1 m 的小口径天线(俗称"小耳朵"天线)就可清晰地收到 Ku 频段的卫星广播电视节目,从而使得地面卫星电视接收器可以做得十分小巧,价格也大大降低,可方便地安装在家庭用户的阳台或窗台上,从而大大促进了卫星广播电视向普通家庭用户的推广,如图 1.3 所示。

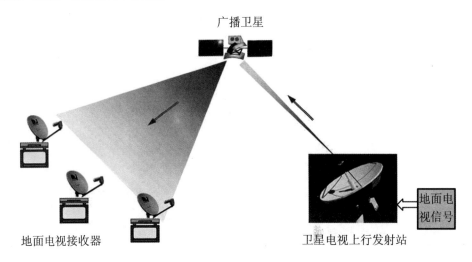

图 1.3 卫星电视广播系统示意图

由于卫星广播电视具有投资少、见效快、覆盖广、图像质量好、接收设备成本低等优点,受到了世界各国的广泛重视。自 20 世纪 80 年代初开始,世界各发达国家(如美国、苏联、日本、加拿大、英国、法国等)纷纷制订本国的卫星广播电视计划,并积极投入实施。日本是亚洲地区第一个开展模拟电视卫星直播到户的国家。1984年,日本放送协会(NHK)为解决日本离岛偏远地区的电视收视困难,将地面广播的电视节目"NHK 综合"和"NHK 教育"两套节目通过 Ku 频段直播卫星(BS 系列卫星)进行广播。1989 年,NHK 为进一步吸引观众,开始专门为直播卫星制作了以海外新闻和体育为主的 NHK 第一套直播卫星节目和以电影、音乐、演出等娱乐节目为主的 NHK 第二套直播卫星节目。同年,由八家卫星节目供应公司联手成立了以个人接收为主的卫星顾客管理公司,并于 1990 年 2 月以采用共同加密方式开展了以一般家庭为收视对象的直播卫星(CS 系列卫星)节目。1991 年,日本首家民间卫星放送公司 JBS 开通了收费收视的直播卫星电视 WOWOW,进一步促进了卫星直播电视的商业化运营。

20 世纪 90 年代后,为数众多的发展中国家也先后加入了开展卫星广播电视业务的行列。部分地理条件特殊的国家和地区(如印度尼西亚、印度等)甚至把卫星广播电视作为电视广播覆盖的主要手段。到 20 世纪末,用于电视广播的同步卫星数量已多达数十颗,上星的电视节目数量达到数百个,卫星地面接收用户总量达到数千万。

中国幅员辽阔、人口众多、地形复杂,要想从根本上解决中国广播电视的覆盖问题,就必须发展卫星电视。早在 20 世纪 80 年代中期,国内高校和科研机构就开始积极开展 Ku 频段卫星直播电视接收系统的研究工作。虽然中国当时尚未发射直播卫星,但在日本 BS 直播卫星投入使用后,中国靠近东南沿海的个别地区落在 BS 卫星覆盖波束的边缘,若采用 3.5 m 以上口径天线,就可以收到该星的信号。在这一时期,中国许多科研单位就是利用这一信号条件,进行 Ku 频段卫星地面接收设备的接收效果测试。1989 年,中国电子学会和中国通信学会专门在福州梅峰宾馆组织召开了中国卫星电视规划发展研讨会,并举行了全国 Ku 频段卫星电视接收系统测试评比大会,携带研制设备前来参加测试评比的科研院所和企业超过百家,由此可以窥见当时国内对于直播卫星的憧憬和研究热情。此后,由于种种原因,中国 Ku 频段直播卫星未能如期发射,这一研究热潮逐渐消退。

1990 年 4 月,由中国参与投资经营的"亚洲 1 号"卫星发射成功并投入使用,这是中国卫星广播电视事业发展的一个里程碑。该星拥有 24 个 C 频段(4 GHz 频段)转发器,南、北两个波束覆盖了亚洲及其邻近的 40 多个国家和地区,共 27 亿多人口。中国租用了其中 6 个转发器,用于电视节目转播和电话通信等。1993 年 6 月,中国向美国 GTE 空间网络公司购买了一颗在轨卫星,命名为"中星五号",除用于接替"东二甲"卫星转送中央一、二套和四川、新疆、西藏电视节目外,还增加了中央三套、浙江和山东 3 个电视节目,成为当时国内的主力电视卫星。1994 年 7 月,以中资为主的亚太通信卫星公司成功地发射了"亚太 1 号"卫星,该星也拥有 24 个 C 频段转发器,其波束覆盖整个亚太地区。中国租用了其中 8 个转发器,其中 3 个用于转发 3 套教育电视节目,其余的用于通信。1996 年,"亚太 1 号 A"卫星发射成功并投入运行,该星用于接替"中星 5 号"卫星,传送的国内电视节目有中一、中二、中七、浙江、山东、云南、西藏、四川和新疆等 10 个模拟电视节目。

尽管上述卫星均采用频率较低的 C 频段进行电视广播,但卫星转发器功率较大,地面接收站采用 1.5～2 m 口径的天线就可以收到卫星节目信号。同时,由于国内 C 频段的接收技术比较成熟,卫星接收设备成本比较低廉,因而为卫星电视在中国农村和边远地区的普及提供了有效的手段,进而带动了中国模拟卫星电视接收设备相关产业的快速发展,卫星电视接收设备厂家如雨后春笋般发展起来。为了加强管理、保证质量、促进有序竞争,国务院于 1993 年 8 月颁布了《卫星电视广播地面接收设施管理规定》,对卫星地面接收设施(包括天线、高频头、接收机等)的生产实行许可制度,由国家定点的专门企业生产。1994 年,原电子工业部制定了《卫星电视广播地面接收设施生产管理办法》,次年有 40 多家企业列入了首批国家定点生产企业,其中半数以上为福建、广东和四川企业。

1.1.3　卫星直播数字电视

进入 20 世纪 90 年代中期后,全球卫星广播电视快速发展,世界各国对于同步轨道的卫星转发器需求日益旺盛。由于地球赤道上空的同步轨道仅有一条,为防止信号相互干扰,同步轨道上只能同时容纳有限数量的同步卫星。同时,可用于进行卫星电视广播的频谱资源也十分有限,为了防止信号的相互干扰,还需要针对不同国家和地区来分配这些频谱资源。此外,模拟电视通过卫星进行传输或广播需要占用较宽的频带,一个转发器通常只能用于一个电视节目的转发。因此,随着上星节目数量的增多,卫星转发器的供求关系日趋紧张,导致转发器费用不断上涨,从而严重制约了卫星广播电视事业的发展。

随着科学技术的进步,特别是计算机处理技术、视音频压缩编码技术、前向纠错编码技术、高效数字调制技术以及超大规模集成电路技术的发展,电视的数字化传输技术逐渐成熟,数字化电视传输方式的优越性逐渐显现。数字电视带来的好处主要表现在三个方面:其一,通过采用数字压缩技术和高效调制方式,能够有效地减少每路电视所占用的传输带宽,从而大大提高无线电频谱资源的利用率。在相同的画面质量下,采用数字化传输电视节目所需的带宽不到模拟传输方式的五分之一。其二,通过采用复合的前向纠错编码等抗干扰技术和信号再生技术,能够有效地抗击各种信道干扰,消除信号失真和噪声的积累,从而大大提高图像质量,并可降低对信号发射功率的要求。或在同样的卫星下行功率条件下,数字地面卫星电视接收系统可以采用更小的接收天线,获得同样的接收效果。其三,通过采用多工复用技术和数据加扰加密技术,可实现图像、语音和数据等多种形式信息流的兼容传输和授权管理,从而有利于电视运营商以更加方便、灵活的方式开展各类增值业务,为广大用户提供更加多样化、个性化的信息服务。

数字传输方式的优越性为卫星电视广播事业的发展带来了新的生机。自 20 世纪 90 年代中期起,美国、欧洲、日本等发达国家纷纷投入数字电视相关技术标准的制订和卫星直播数字电视系统的建设。1994 年 6 月,美国开播了首个卫星直播数字电视业务——Direct TV,该系统能够为用户同时提供 150 多个数字电视频道。该系统在四年内发展了 300 多万用户,并于 2006 年突破了 1 500 万的用户规模。1995 年,欧洲 150 个组织合作开发了数字视频广播(Digital Video Broadcasting,DVB)项目,成立了由 30 多个国家、230 多个成员组成的 DVB 联盟,形成了数字电视相关的系列技术标准。其中的卫星数字电视传输标准 DVB-S 大大推动了欧洲和世界各国卫星直播数字电视的迅速发展。在此后的三年时间内,欧洲的英、法、德、意、西等发达国家先后开通了卫星直播数字电视系统。截至 2005 年底,直接通过 Astra 直播卫星收看数字电视的欧洲用户达到 4 500 万。

在亚洲,日本于 1996 年 6 月开通了亚洲第一个卫星直播数字电视系统——Perfect TV,该系统通过日本 CS 卫星向日本国内用户提供 70 个专业频道和 100多个数字音乐频道,并在一年内获得 50 多万个用户的加入。该系统于 1998 年后升级为 Sky-Perfect TV,提供的电视频道达到 170 个,音乐频道 106 个。截至 2004年,日本的卫星电视用户数量增加到 2 300 万。印度尼西亚于 1997 年 2 月开通了19 个频道的 Indovision 数字卫星直播业务系统,并在不久后将电视频道增加到 40个。随后,马来西亚、韩国、菲律宾、泰国、老挝、印度和越南等也先后建立了各自的卫星直播数字电视系统。

为了紧跟国际广播电视数字化发展的潮流,并解决中国卫星转发器的供求紧张问题,1995 年底中国首先通过"中星 5 号"卫星的一个 C 波段转发器试传 5 个数字电视节目并取得了成功。1996 年,中国租用了"亚洲 2 号"卫星的 3 个 Ku 转发器,其中一个用于中央电视台 5 套数字电视节目的传送,另一个用于转播中四模拟节目,还有一个用于数字音频和数据广播。1997 年,中国 14 个省、区、直辖市的 15套电视节目采用数字方式通过"亚洲 2 号"卫星进行传送。1999 年,中央 8 套节目和大部分省级卫视节目都集中到中国"鑫诺 1 号"卫星上,形成了国内首个 Ku 波段卫星数字电视直播平台。2005 年,中国完成了全部卫星模拟电视的数字化转换。同年,中国成功发射了"亚太 6 号"卫星,中央台、省级台、港澳台以及批准落地的境外电视台同时通过该星进行数字直播实验。2007 年,中国"中星 6B"和"鑫诺 3 号"广播卫星成功定点并投入使用,将原来分别在"亚太 2R"、"亚太 6 号"、"亚洲 3S"、"鑫诺 1 号"、"亚洲 4 号"、"中卫 1 号"等 6 颗卫星上的境内广播电视节目全部集中到这两颗卫星上。其中,"中星 6B"传送约 150 个数字标清电视频道和 3 个数字高清频道,"鑫诺 3 号"传送 33 个数字标清频道和 7 个数字高清频道。"鑫诺 3号"卫星的电视传送任务于 2010 年 10 月被"中星 6A"卫星正式接替。

1.1.4　中国卫星数字电视终端产业的发展

随着 21 世纪初中国上星电视节目逐步向数字化过渡,中国卫星数字电视终端产业经历了从无到有、从小到大的迅速发展历程。为了统一标准、规范生产、保证质量,2000 年国家信息产业部在 1994 年制定的《卫星电视广播地面接收设施生产管理办法》的基础上,结合卫星数字电视的新发展和国内卫星电视产业的实际情况,制定了《卫星电视广播地面接收设备定点生产管理办法》,对卫星电视接收设备定点生产企业实行总量控制、优胜劣汰、动态管理、促进发展的原则,在原来的 84家定点生产单位基础上,进行重新调整和核定。2008 年,信息产业部再次对定点生产单位进行审核,确定了56家卫星电视设备定点生产企业名单,其中卫星数字电视接收机定点生产企业30家(福建9家,广东7家,山东3家,北京、江苏和四川各2家,上海、湖北、湖南、陕西和浙江各1家)。

国内上星数字电视节目的日益增长,尤其是为解决偏远地区和地面电视覆盖盲区群众收看电视问题而实施的广播电视"村村通工程",对国内卫星数字电视接收设备的需求起到了重要的推动作用。据不完全统计,从2002年开始,用于接收国内卫星电视节目的卫星数字电视接收机销售量逐年快速增长,当年卫星数字电视接收机销售量达200万台,2004年销量突破500万台,2006年突破1 000万台,2008年突破2 000万台,年复合增长率达到44%。

2008年年底,采用中国技术标准ABS-S的"中星9号"直播星正式开播,国家广电总局随后推出了"户户通工程",使中国卫星数字电视终端产业再次迎来发展的新契机。从2009年到2010年,两次ABS-S卫星接收系统招标总量达到1 230万套,招标金额达到43亿元人民币。同时,"中星9号"48套免费数字电视节目的出现,也释放了抑制已久的国内巨大的需求市场。据不完全统计,仅2009年国内非招标的卫星直播数字电视接收机(即所谓的"山寨机")销售量就达到4 000万台。

与此同时,中国成功加入WTO,为国内卫星电视接收设备制造业打开了另一个巨大的海外需求市场。2002年起,中国周边的若干国家和地区(如印尼、泰国、巴基斯坦、印度等)先后开始进行卫星电视模拟转数字,广东和福建的许多厂商成功地进入这些海外市场。2003年后,国内厂商通过参加各种国际电子展,又成功地进入作为卫星电视终端商品集散地的中东地区,进而向非洲、东欧和西欧各地渗透,逐步占领了卫星数字电视终端的低端产品市场。卫星数字电视接收机的海外销量保持了与国内销量呈同步增长的态势(如图1.4所示)。

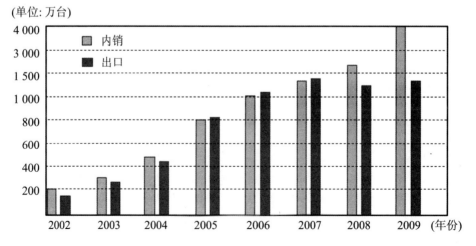

图1.4　中国卫星数字电视接收机销售规模

1.2　卫星直播数字电视系统组成

卫星直播数字电视系统主要由三大部分组成:卫星数字电视上行发射站、直播卫星转发器和地面卫星数字电视接收系统,如图 1.5 所示。

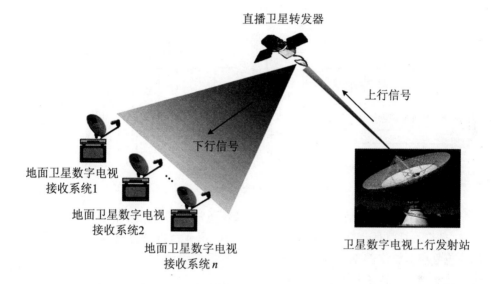

图 1.5　卫星直播数字电视系统组成示意图

卫星数字电视上行发射站的主要功能是将节目制作中心送来的模拟或数字电视信号(视频与伴音)进行信源压缩编码、信道抗干扰编码和多进制数字调制等处理之后,再经过频率变换,将信号变频为上行微波信号发送给卫星,同时负责对卫星转发器的工作状态进行监控。

直播卫星转发器则接收来自上行发射站的上行微波信号,对接收到的微弱信号进行低噪声放大,并将信号频率变换为下行的微波信号频率,再经功率放大达到足够的发射功率之后,转发给地面的卫星数字电视接收系统。

地面卫星数字电视接收系统将所接收到的微弱的卫星下行微波信号经低噪声放大、下变频、数字解调、信道解码和音视频解压缩等一系列处理之后,得到数字音视频信号,再经数模转换后重新恢复出原电视信号。

下面简要介绍卫星直播数字电视系统各部分的组成和工作原理。

1.2.1　上行发射站

卫星数字电视上行发射站主要由信源编码器、信道处理器、微波发射机和发射天线等组成,如图1.6所示。卫星数字电视上行发射站的信号处理流程为:由电视演播室送过来的电视节目信号(视频和音频)经过模数转换(如果是模拟信号的话)后,送入信源编码器进行数字视频和音频的压缩编码和打包成帧,并在时基信号的控制下,将打包后的视频流、音频流以及其他业务的数据进行时分复用成单一节目的数字码流;该码流经过信道处理器进行加扰、前向纠错编码和数字调制,得到已调中频信号;该中频信号送入微波发射机进行上变频,得到上行微波信号,再经微波功率放大器放大后,通过大口径的上行发射天线将微波信号发往卫星。

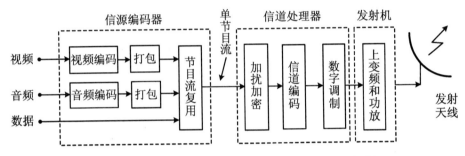

图1.6 卫星电视上行发射站系统组成框图(SCPC方式)

对于多节目的卫星数字电视上行发射站,通常采用时分多路复用方式(MCPC方式)进行。其具体做法是:先将输入的多套电视节目分别进行信源编码,再通过传输流复用器将多路节目流复用成一路多节目传输流,然后再进行后续处理,如图1.7所示。采用这种节目上行方式,通常可支持多至几十套的电视节目,由于复用后的码流速率很高,因而所占用的信号带宽也会成倍地增大。

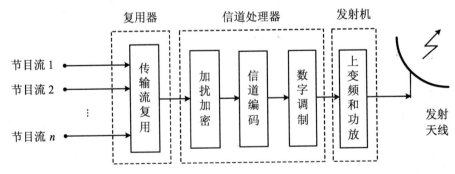

图1.7 卫星电视上行发射站系统组成框图(MCPC方式)

1.2.2 卫星转发器

卫星转发器接收来自地面上行站的上行微波信号,经低噪声放大后,将它变换成下行微波频率,再经功率放大后,转发回地面服务区内。因此,卫星转发器实际上是起到一个微波信号的空间转发站的作用。卫星转发器可以用于转发模拟的上星电视节目,也可用于转发数字的上星电视节目,但它应以最低的附加噪声和最小的信号失真来转发电视广播信号。

　　卫星转发器在电路结构上一般有两种形式:一种是采用直接变频式(或称为一次变频式)电路,另一种是采用二次变频式电路。直接变频式转发器将上行微波信号频率经一次变频,直接变为下行频率,故电路结构简单;但由于工作频率高,对电路和元器件要求也高。二次变频式转发器将上行微波信号频率先变换为中频信号,经中频放大后再变换到下行频率;由于所选的中频频率较低(如 70 MHz),故对电路和元器件要求不高,容易实现高增益和 AGC 控制等。因此,广播卫星基本上都采用二次变频式转发器,如图 1.8 所示。

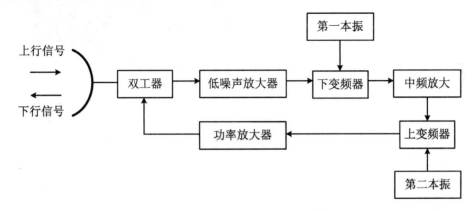

图 1.8　星载转发器的工作原理框图

　　卫星转发器的技术参数主要包括工作频率、工作带宽、发射功率、电波极化方式和覆盖波束形状等。目前常用的转发器工作频段主要有 C 频段(上行频率为 6 GHz 频段,下行频率为 4 GHz 频段)和 Ku 频段(上行频率为 14 GHz 频段,下行频率为 12 GHz 频段),卫星直播数字电视系统的工作频率都采用 Ku 频段。在工作带宽上,卫星转发器的工作带宽通常设计成 36 MHz、54 MHz 和 72 MHz 等多种带宽,带宽越大,容纳的电视节目数量越多。在发射功率上,卫星直播数字电视转发器的功率一般为数十瓦到数百瓦之间,功率越大,信号越强,需要的地面接收天线就可以越小。在电波极化方式上,有采用线性极化的水平极化波和垂直极化波,也有采用圆极化的左旋极化波和右旋极化波。在覆盖波束上,根据实际覆盖区域的形状和范围,有采用大面积覆盖波束的,也有采用小区域赋形覆盖波束的,等等。

1.2.3　卫星直播数字电视接收系统

　　卫星直播数字电视接收系统主要由安装于室外的卫星接收天线和高频头(又称室外接收单元)与安放于室内电视机附近的卫星数字电视接收机(简称接收机)

等部分组成。卫星接收高频头直接安装在卫星接收天线的馈源上,它将天线接收到的高频电波转化为高频电流,经低噪声放大后再下变频成为中频信号。高频头与室内的接收机之间通过一段高频同轴电缆进行连接,把高频头输出的中频信号送到室内接收机输入端。接收机将输入的中频信号经过一系列处理之后,得到视频和音频信号,并通过音视频电缆送到电视机,以再现卫星电视节目。如图 1.9 所示。

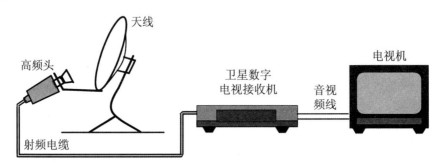

图 1.9　卫星直播数字电视接收系统组成

卫星直播数字电视接收系统的内部电路组成框图如图 1.10 所示。系统的信号处理过程与上行发射站恰好相反:天线接收来自卫星的下行信号,经低噪声放大和下变频得到中频信号,再经数字解调后输出数字码流,该数字码流被送到信道解码单元进行前向纠错等处理后,再经过多路解复用,分离出视频、音频和数据码流,并分别送到视频解码、音频解码和数据解码单元进行处理,恢复出数字视频信号和数字音频信号,该数字视频信号和数字音频信号可再分别经过视频编码器和音频 A/D 变换器输出模拟视音频信号,以便直接送给模拟电视机或监视器,重现彩色图像和声音。

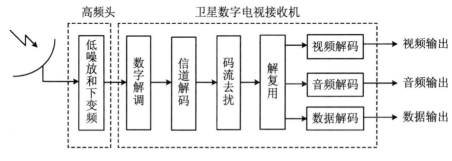

图 1.10　卫星直播数字电视接收系统电路组成框图

1.3　卫星直播数字电视的相关规范与标准

1.3.1　同步轨道的相关规定

为了使卫星地面接收站能够采用低成本的定向卫星接收天线,实现长时间、稳定地接收来自卫星的微弱信号,要求直播卫星必须运行于与地球表面处于相对不动的轨道上,该轨道称为同步轨道。通过简单的计算可以得出,同步轨道是位于地球赤道上空约 35 786 km 处、与赤道平面相交的一条圆形轨道。运行于该轨道的卫星称为同步卫星。同步卫星在这一轨道上绕地球运转的角速度与地球自转的角速度相等,二者相对静止不动,故同步卫星有时又称为静止卫星。

由于地球上空的同步轨道只有一个,为了防止同步轨道上的卫星信号之间相互干扰,国际电联(ITU)曾规定,同一频段每两颗同步卫星之间至少要有 3°的间隔(从地面上看),这样整个同步轨道最多只能同时容纳 120 颗同频段同步卫星(如图 1.11 所示)。后来,为了提高同步轨道的利用率,采用了不小于 2°间隔的规定。即使如此,同步轨道最多也只能同时容纳 180 颗同频段同步卫星。

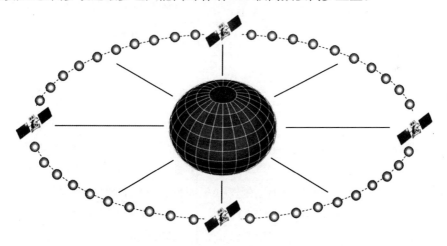

图 1.11　地球赤道上空的同步轨道

同步轨道上同步卫星的位置采用地球表面相对应点的经度和纬度进行标识。由于同步轨道处于地球赤道平面上,其纬度为零,故同步卫星的轨道位置只需经度一个参数来标识。地球的零经度线位于英国格林威治天文台所处的本初子午线上,向东方向增加为东经(记为 E),减少为西经(记为 W)。例如,"中星 9 号"直播卫星处于东经 92.2°的同步轨道位置上,其轨道位置记为 92.2°E。表 1.1 给出了目前亚太地区上空主要广播卫星的分布情况。

表 1.1　亚太地区上空主要电视广播卫星的分布情况

序号	定点位置	卫星名称	代号	工作波段	运营商
1	66.0° E	国际 17 号	INTELSAT-17	C 波段和 Ku 波段	国际通信卫星公司
2	68.5° E	国际 7/10 号	INTELSAT-7/10	C 波段	国际通信卫星公司
3	76.5° E	亚太 2R	APSTAR-2R	C 波段和 Ku 波段	亚太卫星公司
4	78.5° E	泰星 5 号	THAICOM-5	C 波段和 Ku 波段	泰国通信公共公司
5	80.0° E	快车 MD1/AM2 号	EXPRESS-MD1/AM2	C 波段	俄罗斯卫星通信公司
6	83.0° E	印星 4A	INSAT-4A	C 波段	印度政府
7	88.0° E	中新 1/2 号	ST-1/2	C 波段和 Ku 波段	中国台湾中华电信
8	90.0° E	雅玛尔 201 号	YAMAL-201	C 波段和 Ku 波段	俄罗斯卫星通信公司
9	91.5° E	马星 3 号	MEASAT-3	C 波段和 Ku 波段	马来西亚东亚卫星
10	92.2° E	中星 9 号	CHINASAT-9	Ku 波段	中国通广卫星公司
11	93.5° E	印星 3A/4B	INSAT-3A/4B	C 波段	印度政府
12	95.0° E	新天 6 号	NSS-6	Ku 波段	新天卫星公司
13	96.5° E	快车 AM33 号	EXPRESS-AM33	C 波段和 Ku 波段	俄罗斯卫星通信公司
14	100.5° E	亚洲 5 号	ASIASAT-5	C 波段和 Ku 波段	亚洲卫星公司
15	105.5° E	亚洲 3S	ASIASAT-3S	C 波段和 Ku 波段	亚洲卫星公司
16	108.0° E	印尼电信 1 号	TELKOM-1	C 波段和 Ku 波段	印尼卫星通信公司
17	110.5° E	中星 10 号	CHINASAT-10	C 波段和 Ku 波段	中国通广卫星公司
18	113.0° E	帕拉帕 D	PALAPA-D	C 波段和 Ku 波段	印尼卫星通信公司
19	115.5° E	中星 6B	CHINASAT-6B	C 波段	中国通广卫星公司
20	122.0° E	亚洲 4 号	ASIASAT-4	C 波段和 Ku 波段	亚洲卫星公司
21	125.0° E	中星 6A	CHINASAT-6A	C 波段和 Ku 波段	中国通广卫星公司
22	128.0° E	日本通信 3A	JCSAT-3A	C 波段和 Ku 波段	日本通信卫星公司
23	132.0° E	越星 1/2 号	VINASAT-1/2	C 波段和 Ku 波段	越南邮政电信集团
24	134.0° E	亚太 6 号	APSTAR-6	C 波段和 Ku 波段	亚太卫星公司
25	138.0° E	亚太 5 号	APSTAR-5	C 波段和 Ku 波段	亚太卫星公司
26	140.0° E	快车 AM3 号	EXPRESS-AM3	C 波段和 Ku 波段	俄罗斯卫星通信公司
27	144.0° E	超鸟 C2 号	SUPERBIRD-C2	Ku 波段	日本空间通信公司
28	154.0° E	日本通信 2A	JCSAT-2	C 波段和 Ku 波段	日本通信卫星公司
29	166.0° E	国际 8 号	INTELSAT-8	C 波段和 Ku 波段	国际通信卫星公司

1.3.2　卫星广播频段

为了防止卫星电视广播信号对地面通信的干扰,1971 年国际电信联盟(ITU)在日内瓦举行的世界无线电行政大会上,对卫星广播业务所使用的频率进行了分配,并明确了卫星广播业务的定义和技术标准。所规定的卫星广播的专用频率,共分 6 个频段,如表 1.2 所示。作为卫星直播电视系统,必须采用小口径接收天线,所以必须采用高频段频率。目前,广泛使用的卫星直播频段是 Ku 频段。个别发达国家(如日本等)已开始开发 Ka 频段资源,以便实现更多、更高质量数字电视(如高清数字电视)卫星直播的需求。更高频段(如 Q 波段和 E 波段)由于技术上尚未成熟,故暂未使用。

表 1.2　卫星广播电视工作频段

波段名称 (GHz)	频率范围 (GHz)	分配区域	使用范围
L (0.7)	0.62～0.79	全球范围	与其他业务共用
S (2.5)	2.50～2.69	全球范围	供集体接收使用
Ku (12.0)	11.7～12.2 11.7～12.5	第二、三区 第一区	卫星广播优选
Ka (23.0)	22.5～23.0	第三区	与其他业务共用
Q (42.0)	40.5～42.5	全球范围	卫星广播专用
E (85.0)	84.0～86.0	全球范围	卫星广播专用

国际电联还从频率使用角度出发,将全世界划分为 3 个区域:第一区包括欧洲、非洲、俄罗斯的亚洲部分、蒙古及伊朗西部以西的亚洲地区;第二区包括南、北美洲;第三区包括亚洲的大部分地区和大洋洲。中国属于第三区。对于卫星电视广播优选频段的 Ku 频段,第二区和第三区使用的频率范围为 11.7～12.2 GHz,第一区使用的频率范围为 11.7～12.5 GHz;第三区还可使用 22.5～23 GHz 的 Ka 频段(具体见表 1.2)。

此外,国际电联还规定了用于地面微波通信和卫星通信的 C 波段频率(3.7～4.2 GHz),也可用于卫星电视传输,但对转发器的发射功率作出限制(一般为 8～16 W),故地面接收终端需要采用口径较大的接收天线,因此 C 波段的卫星转发器只能用于地面电视的收转之用。目前,中国多套中央电视节目和各省级电视台节目仍采用该波段进行卫星电视传输。

1.3.3　卫星轨道与频率使用规则

卫星轨道和频率资源是人类共有的自然资源,也是卫星应用产业发展不可或缺的基本要素,因此已成为世界各国争夺的一种战略资源。为了合理分配和使用这一重要资源,国际电联对各国申请和使用卫星轨道和频率资源制定了"先申报就可优先使用"的规则。在这种方式下,各国依据国际规则向 ITU 申报所需要的卫星频率和轨道资源,先申报的国家具有优先使用权;然后,按照申报顺序确立的优先地位次序,相关国家之间要遵照国际规则开展国际频率干扰谈判,后申报国家应采取措施,保障不对先申报国家的卫星产生有害干扰。同时 ITU 还规定,卫星轨道和频率资源在申报后的 7 年内必须启用所申报的资源,否则所申报的资源自动失效。其目的是体现公平,防止少数发达国家借助其技术和经济实力,抢占所有的卫星频率和轨道资源。

随着世界政治和经济的发展,各国已充分认识到卫星轨道资源和频率资源是人类的宝贵财富,从而使得对这一资源的争夺更为激烈。根据国家各类卫星系统的总体规划,中国按照国际规则积极申请卫星轨道和频率资源。在现行卫星广播业务规划中,中国有 4 个卫星轨位位置,分别为东经 62°、东经 92.2°、东经 122°和东经 134°,每个轨道位置有 2 个下行波束,每个波束包含 12 个 27 MHz 带宽的频道,即共有 96 个 27 MHz 带宽频道。

此外,鉴于卫星广播业务的内容涉及国家广播主权、民族习惯和宗教信仰等,《无线电规则》为此还制定了特别条款,即要求在设计卫星广播业务转发器的各项特性时,应当利用一切可获取的技术手段,最大限度地减少对其他国家领土的辐射,除非事先征得这些国家的许可。

1.3.4 卫星电视频道划分

为了充分利用卫星电视广播频段内的有限带宽,而又不至于产生各个节目信号之间的相互干扰,通常需要将每个频段再细分为若干个频道,相邻频段之间留有一定的保护间隙。在传统的模拟电视传输方式中,通常规定卫星电视频道间隔为 19.18 MHz(或 20 MHz)。由于每套节目需占用 27 MHz 的带宽,考虑到频谱重叠问题,相邻频道需要采用不同的极化波方式加以隔离,或采用隔频使用方式,以防止邻频干扰。

但数字卫星直播电视是近年来发展起来的新方式,国际上目前尚未对其频道的划分作出具体规定。事实上,卫星数字电视的频道划分方式与发射系统的多节目复用方式有关。目前采用的节目复用方式主要有两种:一种是频分多路方式,或称作单路单载波方式(英文缩写为 SCPC);另一种是时分多路方式,或称作多路单载波方式(英文缩写为 MCPC)。

对于 SCPC 方式,其频道划分方式与模拟广播系统相类似,即按照每个节目占用的带宽划分频道、确定频道间隔。不同的是,卫星直播数字电视系统采用了高效的音视频压缩技术和数字调制技术,使得每个节目所占用的带宽远小于模拟系统(通常约为 5 MHz)。SCPC 方式适合于地处不同地区共用一个卫星转发器的情况,例如,中国各省级电视台的上星节目多采用 SCPC 方式。

对于 MCPC 方式,其频道划分方式与时分复用的节目数量有关,节目数量越多,占用的频带就越宽,频道间隔也越大。一般而言,复用频道数从几个到几十个不等,占用的带宽从几兆赫到数十兆赫(取决于卫星转发器的工作带宽)。MCPC 方式适合于在同一个地区同时需要广播多套节目的情况,例如,中国中央电视台的十多套节目就采用 MCPC 方式。

表 1.3 给出了中国上星的中央和地方部分电视台节目及其主要技术参数。

表 1.3　中国部分卫星数字电视节目及其主要参数

卫星名称 (轨道位置)	序号	节目	下行频率 (MHz)	数据率 (Mb/s)	极化 方式	制式
中星 9 号 (92.2°E)	1	CCTV-1/2/7/10/12/少儿/新闻、北京/天津/上海/重庆/河北/山西/辽宁/黑龙江卫视	11 920	28.800	左旋	3/4
	2	江苏/浙江/安徽/江西/山东/河南/湖北/湖南/吉林/广东/广西/福建东南/陕西/贵州/云南/四川/甘肃/宁夏卫视	11 960	28.800	左旋	3/4
	3	内蒙古/延边/西藏/青海/新疆卫视	11 980	28.800	右旋	3/4
	4	CCTV-少儿/音乐/英语、CETV-1、宁夏卫视、青海综合/四川康巴藏语/新疆维语/新疆哈萨克语/内蒙古蒙古语频道	12 020	28.800	右旋	3/4
	5	CCTV-1/2/3/4/5/6/7/8/9/10/11/12/新闻	12 060	28.800	右旋	3/4
中星 6A (125°E)	1	北京/湖南卫视高清频道	3 760	30.600	水平	3/4
	2	江苏/浙江卫视高清频道	3 800	30.600	水平	3/4
	3	广东/深圳/南方卫视、嘉佳卡通	3 845	17.778	水平	3/4
	4	广西卫视	3 884	5.720	水平	3/4
	5	黑龙江卫视	3 893	6.880	水平	3/4
	6	延边/吉林卫视	3 909	8.934	水平	3/4
	7	云南卫视	3 922	7.250	水平	3/4
	8	旅游卫视	3 933	6.590	水平	3/4
	9	黑龙江卫视高清频道	3 951	13.400	水平	3/4
	10	CCTV-3D 高清测试频道	3 968	11.580	水平	3/4
	11	西藏卫视、西藏藏语频道	3 989	9.070	水平	3/4
	12	广东/深圳卫视高清频道	4 040	30.600	水平	3/4
	13	CCTV-1/2/7/10/11/12/音乐	4 080	27.500	水平	3/4
	14	CCTV-3/5/6/8/9/少儿/新闻	4 160	27.500	水平	3/4

卫星名称 （轨道位置）	序号	节目	下行频率 （MHz）	数据率 （Mb/s）	极化 方式	制式
	1	福建东南卫视	3 706	4.420	水平	3/4
	2	湖南卫视、金鹰卡通卫视	3 750	10.490	水平	3/4
	3	东方卫视高清频道	3 769	13.400	水平	7/8
	4	贵州卫视	3 796	6.930	水平	1/2
	5	上海东方卫视、上海炫动卡通	3 808	8.800	水平	3/4
	6	CCTV-1/2/7/10/11/12/音乐	3 840	27.500	水平	3/4
	7	CCTV-3/5/6/8/9/新闻/少儿	3 880	27.500	水平	3/4
	8	新科动漫、幼儿教育	3 971	10.000	水平	3/4
	9	中国教育电视（1套）	4 000	27.500	水平	3/4
	10	上海文广付费平台（9套）	4 040	27.500	水平	3/4
	11	上海文广付费平台（9套）	4 080	27.500	水平	3/4
	12	CCTV外语频道（7套）	4 115	21.374	水平	3/4
	13	湖北卫视	4 147	6.150	水平	3/4
	14	青海卫视、青海综合频道	4 158	8.680	水平	3/4
	15	内蒙古卫视、内蒙古蒙语频道	4 171	9.200	水平	3/4
中星 6B （115.5°E）	16	北京鼎视付费平台（11套）	3 600	27.500	垂直	7/8
	17	北京鼎视付费平台（11套）	3 640	27.500	垂直	7/8
	18	北京鼎视付费平台（11套）	3 680	27.500	垂直	7/8
	19	电影频道付费平台（3套,高清1套）	3 740	27.500	垂直	3/4
	20	电影频道付费平台（6套）	3 780	27.500	垂直	3/4
	21	重庆卫视	3 807	6.000	垂直	3/4
	22	浙江卫视	3 825	6.780	垂直	3/4
	23	山东卫视	3 834	5.400	垂直	3/4
	24	山西卫视	3 846	5.960	垂直	3/4
	25	河南卫视	3 854	4.420	垂直	3/4
	26	宁夏卫视	3 861	4.800	垂直	3/4
	27	陕西卫视、陕西农林科技	3 871	9.080	垂直	3/4
	28	山东教育	3 885	4.340	垂直	3/4
	29	江西卫视	3 892	4.420	垂直	3/4
	30	四川卫视、四川康巴卫视	3 902	9.300	垂直	3/4
	31	甘肃卫视	3 913	6.400	垂直	3/4
	32	安徽卫视	3 929	8.840	垂直	3/4
	33	天津卫视	3 940	5.950	垂直	3/4
	34	北京卫视、卡酷动画	3 951	9.520	垂直	3/4
	35	中数传媒付费平台（9套）	3 980	27.500	垂直	3/4
	36	中数传媒付费平台（9套）	4 020	27.500	垂直	3/4

卫星名称 （轨道位置）	序号	节目	下行频率 （MHz）	数据率 （Mb/s）	极化 方式	制式
中星 6B （115.5°E）	37	中数传媒付费平台（9 套）	4 060	27.500	垂直	3/4
	38	中数传媒付费平台（高清 1 套）	4 100	27.500	垂直	3/4
	39	中数传媒付费平台（10 套）	4 140	27.500	垂直	3/4
	40	中央 50 路广播	4 175	18.000	垂直	1/2
	41	河北卫视	4 192	6.000	垂直	3/4

1.3.5　卫星电视信源标准

国际上的数字电视信源编码标准主要由 ITU-T（国际电信联盟电信标准化部门）和 ISO/IEC（国际标准组织与国际电工委员会）颁布。ITU-T 颁布的系列标准有 H.261、H.262、H.263 等。ISO/IEC 颁布的系列标准有 MPEG-1、MPEG-2、MPEG-4 等。此外，由 ITU-T 和 ISO/IEC 共同组成的联合视频工作组（Joint Video Team，JVT）联合颁布的 H.264 标准又称为 MPEG-4 AVC。AVS 则是中国自主研发的数字电视信源编码标准。目前，卫星直播数字电视主要采用 MPEG-2 和 H.264 信源压缩标准。

1. MPEG-2 标准（ISO/IEC 13818）

MPEG（运动图像专家组）是 ISO 组织于 1988 年成立的一个致力于制订有关运动图像压缩编码标准的组织。ISO 在 1994 年推出了 MPEG-2 运动图像及其伴音通用压缩编码标准。它由一系列文件组成，其中最主要的三大部分是：系统部分（ISO/IEC 13818-1），是关于多路音频、视频和数据的复用和同步的规定；视频部分（ISO/IEC 13818-2），主要涉及各种格式（从低分辨率、中分辨率到高分辨率）视频的压缩编码解码的规定；音频部分（ISO/IEC 13818-3），则是将 MPEG-1 的音频标准扩充为多声道音频编码系统。MPEG-2 视频标准根据不同视频格式和不同复杂度编码算法，定义了五个级（Level）和五个类（Profile）的组合。其中，主级和主类（ML@MP）对应于 720×576、25 帧（即标准清晰度）的视频格式，在压缩率为30：1 或更小时，可以提供广播级质量的编码图像；高级和主类（HL@MP）对应于 1 920 ×1 080、30 帧（即高清晰度）的视频格式，编码后的输出码率在 20～40 Mbps 之间。MPEG-2 是目前应用最为广泛的一种信源编码标准。

2. H.264 标准（ISO/IEC 14496-10）

H.264 是由 ITU-T 与 ISO 组建的联合视频工作组提出的一个新的数字视频编码标准，它既是 ITU-T 的 H.264，又是 ISO/IEC 的 MPEG-4 的第十部分（MPEG-4 AVC）。H.264 标准于 2003 年正式公布。H.264 采用了混合编码结构，增加了多模运动补偿、帧内预测、多帧预测、基于内容的变长编码等技术，大大提高了编码效率，从而能在低码率条件下提供高质量的视频图像。H.264 能工作在低延时模式以适应实时通信的应用(如视频会议),同时又能很好地工作在没有延时限制的应用,如视频存储和以服务器为基础的视频流式应用;H. 264 提供了网络传输中处理包丢失所需的工具,以及在易误码的无线网中处理比特误码的工具;H. 264 在视频编码层(Video Coding Layer, VCL)和网络提取层(Network Abstraction Layer, NAL)之间进行概念性分割,前者是视频内容压缩的表述,后者是通过特定类型网络进行递送的表述,这样的结构便于信息的封装和对信息进行更好的优先级控制。基于上述优点,H. 264 标准目前在众多的应用领域中,正在被用于逐步替代传统的 MPEG-2 和 H. 263 标准。

1.3.6 卫星电视信道标准

由于卫星传输通道上存在的各种各样的噪声与干扰,使得信号在传输过程中会产生错误和失真,影响接收信号的质量,因此在传输前应先进行多种处理,使信号在接收端具有一定检错、纠错能力,以提高信息传输可靠性。卫星数字电视信道处理标准则是对卫星传输中的各种处理环节进行了规定。目前国际上广泛采用的是由欧洲 DVB 组织制定的卫星数字电视信道传输标准 DVB-S 和 DVB-S2。中国于 2006 年也推出了自主研发的卫星数字电视信道传输标准 ABS-S。

1. DVB-S 标准(ETS 300 421)

DVB(Digital Video Broadcasting)组织是由欧洲多个组织参与的一个项目,其成员目前已发展到来自 30 多个国家的 220 多个组织,其目标是制订对各种传输媒体都适用的数字电视技术和系统方案,并使之成为一种国际通用的传输标准。DVB-S 是专门针对卫星电视广播而制定的第一代卫星数字电视信道传输标准,于 1993 年颁布。为了获得可靠的传输效果,DVB-S 标准根据卫星信道的传输特点,规定了一个包含能量扩散、RS 分组编码、符号交织、卷积编码、基带形成和 QPSK 数字调制等在内的完善的信道编码调制方案,使其能够适应通道传输特性并保证数据在卫星信道上传输的可靠性。DVB-S 系统具有广泛的适应性,卫星转发器带宽可以从 26 MHz 到 72 MHz,转发器功率可以从 49 dBW 到 61 dBW。DVB-S 标准已经在欧洲、亚洲、澳洲和美洲等地区得到了广泛应用,已经成为实质性的卫星数字电视广播国际标准。中国于 1996 年颁布的广播电视数字传输技术体制中,确定了采用 DVB-S 标准的卫星数字电视广播系统。

2. DVB-S2 标准(ETSI EN 302 307)

随着卫星传输业务的不断丰富和信息量的不断增大,原有的 DVB-S 标准已经显示出了越来越大的局限性。DVB 项目组于 2005 年推出了第二代卫星数字电视广播标准 DVB-S2。DVB-S2 在纠错编码方面,采用了 LDPC(低密度奇偶校验码)与 BCH 码级联的高效高性能信道编码;在数字调制方面,则以多种高阶调制方式取代了单一的 QPSK 调制方式。与 DVB-S 相比,在相同的传输条件下,DVB-S2 提高传输容量约 30% 以上,或在同样的频谱效率下可获得更好的接收效果。

DVB-S2 标准除了具有更高的数据传输速率外,还拓展了以交互式业务为代表的各个应用领域(包括广播业务、数字新闻采集、数据分配/中继以及 Internet 接入等)。在广播业务方面,从与以往系统的兼容角度考虑,DVB-S2 提供了两种模式供选用,即 NBC-BS(不支持后向兼容)和 BC-BS(支持后向兼容)。由于目前现存大量的 DVB-S 接收机,后向兼容模式可满足今后一定时期的兼容使用需求。当将来 DVB-S 接收机逐步淘汰后,采用兼容模式的信号发端将改成非兼容模式,从而在真正意义上充分利用 DVB-S2 的信道传输优势。目前,DVB-S2 标准已被欧洲等多个国家和地区新开通的卫星数字电视系统采用,并已呈现出逐步替代传统的 DVB-S 标准的发展趋势。

3. ABS-S 标准(中国行业标准)

ABS-S 是由中国国家广电总局广播科学研究院承担研制的中国卫星直播数字电视专用信号传输技术行业标准。ABS-S 的设计在较大程度上借鉴了 DVB-S2 的设计思想。与 DVB-S2 类似,ABS-S 在前向纠错中采用了 LDPC 码,但其选用了一类高度结构化编码,具有码长较短、编解码复杂度较低、可在相同码长下实现不同编码比率设计、硬件成本低等特点。ABS-S 也提供了从 1/2 到 9/10 的多种编码率,可以为运营商提供相当精细的选择,从而根据系统实际应用条件充分发挥直播卫星的传输能力。ABS-S 在数字调制中提供了 QPSK、8PSK、16APSK 和 32APSK 四种高阶调制方式,其中后两种方式在符号映射与比特交织上结合 LDPC 编码的特性进行了专门的设计,从而优化了整体性能。实际测试表明,ABS-S 在性能上与 DVB-S2 基本相当,但复杂度远低于 DVB-S2,更加易于实现。目前,中国的"中星 9 号"直播卫星采用的就是 ABS-S 技术标准。

第 2 章　数字视频压缩编码技术

在卫星直播电视系统中,采用数字化方式传输信号有许多优点,如不易受到各种噪声和干扰的影响,便于进行加密处理、多路复用和高效传输,便于利用微处理器和软件进行各种复杂的变换和处理,还便于采用超大规模的数字集成电路技术实现接收系统的小型化,等等。然而,由于电视中的视频和音频信号包含的信息量巨大,尤其是视频信号,其信号带宽可达 6 MHz 左右,模拟视频信号经过采样、量化、编码后得到的数字视频码流,其码速率变得非常高(可达每秒数百兆比特),如果不对其进行数据压缩处理,势必会占用很大的传输带宽。这也是在早期制约数字电视广泛应用的最重要原因之一。

数字视频和音频的压缩编码方法,长期以来一直是相关领域的研究热点,数十年来科技工作者付出了巨大的努力,并不断取得重要的进展。到了今天,采用最新的数字视频和音频压缩编码技术,能够在保证信号高品质重构的前提下,使得原来每秒数百兆比特的数字电视码流可以被压缩到每秒数兆比特,从而有效地解决了数字电视在传输和存储等方面存在的问题,为今天数字电视在全球的广泛应用奠定了关键的技术基础。本章主要是与视频压缩编码相关的内容,主要包括模拟视频的数字化和数字视频压缩编码的基本方法;结合目前国内外广泛应用的 MPEG-2 和 H. 264 两大国际通用的信源编码技术标准,介绍了数字视频编码器的主要构成及其工作原理。

2.1　模拟视频信号的数字化

视频信号实际上是由连续播放的图像组成的时间序列,原始的视频信号都是以模拟信号的形式存在的。模拟视频的数字化是对视频信号进行数字压缩的前提。模拟视频信号的数字化过程主要包括采样、量化和编码三个环节。在对视频信号进行采样中,视频采样样点按扫描行的顺序在图像平面上形成某种形式的阵列图形,该图形被称为样点结构。如果每行和每场的采样点数都是整数,则构成的样点结构图为每行对齐、每场重复,这样的样点结构图被称为正交结构。对于数字化视频信号而言,样点结构对信号的处理会产生很大的影响,因为经常要利用视频的行或帧的样值之间的相关性进行各种处理。正交的结构图形能给出较好的处理结构，并且图像清晰度的损失也最少。为了获得正交的样点结构，必须选取适当的采样频率。

视频信号有复合编码和分量编码两种编码方式。复合编码方式是对彩色全电视信号直接采样、量化、编码，形成 PCM 数字信号；分量编码方式则是对三个基色信号 R、G、B 分量，或亮度信号 Y 和色差信号 Cb、Cr 两个分量，分别进行采样量化和编码，并形成 PCM 数字信号。

复合编码的优点是码率低、设备较简单，但要满足正交样点结构，避免彩色副载波与采样信号差拍产生的"网纹"干扰，采样频率必须与彩色副载频保持一定的关系（前者为后者的 4 倍）。由于现存的各种制式（如 PAL、NTSC 和 SECAM 等制式）的彩色副载频各不相同，故适应性不强。分量编码的优点是编码与制式无关，只要采样频率与行频满足一定的关系，就可适用于各种制式。由于各个分量分开进行编码，可采用时分复用方式进行传送，避免了亮度和色度信号之间的串扰，因而可获得更高的图像质量。分量编码的缺点是编码后的码率较高，编码设备比较复杂。鉴于分量编码有更大的优越性，1982 年，ITU-R（国际无线电咨询委员会）正式向世界各国推荐电视演播室数字电视的分量编码标准。图 2.1 给出了模拟视频信号数字化的处理流程框图。

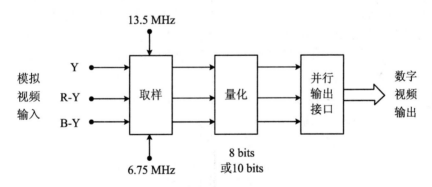

图 2.1　视频信号数字化的处理流程框图

2.1.1　采样频率

采样频率首先应满足奈奎斯特采样定理，即采样频率要等于或高于被采样信号最高频率分量的 2 倍。同时，亮度信号采样频率的选择还必须兼顾不同的扫描制式，主要有 625 行/50 场和 525 行/60 场两种，它们的行频分别为 15 625 Hz 和 15 734.265 Hz。ITU-R601 建议的分量编码标准的亮度采样频率为 13.5 MHz，这恰是上述两种行频的整数倍，可以保证样点结构满足正交要求。对于 625 行/50 场，每行的采样点数为 $13.5 \times 10^6 / 15\ 625 = 864$（个），每场有 312.5 行，共有采样点数 $312.5 \times 864 = 270\ 000$（个）；对于 525 行/60 场，每行的采样点数为 13.5×

$10^6/15\,734.265=858$(个),每场有 262.5 行,共有采样点数 $262.5\times858=225\,225$(个),正好每行和每场都是整数,因此构成正交的样点结构。国际上现行的各种电视制式中,亮度信号的最大带宽为 6 MHz,因此采样频率取 13.5 MHz 是合适的。

由于色差信号的带宽比亮度信号窄得多,所以使用分量编码时,两个色差信号的采样频率可以低一些。考虑到色差信号采样的样点结构也要满足正交要求,ITU-R601 建议每行中的色差信号(B-Y)、(R-Y)采样与亮度信号 Y 的奇次样值同位,即两个色差信号的采样频率均为亮度信号采样频率的一半(6.75 MHz),于是每行的样点数也是亮度信号样点数的一半。亮度和色度信号的这种采样方式被称为 4:2:2 格式。对于信号源处理质量要求高的设备,还可以采用 4:4:4 格式。

2.1.2　量化比特数

模拟信号经过采样后成为时间离散化的信号,要在幅度上实现离散化,还应进行量化处理。视频信号的量化比特数的选择应考虑到以下几个因素:

(1) 颗粒噪声。由于最小量化电平不够小,引起图像亮度缓变区可能在邻近的两个量化电平之间变化,造成图像缓变区出现颗粒状的杂波。

(2) 伪轮廓。由于使用较粗量化,在图像缓变区从一个量化电平到另一个量化电平之间出现轮廓线,它实际上是图像的等量化电平线。

(3) 边缘忙乱。由于杂波的影响或不同采样点位置的变化,使原来固定的图像边缘出现变化或游移。

(4) 失真积累。当模拟设备与数字设备混用时,信号要经过多次的量化和反量化,造成量化的失真积累,使图像的质量下降。

因此,量化比特数的选择最后应由主观评价决定。主观评价试验表明,量化比特数为 7~8 bit 时,对广播电视是合适的;在某些应用中,当该比特数显得不够时,可扩展到 10 bit。ITU-R601 建议规定了视频信号电平与量化电平级数对应值,并且在模数转换范围中的黑白峰值电平两侧均留有适当的余地。对于 8 bit 量化,亮度信号共有 220 级,黑电平对应于量化级 16,峰值白电平对应于量化级 235,色度信号共有 224 级,最大负电平是 16,最大正电平是 240,零电平是 128。对于 10 bit 量化,亮度、色度的量化级总数增加,黑、白电平,色度电平对应的量化级则是 8 bit 时对应的二进制编码最低位加两个零。如对于 8 bit 量化,黑电平对应于量化级 16,色度信号最大正电平是 240,则对于 10 bit 量化,黑电平对应于量化级 64,色度信号最大正电平是 960。

2.1.3　数字分量接口

在采样频率和量化比特数确定之后,就可以计算出数字化后的数字视频信号的码速率。对于分量编码而言,亮度信号的码速率为 $13.5 \times 8 = 108$ (Mbit/s),两个色差信号的码速率均为 $6.75 \times 8 = 54$ (Mbit/s),于是总的数码率为 216 (Mbit/s)。为了保证设备的通用性和兼容性,必须对其定义统一的输出接口标准。525 行/60 场系统的并行接口由 SMPTE 125M 定义,625 行/50 场系统的并行接口由 EBU Tech3267 定义,两种规定被 ITU-R 合并为 Rec. 656 标准。在物理上,并行接口使用 11 对双绞线的 25 针"D"形接插座;在传输上,以 8 bit 样值为单位,以 Cb,Y,Cr,Y,Cb,… 顺序将视频数据并行传送出去,数据率为 27 Mbyte/s。两种制式的每字有效行的采样数均为亮度信号 720 个/行,色度信号 720 个/行(Cb、Cr 各 360 个);在每一电视有效行的起始和结束处,分别加上 4 byte 的有效视频起始标志 SAV (Start of Active Video)和有效视频结束标志 EAV(End of Active Video)。SAV 和 EAV 同时作为每个电视有效行的同步信息,不用另外传送行同步和色同步信号,可通过该信息来确定每个有效行的到来和结束。

2.2　视频压缩编码的基本方法

视频信号经过数字化处理后,数据比特率很高,视频压缩的基本目标就是减少数据比特率,但又不能引起图像质量的明显下降。在实际应用中,为了取得更低的数据比特率,轻微的图像质量下降是容许的。至于压缩到什么程度而不会出现明显的失真,则取决于图像数据的冗余度,较高的冗余度可得到较高的压缩比。所幸的是,视频信号具有很高的冗余度,如 18% 的行逆程、8% 的场逆程、多余的色度垂直分辨率、相邻行、相邻像素等的相关性都很强,这就意味着前一个样值之中包含着下一个样值或若干个样值的某种信息,即减少了以后样值的不确定性。正是这些冗余度的存在,允许我们对视频信号进行压缩。概括来讲,视频信号存在着空间上的冗余度和时间上的冗余度。在每个单独的帧中,相邻像素的值之间可能很接近,这就形成了空间冗余;与此同时,一帧中的大多数信息可能在前面几帧中已经存在了,这就形成了时间冗余度。所有这些冗余度都可以被去除而不会引起显著的信息损失。下面先介绍几种常用的数字视频压缩方法,然后介绍利用这些压缩方法构成的典型的视频压缩编码器。

2.2.1　预测编码和运动补偿

视频信号同一帧中相邻像素之差,或者前、后帧之间相应位置像素之差为零或差值很小的出现概率很大,差值大的出现概率很小。在发送端,如果将当前的样值和前一个样值相减所得到的差值,经量化后进行传输,则由于小幅度差值出现的机会增加,这些差值所对应的码长较短,总码率就会减小,这就是预测编码的思想。

用同一行的前面像素进行预测,称为一维预测;如果用到以前行的像素或以前帧的像素进行预测,则称为二维或三维预测。由于二维预测不仅利用了同一行的相关性,也利用了上一行的相关性,所以它比一维预测有更大的压缩率。如果再用前一帧的像素预测,则会进一步降低比特率。

只用本帧内像素的处理称为帧内编码;用到前、后帧像素的处理称为帧间编码。JPEG 是典型的帧内编码方案,而 MPEG 是帧间编码方法。前者大多用于静止图像的处理,而后者主要用于运动图像的处理。视频信号要获得较大的码率压缩比,就必须同时使用帧内编码和帧间编码。

运动补偿技术是一种帧间预测技术,其主要思想就是利用前帧某些图像子块来预测当前帧某个图像子块,此后在接收端,只需利用这些个相似区域的差值和位置的差别,就可以恢复出当前帧的信号(如图 2.2 所示)。由于前、后帧之间的差值信息量一般远小于每个帧的信息量,所以运动补偿可以有效地提高压缩效率。

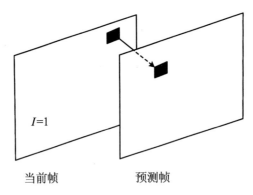

$I=1$

当前帧　　　　　　　　预测帧

图 2.2　预测编码与运动补偿原理

2.2.2　正交变换编码

利用预测编码可以压缩图像空间和时间上的冗余度,它直观、简捷、易于实现,但其缺点是压缩率不够高。通过分析发现,正交变换编码可以大大提高压缩比,其方法是先将空间域的图像通过某种正交变换,获得另一个域(如频域)的一系列变换系数,使图像变换系数能量相对集中,如图 2.3 所示。在对变换系数进行区域量化时,按其所含的能量大小,分配以不同的比特数进行编码,这样可以大大提高压缩比。离散余弦变换(DCT)被认为是一种准最佳的变换,其变换矩阵与图像内容无关。由于它构造出对称的数据序列,避免了各子图像边界处的不连续,并具有快速算法与较好的能量压缩性能,所以在许多视频编码标准中都采用了 DCT 变换。离散余弦变换与傅立叶变换一样有明确的物理意义。

原图像(256×256)　　　　　　　　　　经过DCT变换后的系数分布

图 2.3　图像经过正交变换后产生的效果

2.2.3　统计编码

统计编码也称熵编码,常用的有基于概率分布特性的算术编码和霍夫曼编码,以及基于相关性的游程长度编码。其中,霍夫曼编码和游程长度编码常用于视频和音频压缩编码技术中,二者都属于可变长度编码。

霍夫曼编码的基本方法是对出现概率大的信息赋予较短的码字,对于概率较小的信息赋予较长的码字,从而达到压缩的目的。算术编码则是将被编码的信息表示成实数轴 0～1 之间的一个间隔(也称子区间),消息越长,表示它的间隔越小,表示这一间隔所需的二进制位数就越多。算术编码与霍夫曼编码相比,其压缩比要高 5%～10%,而且它不需要事先知道信源符号发出的概率,可以根据恰当的概率自适应地调整对各符号概率的估计值,因此显得更灵活,适应性更强。但算术编码也有不足之处:一方面,只有当信源完整地将一段符号序列发送完毕之后,编码器才能确定一段子区间并获得与之对应的编码码字,这不但要占用相当大的存储空间,还增加了编码时延;另一方面,随着序列长度的增加,相应子区间的宽度也不断缩小,表示这段子区间的精度不断提高,就需要更多的比特数,这对于有限字长的运算器来说是难以实现的。鉴于算术编码的复杂度超过了霍夫曼编码,故不如霍夫曼编码常用。

游程长度编码(RLC)是一种简单的编码方法,它是将图像样本值相同的连续样本串用一个游程长度(样本数)和一个样本值描述,并分别赋予不同的码字。这种方法对于灰度值少,特别是二值图像编码,效率非常高。

2.2.4　视频编码器的基本结构

数字视频压缩方法有许多种,各种压缩方法都有其优点和缺点,适用的场合也不同。为了使得视频信号能更有效地压缩,往往综合应用各种不同的压缩方法。图 2.4 是一个典型的数字视频编码器的组成框图,其中就包含了预测编码、变换编码和统计编码等方法。

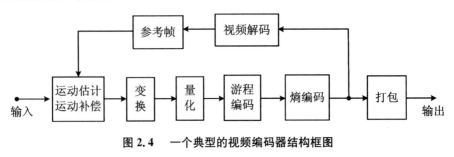

图 2.4　一个典型的视频编码器结构框图

2.3　MPEG-2 视频压缩编码器

MPEG-2 视频编码标准支持对不同格式的数字视频进行不同复杂度的压缩编码处理,因此它的应用范围十分广泛。针对不同的应用要求,MPEG-2 标准规定了四种输入视频格式,称之为级(Level),分别为:低级 LL(格式为 $352\times288\times25$ 帧,或 $352\times248\times30$ 帧)、主级 ML(格式为 $720\times576\times25$ 帧,或 $720\times480\times30$ 帧)、高级 H1440L(格式为 $1440\times1080\times25$ 帧,或 $1440\times1080\times30$ 帧)和高级 HL(格式为 $1920\times1080\times25$ 帧,或 $1920\times1080\times30$ 帧)。

针对不同复杂度的压缩编码处理要求,MPEG-2 标准定义了五种不同的压缩编码处理类型,简称为类(Profile),分别为:简单类 SP(Simple Profile)、主类 MP(Main Profile)、信噪比可分级类 SNRP(SNR Scalable Profile)、空间可分级类 SSP(Space Scalable Profile)和高类 HP(Hight Profile)。

MPEG-2 视频编码器也采用了与图 2.4 类似的基于运动补偿和变换编码的混合型压缩编码结构,其基本模块包含了采用 DCT 的变换编码、采用非线性的量化器、相邻帧的运动预测以及采用霍夫曼编码和游程编码的熵编码等基本单元。图 2.5 给出了 MPEG-2 视频编码器的工作原理框图,下面结合该原理框图简要介绍各主要模块的基本原理。

2.3.1　宏块结构

像块(BLOCK)和宏块(MB)分别是 DCT 和运动补偿的处理单元。对于分量编码而言,数字视频的亮度(Y)和色度(Cb、Cr)信号样点先分别被分割,形成 8×8 的像素块,即为像块。同一个区域的若干个像块(如 Y 有 4 个,Cb、Cr 各 2 个)构成一个宏块。MPEG-2 定义了三种宏块结构,如图 2.6 所示,即 4:1:1 宏块、4:2:2 宏块和 4:4:4 宏块,分别包含 6、8、12 个像块。

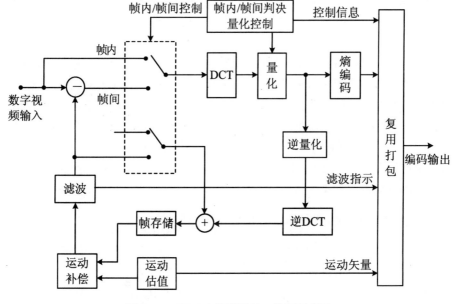

图 2.5 MPEG-2 编码器的工作原理框图

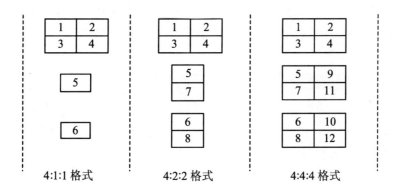

图 2.6 MPEG-2 的三种宏块组成

进行像块分割时,MPEG-2 允许逐行扫描和隔行扫描两种扫描方式。如果只采用逐行扫描分割方式,对于 DCT 和运动补偿可能存在某些不良的影响。这是因为在隔行扫描情况下,若有运动发生,由于实际相邻两场之间有一场的延时,像素之间位移可能很大,造成帧内相邻行间的空间相关性下降,而场内相邻行的相关性可能大于帧内相邻行间的相关性,这时作基于场的处理效果会比基于帧的处理更好。但在运动非常小时,由于帧内的两相邻行基本上没有位移,而场内相邻行比帧内相邻行间隔远了一倍,会出现帧内相邻行相关性大于场内相邻行相关性,这时作基于帧的处理效果会比基于场的处理效果更好。

因此,MPEG-2 有两种图像格式——帧图像格式和场图像格式,前者是以整个帧作为考虑对象,后者是以场作为独立的对象来考虑。MPEG-2 有基于场和基于帧的 DCT 编码,以及基于帧的或基于场的运动补偿,或称帧预测和场预测。帧预测是利用前面解出来的帧数据对当前帧作独立的预测,场预测是利用前面解出来的场数据对当前场作独立的预测。

此外,还有其他两种图像预测和运动补偿方式,即 $16×8$ 格式运动补偿和双场预测。前者是将一个宏块分成两个半块(顶部一半和底部一半),称之为子宏块,它仅用于场图像格式,所以两个子宏块是以场方式组织的,每块只包含同一场的 8 行;后者是一种基于场的预测,但又与之有不同的特殊预测方式,它只能用于隔行扫描,而且用于不采用 B 帧(双向预测帧)的编码器结构中。由于它所需要传输的运动矢量比一般的基于场预测的方式要少一些,因此,这种方式的预测对改进低延时应用时提高编码器效率特别有用。

2.3.2　帧/场编码判决和帧内/帧间编码判决

采样、量化后的亮度和色度信号分别形成 $8×8$ 的像块,并构成某种结构的宏块。如果采用 $4:2:2$ 的结构,则安排顺序如图 2.7 所示,其中,C_j^i 均为 $8×8$ 数据单元。像块是 DCT 的处理单元,在作 DCT 变换之前,要作帧/场编码的选择(即进行场帧自适应的 DCT 变换),选择的方法是对 $16×16$ 的源图像作帧的行间和场的行间的相关系数的计算,如果帧行的相关系数大于或等于场行的相关系数,就选帧 DCT 变化编码,否则就选择场 DCT 变换编码。这样就可以使 DCT 对相关系数大的信号作处理,得到较高的压缩比。

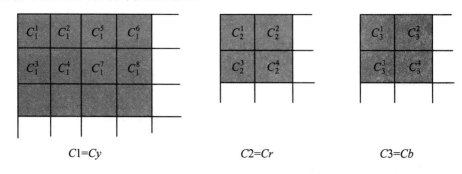

$$C1=Cy \qquad C2=Cr \qquad C3=Cb$$

图 2.7　采用 $4:2:2$ 结构的宏块安排顺序

由于相邻帧相关性很强,所以允许传送图像时,有几帧可以不传整帧的信息。在 MPEG-2 中,图像被分成三种编码类型:帧内编码的图像,称为 I 帧,一定要传;前向预测编码的图像,称为 P 帧;双向预测编码的图像,称为 B 帧。其中,后两种帧属于帧间编码帧,只需传送两帧之间的差值。P 帧是以前一个 I 帧为预测帧进行编码,P 帧有时也可以从前一个 P 帧预测得到,但数目不能太多;B 帧是从相邻的最近的 I 帧或 P 帧作双向预测进行编码。在 I 帧和 P 帧之间可以插入若干个 B 帧,一般为 2 个。因此,对于与前帧相关性不大的当前帧,对整个帧进行 DCT 变换并进行帧内编码;但若当前帧与前一帧的相关性大,则可以对这两帧的差值进行

DCT 变换并进行帧间编码。

　　为了自动决定是对输入像块的样值进行 DCT 变换,还是对前、后两个像块的样值差值进行 DCT 变换,以及宏块 MB 应采用帧内还是帧间编码,应先进行帧内/帧间的判决。判决的方法是将前帧图像存于帧存储器,后帧来临时,比较它们的相关性,相关性弱的采用帧内编码,相关性强的则采用帧间编码。

2.3.3　运动估计和运动补偿

　　在进行帧间编码时,需要传送前、后帧宏块的差值,此差值不是前、后帧对应像素的差值,而是在前帧内,对应于后帧的宏块位置的附近区域中,搜索最匹配的宏块,也就是寻找最相似的宏块(当然也有可能找到完全相同的宏块),并记下这两个区域水平方向和垂直方向上的位移(即运动矢量),然后传送这两个宏块的差值(对于完全相同的宏块,则差值为零)以及运动矢量。

　　运动估计有多种不同的算法,其中最主要的是块匹配算法和像素递归算法。前者是把一幅图像分割成固定的 $M \times N$ 的矩阵子块,同时认为块内每个像素具有同一位移矢量,并用某种块匹配准则来计算这两个子块之间的运动矢量(该过程称为运动估计);这种算法工作量很大,容易发生图像编码的方块效应。后者可以提高位移矢量估计的精确度,它可对每一个像素分别估计其位移,因而更接近实际情况,而且可以增加位移矢量的测量范围,因而可以减少计算量。但理论和实践结果表明,对于不同的视频图像信号,块匹配算法具有较好的适应性,所以多数情况下采用块匹配算法。

　　如图 2.8 所示,可用 $f_k(m,n)$、$f_{k-1}(m,n)$ 分别表示当前帧和前一帧的信号值,搜索的区域 R 的面积大小为 $R=(M+2\mathrm{d}m)(N+2\mathrm{d}m)$。块匹配准则有多种,如互相关函数法、均方误差法、帧差平均值绝对值法和最大误差最小函数法等。

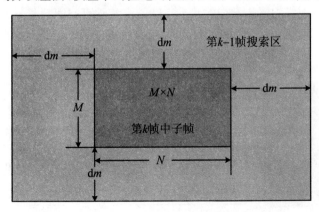

图 2.8　运动估计的块匹配算法和像素递归算法

以帧差平均值绝对值法为例,帧差平均值绝对值函数为

$$MAE(i,j) = \frac{1}{MN} \sum_{m=1}^{M} \sum_{n=1}^{N} |f_k(m,n) - f_{k-1}(m+i,n+j)|$$

显然,绝对值最小的那个子块是与当前子块最匹配的子块,所对应的 i、j 也就是运动矢量。

块匹配准则是计算运动矢量的依据,不同准则的运动估计的复杂度不同,运动补偿的效果也不同。由于运动补偿的复杂性取决于运动估计过程的复杂性,比较而言,上述的帧差平均值绝对值准则计算量相对较小,所以目前最常使用。

2.3.4 DCT 变换、量化和之字形扫描

在帧内模式下,对输入帧的数据进行 DCT 变换;在帧间模式下,对差值数据进行 DCT 变换。DCT 变换之后要进行量化处理,这一量化过程是压缩数据所必需的。为了使量化后的二维数据序列转化成为一维的数据序列,还要进行之字形扫描,输出一维的数据序列。

1. DCT 变换

将帧数据分成 8×8 的矩阵子块,然后以 MCU 为单位,对 8×8 的子块逐一进行如下的 DCT 变换:

$$\begin{cases} F(u,v) = \dfrac{2}{N}C(u)C(v) \sum_{x=0}^{7} \sum_{y=0}^{7} f(x,y)\cos\left[\dfrac{(2x+1)u\pi}{2N}\right]\cos\left[\dfrac{(2y+1)v\pi}{2N}\right] \\ f(x,y) = \dfrac{2}{N}C(x)C(y) \sum_{u=0}^{7} \sum_{v=0}^{7} F(u,v)\cos\left[\dfrac{(2x+1)x\pi}{2N}\right]\cos\left[\dfrac{(2y+1)y\pi}{2N}\right] \end{cases}$$

其中,$C(\cdot)$ 是变换系数,N 是子块的水平、垂直像素数,一般 $N=8$。8×8 的二维数据块经 DCT 后变成 8×8 个变换系数,这些系数都有明确的物理意义。如当 $u=0$,$v=0$ 时,$F(0,0)$ 是原来 64 个样值的平均值,相当于直流分量;随着 u、v 的增加,相应系数分别代表逐步增加的水平空间频率和垂直空间频率分量的大小。

图 2.9 给出了某一图像中的一个 8×8 像块经过 DCT 变换后的 DCT 系数分

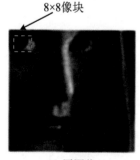

(a) 原图像

64	73	69	71	78	78	74	25
53	50	58	35	32	34	29	15
30	21	25	22	21	18	17	19
19	21	22	23	17	13	15	15
19	18	19	17	16	14	23	26
25	48	28	33	27	8	29	47
34	72	47	46	61	25	39	66
37	71	87	38	53	58	54	30

(b) 8×8 像块像素值

255	30	0	0	0	0	0	11
0	15	0	32	0	26	8	0
127	18	0	11	0	0	0	10
32	0	4	0	12	0	0	0
18	0	0	17	0	12	6	4
21	0	0	0	16	0	0	0
0	0	4	0	7	0	0	0
3	0	0	6	6	0	0	2

(c) DCT 变换系数

图 2.9　一个 8×8 像块经过 DCT 变换后的 DCT 系数分布情况

布情况。由图可以看出,DCT 变换系数表的左上角(直流和较低频率分量)的系数比较大,右下角(较高频率分量)的系数比较小,甚至大多数为零。

2. 量化

DCT 本身并不能进行码率压缩,因为 64 个样值变换后仍是 64 个系数。量化处理的目的是对 DCT 处理结果(即 DCT 系数)进行压缩。这一过程实际上是用降低 DCT 系数精度的方法,去除不必要的 DCT 系数,从而降低传输位率。由于在解码端的反量化之后,不能恢复原来的 DCT 系数,所以这种处理对图像有损伤,属于有损编码范畴。

量化的依据是根据人眼的生理特性进行的。人眼对低频分量和亮度信号比较敏感,而对高频分量和色度信号不太敏感。因此,亮度和色度信号的低频和高频分量可采用不同的量化方案,即对亮度和低频分量采用较细的量化,色度系数和高频系数采用较粗的量化。实际量化时,采用量化表除 DCT 系数,所得的值按四舍五入取整。亮度、色度各有一个量化表,每个量化表有 8×8 个数值,也称为量化步长,这些数值是通过实验确定的。实验方法是:由较低的数值开始,比较输入图像与经量化、去量化后的输出图像的区别,逐步提高量化步长,直到主观感觉发现差别为止,由此获得感觉门限。达到该门限所得的量化步长就是实际使用的量化表中的数值,它是使压缩效果达到最好的量化系数。由于 DCT 系数左上方对应于图像的低频分量,右下方对应于图像的高频分量,故量化步长左上方小、右下方大。这样,经量化之后所得的数据一般都集中在左上方,右下方的高频系数多数为零,从而达到压缩 DCT 系数的目的。

图 2.10(a)是根据 JPEG 图像压缩算法给出的亮度信号量化表,用此量化表对图 2.9 (c)给出的 DCT 系数进行量化后得到如图 2.10(b)所示的结果。由此可以看出,经过量化的 DCT 系数除了左上角的部分数据不为零外,右下角的大部分数据都为零,从而大大压缩了数据量。

16	11	10	16	24	40	51	61
12	12	14	19	26	58	60	55
14	13	16	24	40	57	69	56
14	17	22	29	51	87	80	62
18	22	37	56	68	109	103	77
24	35	55	64	81	104	113	92
49	64	78	87	103	121	120	101
72	92	95	98	112	100	103	99

(a) 亮度信号量化表

16	3	0	0	0	0	0	0
0	1	0	2	0	0	0	0
9	1	0	2	0	0	0	0
1	0	0	0	0	0	0	0
1	0	0	0	0	0	0	0
1	0	0	0	0	0	0	0
0	0	0	0	0	0	0	0
0	0	0	0	0	0	0	0

(b) 量化后的DCT系数

图 2.10　DCT 系数的量化处理效果示例

3. 之字扫描

从量化后的 DCT 系数表中读出数据和表示数据的方式也是减少码率的一个重要过程。读出的方式可以从多种方式中选择,如水平逐行读出、垂直逐列读出、交替读出和之字扫描读出。其中,之字读出是最常见的一种,它实际上是按二维频率的高低顺序读出系数。其扫描的次序如图 2.11 所示。

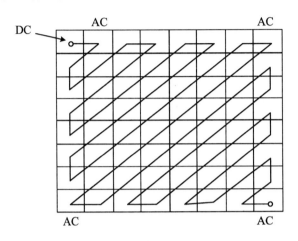

图 2.11　量化后的二维数据的之字扫描读出次序

2.3.5　熵编码

对之字扫描后的数据进行编码,可分为两个步骤:中间熵编码(也称游程长度编码)和可变长度编码。

熵编码是无损编码,即对 DC 和 AC 系数进行编码后再进行解码时,DC 和 AC 系数可恢复原值。

所谓的游程长度编码,是指一个码可同时表示码字和前面有几个零。这种编码正好可以把之字形读出的优点显示出来,因为之字形读出在大多数情况下出现连零的机会比较多,尤其在最后面部分。如果后面全为零,在读到最后一个数后,只要给出“结束块”(EOB)码,就可以结束读出,因此降低了码率。具体的做法如下:

把一串零值系数与其相邻的非零 AC 系数组成一个数组,用一对符号表示(即用符号 1 和符号 2 表示)。符号 1 中包括两个数据:跨越长度和位长。跨越长度就是非零 AC 系数前连零的个数,位长则是非零系数的编码位数,可通过查“DC 差分值、AC 系数位长表”得到。符号 2 只包含非零系数值,即振幅。若最后一个非零 AC 系数后还有零系数,则用专门符号 EOB 来表示子图像的结束。

DC 系数反映该子图像中包含的直流分量大小,通常它和邻近的子图像的直流系数有较强的相关性,常用差分编码,即只对本子图像与前一个子图像的 DC 系数进行编码,由于它前面无零值,故符号 1 中没有跨越长度,只有位长,符号 2 仍是差值的振幅。

把 DC 和 AC 系数编成符号 1 和符号 2 数据的目的是便于进行可变长度编码,实际上,符号 1 用霍夫曼编码,符号 2 仍用二进制编码。

以上就是 MPEG-2 标准的视频信号的压缩编码过程。实践证明,对于主级和主类(720×576,25 帧),在压缩率为 30∶1 或更小时,可以提供广播质量的编码图像。

2.3.6　视频码流帧结构

经过压缩编码后的视频信号形成视频基本码流(ES),MPEG-2 标准的视频基本码流可分成六个层次,从高往低依次是:视频序列层(Sequence)、图像组层(Group of Picture,GOP)、图像层(Picture)、像条层(Slice)、宏块层(Macro Block)和像块层(Block)。如图 2.12 所示。

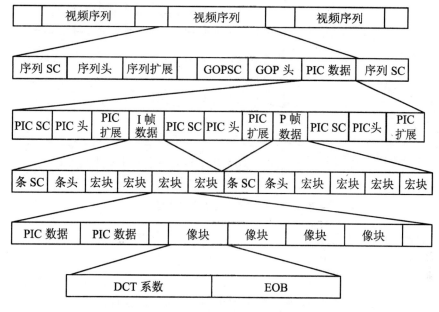

图 2.12　MPEG-2 标准的视频基本码流的帧结构

在这六层中,除了宏块和像块层外,上四层都是从相应的起始码(Start Code,SC)开始的。这种码是专门预留的,在视频数据或其他数据中不出现,因此可以作为同步识别用。一旦因误码或其他原因收发失去同步时,重新同步的过程首先就是从比特流中寻找相应的起始码。一旦在正确的间隔上发现有效的起始码,解码就可以重新开始。

在视频序列层,起始码后是序列头,它包括了图像尺寸、宽高比和图像速率等信息。序列头后面总是跟着包含附加数据的序列扩展数据、序列纠错数据等。为了确保能在不同的时刻随时进入视频序列,MPEG-2 允许重复发送序列头,序列层以序列结束码(SEQEC)结束。

所谓的图像组,是指相互间有预测和生成关系的一组图像。划分图像组层的目的在于:同一序列内可随时进入不同的图像。在图像组起始码之后是可选的

GOP头,包括了时间信息,但这一信息并不是解码中实际使用的信息,即使丢失了,解码也可以继续进行。图像组的结构如图2.13所示。编码时,应先编I帧,因为I帧是帧内编码,不需要别的图像数据;然后编P帧,P帧是以前一个I帧为预测帧进行编码的,也可以从前一个P帧预测得到,但个数不宜太多;在I帧和P帧中间可以插入若干个B帧,一般是2个,B帧是从相邻的最近的I帧或P帧作双向预测进行编码的。由图可见,相互有关的帧总数为9个,但实际传输的帧顺序和显示的帧顺序是不同的。传送的顺序是IPBBPBBIBBPBB…,而显示的顺序则是IBBPBBPBBIBBP…。

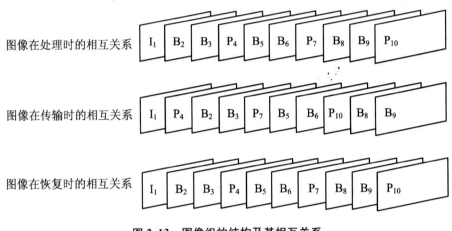

图像在处理时的相互关系 I_1 B_2 B_3 P_4 B_5 B_6 P_7 B_8 B_9 P_{10}

图像在传输时的相互关系 I_1 P_4 B_2 B_3 P_7 B_5 B_6 P_{10} B_8 B_9

图像在恢复时的相互关系 I_1 B_2 B_3 P_4 B_5 B_6 P_7 B_8 B_9 P_{10}

图2.13 图像组的结构及其相互关系

图像组层下面是图像层,它包括了不同种类编码的图像,即I、B、P帧。在某些场合还有D帧,指只使用DCT数据中的DC分量编码的图像。该层中,起始码的后面是图像头,它包括图像编码类型和时间参考信息;图像头后面是扩展数据;再后面是实际的图像数据。如果一个图像头因误码而丢失,解码器要等到下一个序列或图像起始码,这样整个图像就丢失了;如果丢的是P帧或I帧,预测将向前找最接近的I帧或P帧,这样就会在解码图像中有明显的位移,直到下一个I帧为止。

每个像条层包括一定数量的宏块,其顺序和行扫描顺序一致。像条可以从一个宏块行(16行宽)的任何一个宏块开始。在MPEG-2 MP@ML格式中,一个像条必须在同一宏块行中起始和结束,一个像条至少应包括一个宏块。像条是最低的比特流级别,一旦因误码失去同步,可以根据起始码重新同步,因为起始码对以上各层都是相同的。

宏块层是整个结构的最低一层。其最先是宏块层说明,表示用何种编码模式(4:1:1,4:2:2或4:4:4);后面是运动矢量和16×16位的数据。像条的第一个宏块中包含了绝对运动矢量值,而其他宏块包含的是前面宏块运动矢量的差值。从数据结构来说,除了块结束码外,已无结构描述码。宏块可以是8×8样值,也可以是 8×8 DCT 系数或重组数据。

所有上述的层都与一定的信号处理有关。例如，视频序列实际上是节目的随机进入点，GOP 是视频编辑的随机进入点，图像或帧是编码处理单元，像条是用于同步的单位，宏块是运动补偿处理的单位，像块则是 DCT 处理的单位。

2.4　H.264 视频编码标准

H.264 视频编码器采用了与 MPEG-2 相同的基于运动补偿和变换编码的混合结构，其基本模块仍然包含了变换、量化、预测和熵编码等单元，但在技术上采纳了许多新的研究成果，使其在压缩编码效率上有了很大的提高。这些新技术包括帧内预测、可变块大小的运动补偿、整数 DCT 变换、1/8 像素精度的运动估计、基于上下文的自适应熵编码以及去块滤波器等。

H.264 视频编码器的基本原理如图 2.14 所示。输入的帧或场以宏块为单位进行处理，如果采用帧内预测编码，首先要选择最佳的帧内预测模式进行预测，然后对残差进行变换、量化和熵编码。量化后的残差系数经过反量化和反变换之后与预测值相加得出重构图像。为了去除环路中产生的噪声，提高参考帧的图像质量，H.264 设置了一个去块效应环路滤波器，滤波后的输出图像可用作参考图像。

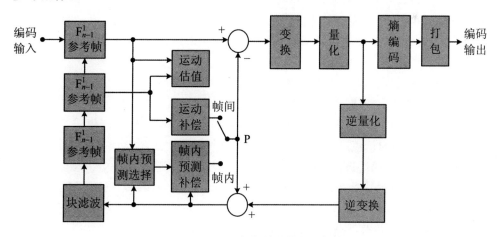

图 2.14　H.264 视频编码器原理框图

如果采用帧间预测编码，当前块在已编码的参考图像中进行运动估计和运动补偿后得出预测值，预测值和当前块相减后，产生一个残差数据。残差图像块经过变换、量化和熵编码后与运动矢量一起送到信道中传输。同时，残差系数经反量化、反变换后与预测值相加并经过去块滤波器后得到重构图像。

与 MPEG-2 类似,H.264 也有类和级的概念。H.264 定义了四个类,即基本类(Baseline Profile)、主类(Main Profile)、扩展类(Extension Profile)和高级类(High Profile),每个类支持一组特定的编码功能。其中,基本类主要用于视频会话,如视频会议、可视电话、远程医疗、远程教学等;主类主要用于要求高画质的消费电子等应用领域,如数字电视广播、媒体播放器等;扩展类主要用于各种网络的流媒体传输等方面;高级类主要用于高保真、高清晰视频的压缩编码。JVT 在 2004 年对高级类涵盖的范围作了进一步的扩充,新增了四个高级类:High(HP)、High10(Hi10P)、High4:2:2(H422P)、High4:4:4(H444P)。

以下针对 H.264 视频编码器中所采用的与 MPEG-2 视频编码器不同的部分内容,分别进行原理性的简要介绍。

2.4.1　帧内预测

帧内预测编码是 H.264 采用的新技术之一。对视频图像进行分块后,同一个物体常常由相邻的许多宏块或者子块组成,这些块之间的像素值相差不大,而且纹理也往往高度一致。图像中的前景与背景也通常具有一定的纹理特性。图像在空间域上的方向特性及块像素间的相关性为帧内预测创造了条件,因此,可以利用帧内预测来去除相邻块之间的空间冗余度。

对于 I 帧编码,H.264 使用了基于空间像素值的预测方法。编码时,根据已编码重建块和当前块来形成预测块,然后对实际值和预测值的残差图像进行整数 DCT 变换、量化和熵编码。为了保证对不同纹理方向图像的预测精度,定义了多种不同方向预测选项,以尽可能准确地预测不同纹理特性的图像子块。预测时,每个块依次使用不同的选项进行编码,计算得到相应的代价,再根据不同的代价值确定最优的选项。

对亮度和色度分量采用不同的预测方法。对于亮度,预测块可以有 4×4 和 16×16 两种尺寸。4×4 亮度子块有 9 种可选预测模式,独立预测每一个 4×4 亮度子块,适用于带有大量细节的图像编码;16×16 亮度块有 4 种预测模式,适用于平坦区域图像编码;对于色度,类似于 16×16 亮度块预测模式,也有 4 种预测模式。编码器需要为当前编码块选择一种使该块与预测块之间差别最小的预测模式。

此外,对于那些内容不规则或者量化参数非常小的图像,H.264 还提供了一种被称为 I_PCM 的帧内编码模式,在这种模式下,不需进行预测和变换,而是直接传输图像像素值,以获得更高的编码效率。

1. 4×4 亮度块预测模式

当图像包含丰富的细节时,相邻像素间的差异较大,空间相关性比较小,采用 4×4 块的预测具有更高的预测精度,具体方法如图 2.15 所示。在图 2.15(a)中,a～p 为当前待预测的 4×4 亮度像素值;A～L 为已编码和重构的像素,作为编解码器的参考像素。利用 A～L 值,使用 9 种模式实现对 a～p 的预测,如图 2.15(b)

所示。该 9 种预测模式及其算法如表 2.1 所示。

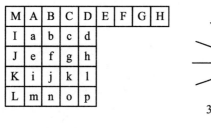

(a) 4×4 预测亮度块

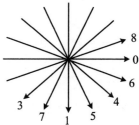

(b) 4×4 帧内预测方向

图 2.15 帧内 4×4 亮度块预测

表 2.1 4×4 帧内预测方法描述

模式选项	预测方向	预测算法
模式 0	垂直	由 A、B、C、D 垂直推出相应像素值
模式 1	水平	由 I、J、K、L 水平推出相应像素值
模式 2	DC	由 A~D 及 I~L 平均值推出所有像素值
模式 3	下左对角线	由 45°方向像素值内插得出相应像素值
模式 4	下右对角线	由 −45°方向像素值内插得出相应像素值
模式 5	垂直偏右	由 $270+\alpha$ 方向像素值内插得出相应像素值
模式 6	水平偏下	由 $-\alpha$ 方向像素值内插得出相应像素值
模式 7	垂直偏左	由 $270-\alpha$ 方向像素值内插得出相应像素值
模式 8	水平偏上	由 α 方向像素值内插得出相应像素值

2. 16×16 亮度块预测模式

对于内容细节不多、变化比较和缓的图像,可以采用 16×16 宏块直接预测模式,以减少帧内预测的计算量。16×16 亮度块有 4 种预测模式,即垂直、水平、DC 和平面,如表 2.2 所示。其中,模式 3 利用线性"平面"函数及左、上像素推出相应像素值,适用于亮度变化平缓区域。

表 2.2 16×16 帧内预测方法描述

模式选项	预测方向	预测算法
模式 0	垂直	由上面的 16 个像素值垂直推出相应像素值
模式 1	水平	由左边的 16 个像素值水平推出相应像素值
模式 2	DC	由上面及左边的像素值平均值推出所有像素值
模式 3	平面	用一个线性平面函数对上边和左边的样值进行插值

3. 8×8色度块预测模式

根据人眼对色度信号不敏感的视觉特性,对色度分量只要进行精度较低的帧内预测即可满足要求。两个色度信号的8×8像块都采用了上边或者左边已编码的色度样值进行预测,预测方法与16×16亮度块预测模式类似。

2.4.2 帧间预测

在帧间预测方面,H.264引入了多种技术来提高运动估计的准确性。它支持7种不同大小的匹配块,具有更精细的运动矢量,在主类和扩展类中,还包括了B分片和加权预测。

1. 树状结构运动补偿

H.264以16×16宏块作为基本单位进行运动估计。但对细节较丰富的图像,同一个宏块内可能包含不同的物体,它们的运动方向也可能不同。把宏块进一步分解,可以更好地去除相关性,提高压缩效率。每个宏块(16×16像素)可以有四种方式分割:一个16×16、两个16×8、两个8×16和四个8×8,其运动补偿也相应地有四种。8×8的块被称为子宏块,每个子宏块还可以进一步分割为两个4×8或8×4块,或者四个4×4块,如图2.16所示。这种分割下的运动补偿称为树状结构运动补偿。

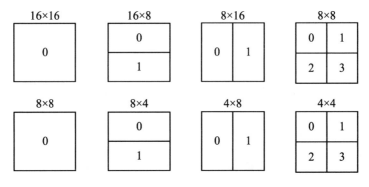

图 2.16　宏块与子宏块的分割

每个分割或者子宏块都要有一个独立的运动矢量,每个运动矢量以及分块方式也都要进行编码和传输。大的分区尺寸可能只需要较少的比特数来表示运动矢量和分块方式,但残差将保存较大的能量;小的分区尺寸可以使运动补偿后的残差能量下降,但需要更多的比特数来表示运动矢量和分块方式。因此,分区大小的选择对压缩性能有重要的影响。

2. 运动矢量精度

H.264采用了1/4像素和1/8像素的运动估计。其中,亮度分量具有1/4像素精度,色度分量具有1/8像素精度。亚像素位置的亮度和色度像素并不存在于参考图像中,需利用邻近的已编码样值进行内插后得到。

首先生成参考图像中亮度分量的半像素样值,如图 2.17 所示。半像素样值 (b、h、m、s)通过对相应整像素点进行 6 抽头滤波得出,6 抽头 FIR 滤波器的权重为 $(1/32, -5/32, 5/8, 5/8, -5/32, 1/32)$。例如,b 可以由水平方向的整数样值 E、F、G、H、I、J 计算得到,h 可以由垂直方向的样值 A、C、G、M、R、T 计算得到。一旦邻近(垂直或水平方向)整像素点的所有像素都计算出来,剩余的半像素点便可以通过对 6 个垂直或水平方向的半像素点滤波而得到。例如,j 由 cc、dd、h、m、ee、ff 滤波得出。

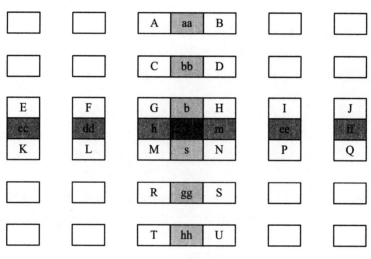

图 2.17 亮度分量半像素的插值

半像素样值计算出来以后,可线性内插生成 1/4 像素样值,如图 2.18 所示。1/4 像素点(a, c, i, k, d, f, n, q)由邻近像素内插而得;水平或者垂直方向的 1/4 像素点由两个半像素或者整像素插值生成;剩余的 1/4 像素点(p, r)由一对对角半像素点线性内插得出,如 e 由 b 和 h 获得。色度像素需要 1/8 精度的运动矢量,也同样通过整像素线性内插得到。

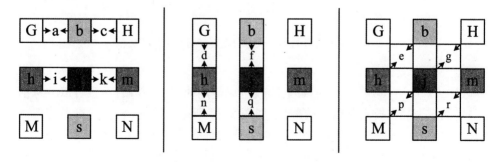

图 2.18 亮度分量 1/4 像素的插值

3. 运动矢量预测

每个块的运动矢量需要一定数目的比特来表示,因此有必要对运动矢量进行压缩。由于相邻区域的运动矢量通常具有相关性,因此当前块的运动矢量可由邻近已编码块的运动矢量预测得到,最后传输的是当前矢量和预测矢量的差值。

预测矢量 MVP 的生成取决于运动补偿分割的尺寸以及周围邻近运动矢量是否存在。图 2.19 给出了相同尺寸和不同尺寸分割时邻近块的选择方法。图中 E 为当前块,A、B、C 分别为 E 的左、上、右上方的三个邻近块。如果 E 的左边不止一个分割,取其中最上的一个为 A;如果 E 的上方不止一个分割,取最左边一个为 B。当前运动矢量的预测值 MVP 的确定方法为:

(1) 若当前块尺寸不是 16×8 或者 8×16 ,则 MVP 为 A、B、C 块运动矢量的中值。

(2) 若当前块尺寸为 16×8,则上面部分 MVP 由 B 预测,下面部分 MVP 由 A 预测。

(3) 若当前块尺寸为 8×16,则左面部分 MVP 由 A 预测,右面部分 MVP 由 C 预测。

(4) 若为跳跃宏块(Skipped MB),则用第一种方法生成 16×16 块的 MVP。

如果有一个或者几个已传输块不存在时,MVP 的选择方法需要作相应的调整。

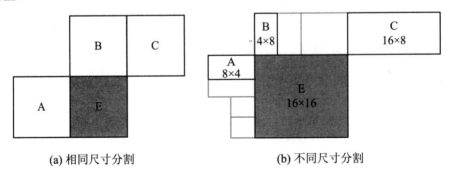

(a) 相同尺寸分割　　　　　　　　　(b) 不同尺寸分割

图 2.19　相同尺寸与不同尺寸分割时邻近块的选择方法

4. 多参考帧

H.264 引入了多参考帧的预测,不仅可以使用前、后相邻帧,而且可以参考前向与后向多个帧来提高预测的精确性,如图 2.20 所示。因此,采用多参考帧会对视频图像产生更好的主观质量,对当前帧编码更加有效。实验表明,与只采用一个参考帧预测相比,使用 5 个参考帧时比特率可以降低 5%～10%。然而从实现的角度看,多参考帧将增加额外的处理延时和更高的内存要求。

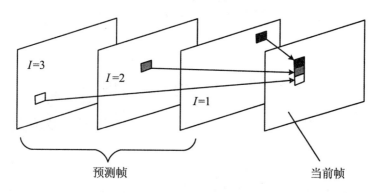

预测帧　　　　　　　　　　当前帧

图 2.20　多参考帧的预测

2.4.3　整数变换与量化

H.264 引入 4×4 整数 DCT 变换,降低了算法的复杂度,将变换运算中的比例因数合并到量化过程中,整个变换过程无乘法运算,只需要加法和移位运算;同时避免了以往标准中使用的通用 8×8 离散余弦变换逆变换经常出现的失配问题。量化过程根据图像的动态范围大小确定量化参数,既保留了图像必要的细节,又减少了码流。

处理过程如图 2.21 所示,对 16×16 亮度残差数据进行整数 DCT 变换,如果是帧内 16×16 预测模式的亮度块,则进一步将其中 4×4 块的直流分量进行 Hadamard 变换及量化;如果对 8×8 色度残差数据进行整数 DCT 变换,对色度 Cr 或 Cb 块中的 2×2 直流系数矩阵也进行 Hadamard 变换及量化。

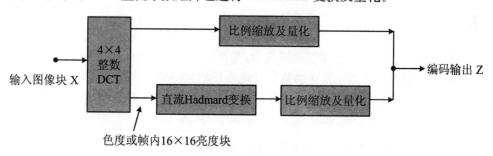

图 2.21　变换与量化过程

1. 整数 DCT 变换

4×4 整数的 DCT 变换由传统的 DCT 变换发展而来,其表达式最终形式如下:

$$Y = (C_f X C_f^\mathrm{T}) \otimes E_f$$

$$
= \left(\begin{bmatrix} 1 & 1 & 1 & 1 \\ 2 & 1 & -1 & -2 \\ 1 & -1 & -1 & 1 \\ 1 & -2 & 2 & -1 \end{bmatrix} X \begin{bmatrix} 1 & 2 & 1 & 1 \\ 1 & 1 & -1 & -2 \\ 1 & -1 & -1 & 2 \\ 1 & -2 & 1 & -1 \end{bmatrix} \right) \otimes \begin{bmatrix} a^2 & \dfrac{ab}{2} & a^2 & \dfrac{ab}{2} \\ \dfrac{ab}{2} & \dfrac{b^2}{4} & \dfrac{ab}{2} & \dfrac{b^2}{4} \\ a^2 & \dfrac{ab}{2} & a^2 & \dfrac{ab}{2} \\ \dfrac{ab}{2} & \dfrac{b^2}{4} & \dfrac{ab}{2} & \dfrac{b^2}{4} \end{bmatrix}
$$

其中,E_f 为后置比例乘子矩阵,运算"$\otimes$"对 $C_f X C_f^{\mathrm{T}}$ 矩阵每个元素对应位置进行一次乘法。在进行变换时,只需要计算 $W = C_f X C_f^{\mathrm{T}}$,计算过程只存在整数的加法、减法和移位运算。

整数 DCT 反变换的公式如下:

$$
X = C_i^{\mathrm{T}} (Y \otimes E_i) C_i
$$

$$
= \begin{bmatrix} 1 & 1 & 1 & \dfrac{1}{2} \\ 1 & \dfrac{1}{2} & -1 & -1 \\ 1 & -\dfrac{1}{2} & -1 & 1 \\ 1 & -1 & 1 & -\dfrac{1}{2} \end{bmatrix} \left(Y \otimes \begin{bmatrix} a^2 & ab & a^2 & ab \\ ab & b^2 & ab & b^2 \\ a^2 & ab & a^2 & ab \\ ab & b^2 & ab & b^2 \end{bmatrix} \right) \begin{bmatrix} 1 & 1 & 1 & 1 \\ 1 & \dfrac{1}{2} & -\dfrac{1}{2} & -1 \\ 1 & -1 & -1 & 1 \\ \dfrac{1}{2} & -1 & 1 & -\dfrac{1}{2} \end{bmatrix}
$$

2. 量化

在量化过程中,量化步长决定了压缩率和图像精度。如果量化步长比较大,则相应的编码长度较小,将损失较多的图像细节信息;反之,则相应的编码长度也较大,但图像细节信息损失较少。编码器根据图像值实际动态范围自动改变量化步长,以求在编码长度和图像精度之间折中,达到整体最佳效果。

表 2.3 给出了 H.264 量化参数与量化步长的对应值。由表 2.3 可见,量化参数 QP 每增加 6,量化步长 $Qstep$ 增加一倍。实际应用时,可根据实际需要灵活选择。

表 2.3　H.264 中量化步长 $Qstep$ 与量化参数 QP 的对应

QP	Qstep	QP	Qstep	QP	Qstep	QP	Qstep	QP	Qstep
0	0.625	12	2.5	24	10	36	40	48	160
1	0.6875	13	2.75	25	11	37	44	49	176
2	0.8125	14	3.25	26	13	38	52	50	208
3	0.875	15	3.5	27	14	39	56	51	224
4	1	16	4	28	16	40	64		

续表

QP	Qstep	QP	Qstep	QP	Qstep	QP	Qstep	QP	Qstep
5	1.125	17	4.5	29	18	41	72		
6	1.25	18	5	30	20	42	80		
7	1.375	19	5.5	31	22	43	88		
8	1.625	20	6.5	32	26	44	104		
9	1.75	21	7	33	28	45	112		
10	2	22	8	34	32	46	128		
11	2.25	23	9	35	36	47	144		

3. DC 系数变换量化

如果当前处理的图像宏块是色度块或帧内 16×16 预测模式的亮度块,则需要将其中各 4×4 块的 DCT 变换系数矩阵 W 中的直流分量或直流系数 W_{00} 按对应图像块顺序排序,组成新的矩阵 W_D,再对 W_D 进行 Hadamard 变换及量化。

对于帧内 16×16 预测模式,16×16 的图像宏块中有 16 个 4×4 图像亮度块,所以亮度块的 W_D 为 4×4 矩阵,其组成元素为各 4×4 图像块 DCT 的直流系数 W_{00},这些 W_{00} 在 W_D 中的排列顺序为对应图像块在宏块中的位置。Hadamard 变换及量化公式如下:

$$Y_D = \left(\begin{bmatrix} 1 & 1 & 1 & 1 \\ 1 & 1 & -1 & -1 \\ 1 & -1 & -1 & 1 \\ 1 & -1 & 1 & -1 \end{bmatrix} W_D \begin{bmatrix} 1 & 1 & 1 & 1 \\ 1 & 1 & -1 & -1 \\ 1 & -1 & -1 & 1 \\ 1 & -1 & 1 & -1 \end{bmatrix} \right) / 2$$

$$|Z_{D(i,j)}| = (|Y_{D(i,j)}| \cdot MF_{(0,0)} + 2f) >> (qbits + 1)$$

$$\text{sign}(|Z_{D(i,j)}|) = \text{sign}(W_{D(i,j)})$$

16×16 的图像宏块中包含图像色度 Cr 及 Cb 块各 2×2 个,所以色度 Cr 或 Cb 块的 W_D 为 2×2 矩阵,其组成元素为各对应图像块色度信号 DCT 的直流系数 W_{00},这些 W_{00} 在 W_D 中的排列顺序为对应图像块在宏块中的位置。Hadamard 变换及量化公式如下:

$$Y_D = \begin{bmatrix} 1 & 1 \\ 1 & -1 \end{bmatrix} W_D \begin{bmatrix} 1 & 1 \\ 1 & -1 \end{bmatrix}$$

$$|Z_{D(i,j)}| = (|Y_{D(i,j)}| \cdot MF_{(0,0)} + 2f) >> (qbits + 1)$$

$$\text{sign}(|Z_{D(i,j)}|) = \text{sign}(W_{D(i,j)})$$

2.4.4　去块效应滤波

在基于分块的视频编码中,对块的预测、补偿、变换以及量化,在码率较低时会遇到块效应。为了降低图像的块效应失真,H.264 中引入了去块效应滤波器对解码宏块进行滤波,平滑块边缘,滤波后的帧用于后续帧的运动补偿预测,从而避免了假边界积累误差导致的图像质量下降,提高了图像的主观视觉效果。

去块滤波器在处理时以 4×4 块为单位,如图 2.22 所示。对每个亮度宏块,先滤波宏块最左的边界 a,然后依次从左到右处理宏块内三个垂直边界 b、c 和 d。对水平边界从上到下依次滤波 e、f、g 和 h。色度滤波次序类似,依次处理 i、j、k 和 l。

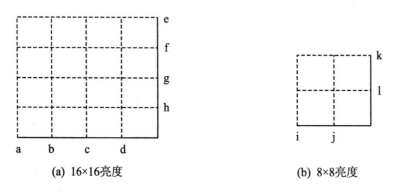

(a) 16×16亮度　　　　　　　　　　(b) 8×8亮度

图 2.22　去块滤波器处理顺序

去块滤波器的处理可以在三个层面上进行:在分片层中,OffsetA 和 OffsetB 为在编码器中选择的偏移值,该偏移量用于调整阈值 α 与 β,从而调整全局滤波强度;在块边界层面,滤波强度依赖于边界两边图像块的帧间/帧内预测、运动矢量差别及编码残差等;在图像像素级,滤波强度取决于像素值在边界的梯度及量化参数。

由于视频图像本身还存在物体的真实边界,在进行去块平滑滤波时,应尽可能地判断边界的真实性,保留图像的细节,不能盲目地通过平滑图像来达到去块效应的目的。一般而言,真实边界的两侧像素梯度比因量化造成的虚假边界两侧的像素梯度大,H.264 中,给定两个阈值 α 与 β 来判断是否对边界进行滤波,当高于阈值时,则认为该边界为真实边界。

2.4.5　熵编码

H.264 标准规定的熵编码有两种:一种是基于上下文的自适应变长编码(CAVLC);另一种是基于上下文的自适应二进制算术编码(CABAC)。这两种方案都利用上下文信息,使编码最大限度地利用了视频流的统计信息,有效地降低了编码冗余。

当熵编码模式设置为 0 时,残差数据使用 CAVLC 编码,其他参数如句语元素和非预测残差数据采用统一的指数哥伦布码表(Exp-Golomb Code)进行编码。当熵编码模式设置为 1 时,采用 CABAC 编码对语法元素进行编码。

1. 指数哥伦布编码

指数哥伦布编码使用一张码表对不同对象进行编码,故编码方法简单,且解码器容易识别码字前缀,从而在发生比特错误时能快速获得重新同步。指数哥伦布编码是具有规则结构的变长码,每个码字的长度为 $2M+1$ 个比特,其中包括最前面的 M 比特的"0",中间的 1 个比特"1"和之后的 M 比特 INFO 字段,如表 2.4 所示。在对各种参数(如宏块类型、运动矢量等)进行编码时,把参数先映射为 code_num,再对 code_num 进行编码。

表 2.4 指数哥伦布码字

code_num	codeword
0	1
1	0 1 0
2	0 1 1
3	0 0 1 0 0
4	0 0 1 0 1
5	0 0 1 1 0
6	0 0 1 1 1
7	0 0 0 1 0 0 0
...	...
M	$[M \text{ bits } 0\,]\,1\,[M \text{ bits INFO}]$

2. CAVLC 编码

CAVLC 是一种基于上下文的自适应游程编码。当熵编码模式设置为 0 时,使用 CAVLC 编码对以之字形扫描得到的 4×4 残差块变换系数进行编码。由于经过预测、变换和量化后的 4×4 残差系数是稀疏矩阵,多数系数为 0,故用游程编码可以取得更好的压缩效果。由于相邻块的非零系数个数具有相关性,CAVLC 依据这种相关性自适应选择相应的码表,体现了基于邻近块的上下文原理。同时,残差系数中低频系数较大、高频系数较小,CAVLC 利用这一特点,并根据邻近已编码系数的大小自适应选择相关码表。

3. CABAC 编码

CABAC 使用算术编码方法,根据元素的上下文为其选择可能的概率模型,并根据局部统计特性自适应地进行概率估计,从而提高压缩性能。CABAC 编码和 CAVLC 编码相比,平均效率可以提高 $10\%\sim15\%$,但是其缺点在于编码速度较低。

2.4.6 切换帧技术

为了符合视频流的带宽自适应性和抗误码性能的要求,H. 264 在 I、P 和 B 帧之外,还定义了 SP 帧(Switching P Picture)和 SI 帧(Switching I Picture)两种类型帧。SP 帧能够参照不同参考帧重构出相同的图像帧,可用于流间的切换、拼接、随机接入、快进快退等功能;SI 帧能够利用帧内预测帧,恢复出解码图像帧,可用于从一个序列切换到与其完全不同的另一个序列。

　　SP 帧的设计可支持类似编码序列(例如相同视频源不同码率)之间的切换,如图 2.23 所示。在切换点处有 3 个 SP 帧,其中 A_2 与 B_2 参考帧和当前编码帧属于同一个码流;AB_2 称为切换 SP 分帧,其参考帧和当前编码帧不属于同一个码流。不切换时,码流以正常的顺序进行解码;当 A 码流要切换到 B 码流时,AB_2 输入解码器,并以 A_1 为参考帧,从而输出 B_2。如果要实现另一个方向的码流切换,则需要另一个 SP 分帧 BA_2。

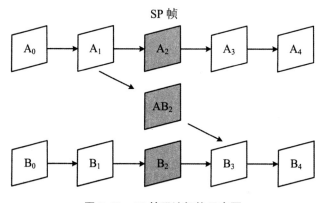

图 2.23　SP 帧码流切换示意图

　　SP 帧 A_2 简化的编码流程如图 2.24 所示。与 P 帧编码不同的是,SP 帧是在变换处理之后再求差值,然后对差值进行量化和熵编码,最终得到 SP 帧 A_2 的编码。SP 帧 B_2 的编码方式与 A_2 类似。

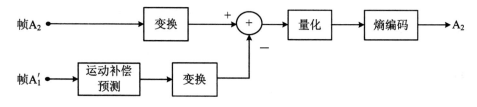

图 2.24　SP 帧 A_2 编码过程示意图

　　SP 帧 AB_2 简化的编码流程如图 2.25 所示。运动补偿以解码图像 A_1 作为参考,为 B_2 中每个宏块寻找最佳匹配块,然后对运动补偿预测结果进行变换。

　　SP 帧与 SI 帧均可用于码流间切换。当视频源相同而编码参数不同时,采用 SP 帧;而当视频源内容相差较大时,帧间缺乏相关性,则采用 SI 帧,这将更加有效。SP 帧还可以实现随机访问以及快进/快退功能。SP/SI 帧不需要包含在码流中,它仅在需要的时候才传输,这样可以减少码流比特数。

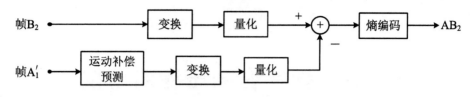

图 2.25　SP 帧 AB$_2$ 编码过程示意图

2.4.7　高保真扩展(FRExt)

FRExt 对 H.264 的进一步改善主要表现在以下几个方面：

(1) 引入 8×8 亮度帧内预测、8×8 整数变换和基于感知的量化缩放矩阵,允许编码器根据人眼的视觉特性模型对不同类型的误差采用不同的量化方式。

(2) 视频信号每个样值的位深可以扩展到 12 bits。

(3) 增加了支持 4∶2∶0 和 4∶4∶4 采样格式。

(4) 支持更高的比特率和图像分辨率。

(5) 针对高保真影像进行无损压缩,无需采用变换量化等技术(只适用于 H444P 类)。

(6) 支持 RGB 格式的压缩,避免色度空间转换引起的舍入误差。

FRExt 是一个类集合,它的四个新增类为 HP、Hi10P、H422P 和 H444P,具体如下：

(1) HP 支持 8 bits 样值位深和 4∶2∶0 采样格式。

(2) Hi10P 支持 10 bits 样值位深和 4∶2∶0 采样格式。

(3) H422P 支持 10 bits 样值位深和 4∶2∶2 采样格式。

(4) H444P 支持 12 bits 样值位深和 4∶4∶4 采样格式,支持无损压缩以及 RGB 压缩。

表 2.5 给出了四个新增类所支持的编码工具和编码格式。

表 2.5　FRExt 的四个新增加的类所支持的编码工具和编码格式

编 码 工 具	HP	Hi10P	H422P	H444P
主类工具	√	√	√	√
4∶2∶0 格式	√	√	√	√
8bits 样值位深	√	√	√	√
8×8 和 4×4 自适应变换	√	√	√	√
量化矩阵	√	√	√	√
分离的 Cb 和 Cr 量化参数控制	√	√	√	√
单色视频格式	√	√	√	√
9～10 bits 样值位深		√	√	√
4∶2∶2 格式			√	√
11～12 bits 样值位深				√
4∶4∶4 格式				√
色度残差变换				√
无损预测编码				√

第 3 章　数字音频压缩编码技术

在卫星直播数字电视系统中,与视频信号同时传送的还有电视的伴音信号。数字电视的伴音通常有多个,除了常见的双声道的立体声伴音外,可能还有多语言伴音。此外,还有许多数字音频广播节目信号也利用数字电视的伴音通道进行传送。但无论是电视的立体声伴音、多语言伴音,还是音频广播信号,均属于音频范畴,其频率范围处于 20 Hz 到 20 000 Hz 之间。这种音频信号如果按照标准的数字化处理过程,每个声道经过采样、量化与编码之后,数字音频的码速率也将接近于 1 Mb/s。如果采用多声道传输,则码速率将成倍增加。如果不进行音频数据的压缩处理,则多个数字伴音通道将同样需要占用较大的传输带宽,或占用较大的数据存储空间。因此,对卫星直播数字电视系统来说,对数字化后的音频信号进行进一步的压缩编码也是非常必要的。

3.1　音频技术发展概述

声音是指可以被人耳感知的机械振动波,它包括音乐、话音、风声、雨声、鸟叫声、机器声等。音频信号则是指由声音转化而成的电信号,音频信号的频率、幅度和相位的变化规律与声音的振动频率、强度和音源位置呈现一一对应的关系。因而,音频信号的频率、幅度、相位及其谐波的组合等特征,可以完全反映出声音的音调、音强、音源空间位置以及音色等声音要素。

人对声音的感觉首先是音调的高低,而音调是由声音中的基音频率所决定的。例如音乐中音阶的划分就是在频率的对数坐标上取等分而得的。其次是音强,人耳对于声音细节的分辨只有在强度适中时才最灵敏。人的听觉响应与强度成对数关系,一般人耳能够察觉的音强范围在 $0\sim100$ dB 之间,太低了听不见,太高了感觉难受。再次是音色,音色通常是由混入基音的高次谐波所决定的,高次谐波越丰富,音色就越有明亮感和穿透力。不同幅度和相位的谐波,可以产生各种不同的音色效果。最后是空间感,由于处于不同空间位置的音源所产生的声波传播到人耳所需要的时间不同,反映在声波波形上的差别就是相位上的不同。人耳可以通过比较不同声波的相位差异来判断音源的位置,从而获得空间感。

3.1.1　模拟音频技术

通常的声波在时间上和幅度上都是连续变化的,因此音频信号在时间上和幅度上也是连续的电信号,故是一种模拟信号。模拟音频信号具有占用带宽小、信号处理和转换电路简单、设备成本低廉等特点,因而在电话通信、无线电广播、模拟电视广播以及音视频播放设备中被广泛使用。在通讯领域,除了电话通讯已经基本上淘汰了模拟方式外,模拟无线电广播和模拟电视广播从发明到现在的近百年时间里,依然被广泛使用。

模拟音频的存储介质主要是模拟唱片和录音磁带。模拟唱片通过在塑料圆盘上根据模拟音频的震动波形来雕刻出相应的变化轨迹,播放时通过唱机上的钢针,从旋转的唱片上拾取震动的声波信号而重新得到声音。录音磁带则是通过将声波转换为变化的磁场,并通过磁感应原理将其感应到磁带上的磁粉中,播放时通过磁头与磁带的摩擦,从磁头的线圈中重新感应出交变的音频信号。因此,保存和重放这些存储介质中的音频信息的过程都是模拟形式。

由于模拟信号在传输环节容易被各种噪声干扰而造成清晰度下降,在处理环节容易因电路的非线性影响而产生各种畸变,在存储环节容易因环境条件变化或者物理磨损而产生失真,同时,模拟音频信号在传输、处理和存储环节所产生的噪声、畸变和失真会不断积累叠加而无法通过对信号进行处理加以去除,因此,对于音乐等高质量的声音应用来说,传统的模拟信号方式难以做到高保真和高可靠。

3.1.2　第一代数字音频技术

第一代数字音频技术出现于 20 世纪 70 年代末,其主要手段是通过采用对模拟音频信号进行采样、量化和编码的数字化方式,形成基于 PCM(即脉冲编码调制)格式的数字音频信号。由于数字化技术把模拟的音频信号转化为二进制的数字信号,这种信号在传输和存储过程中所产生的各种附加干扰和噪声,可以通过数字再生处理技术加以消除,从而能够恢复音频信号的原有质量。这从根本上克服了模拟音频信号所存在的噪声积累和失真等问题。

用于记录这种数字音频的介质就是 CD(Compact Disc)唱片。以"0"、"1"数字作为 CD 上音频的存储方式,又以非接触的激光光束来读取 CD 上的音频信号,使得新一代的 CD 唱片为高质量音频信号的高保真保存提供了可靠的保证。CD 的出现,迅速地终结了传统模拟式唱片,至今依然广为应用。

3.1.3　第二代数字音频技术

根据取样定理,PCM 脉冲编码调制技术需要采用高于模拟信号最高频率分量两倍以上的采样速度对模拟音频进行采样,再用 8 位以上(质量要求越高,位数越大)的代码来表示每一个采样值,所以经过数字化后的音频数据量十分庞大。例如,采用 48 kHz 采样率、16 bit PCM 编码后,单声道数字音频的传码率达到 768 KB/s,立体声达到 1 536 KB/s。如果将这些数字音频信号直接进行传输,大约需要比模拟音频信号增加数十倍的带宽;如果将这些音频数据进行存储,则需要占用大量的存储空间。这一问题的存在,大大限制了第一代数字音频技术在通信和广播等许多领域的应用。

针对上述问题,第二代数字音频技术引入了数据压缩技术。其目标就是要在保证信号质量的前提下,尽量地减少数字音频的数据量,以求减少存储所需的空间和传输所需的带宽。20 世纪 90 年代以来,随着数字音频压缩技术的快速发展,各种新型数字音频格式层出不穷,其中最具代表性、应用最为广泛的是 MPEG 数字音频格式。最新的数字音频压缩技术可以达到 10 倍以上,也就是说,在保证音频质量达到 CD 水平的前提下,可使得双声道立体声的数字音频信号传码率下降到 100 KB/s 以内。

3.2　音频压缩编码主要方法

音频信号的频率大约为 20 Hz 到 20 000 Hz 范围,经过数字化变换后,其频谱范围大大扩展,但其振幅分布或频谱分布很不均匀,表明了信号本身也具有很大的冗余度。例如,音乐信号的能量谱几乎全部集中在中频段和低频段,而在 10 kHz 以上的频段能量总是很少。因而,在码率压缩过程中,就可以通过对声音信号进行实时的频谱分析,去掉不存在频谱分量的频段,或者对频谱分量少的部分,分配较少的量化比特数,从而达到压缩音频数据的目的。

心理声学和语言声学的研究表明,声音虽然客观存在,但人的主观感觉和客观存在并不完全一致。人耳的听觉有其独有的特性。研究发现,人耳对声音具有高度的感知性。例如,人耳能够分辨出响度、音高和音色,具有空间感和一定的抗干扰能力;对于声音强度的感知呈现对数特性,故能感知很大的音响范围;对于声音频率的感知具备较强的选择性,例如,人耳最敏感的频率大约在 1 000 Hz,而对于 50 Hz 以下和 5 000 Hz 以上的频率,人耳的敏感度呈快速下降趋势。

人耳的感知特性中还有一种特殊的现象——掩蔽效应。当两种声音同时到达耳际时,一种声音常常会被另一种声音所掩盖,这种现象称为人耳的掩蔽效应。比如,在寂静的环境里,人耳可以分辨出轻微的风声或小虫的鸣叫声,但在嘈杂喧闹的环境中却听不到这些声音。在掩蔽声存在的条件下,纯音最小听阈要比在寂静环境下的听阈高得多。对人耳掩蔽效应的研究表明,低频声能掩蔽高频声,而高频声掩蔽低频声则较难;频率接近的纯音容易相互掩蔽,但是如果频率过于接近则会产生差拍,掩蔽作用反而减弱;掩蔽声的声压级提高,掩蔽的范围随之展宽。图3.1

给出了两个纯音之间的掩蔽效应特性。图中,第一个音的频率固定为 1 200 Hz,强度固定为 60 dB;图中的曲线代表第二个音在不同的频率上的掩蔽值。由图可以看到,人耳的掩蔽效应有以下特点:

(1) 低频的声音能够掩蔽高频的声音,而高频的声音较难掩蔽低频的声音。

(2) 频率接近的纯音容易相互掩蔽,但是如果频率过于接近则会产生差拍,掩蔽作用反而减弱。

(3) 掩蔽声的声压越高,其掩蔽的范围随之展宽。

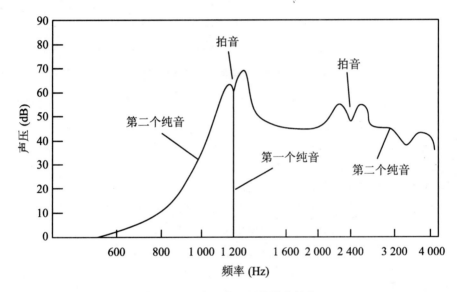

图 3.1　两个纯音之间的掩蔽效应

基于上述分析,音频信号的压缩可以从如下两个角度进行:一是从音频信号的信息冗余角度入手。所谓的冗余,包括了时间冗余、空间冗余、结构冗余、知识冗余和编码冗余等。常见的音频编码,如预测编码、结构编码、参数编码及哈夫曼编码等,都是从消除这些冗余的角度出发的。二是从利用人耳的主观感知特性(包括人耳的掩蔽效应)来降低数码率。基于人耳听觉特性的压缩编码方法称为感知音频编码器,具有代表性的有自适应变换编码和子带编码等。高效率的数字音频的压缩编码方法,就是通过同时综合这两个方面的方法来实现的。

3.2.1　自适应变换编码

变换编码是对输入信号进行线性变换,以提高功率集中度,然后通过量化来改变编码的效率。对于能够进行自适应比特分配的变换编码,称为自适应变换编码,其原理结构框图如图 3.2 所示。对于声音信号的统计特性而言,线性变换主要使用离散余弦变换(DCT)。经数字化后的音频信号是一串连续的数值,进行 DCT 之前应先进行分组,这可理解成对一串数据进行加窗。于是音频的变换编码是把输入信号乘以窗函数后再进行 DCT。时域能量分布比较均匀的音频信号,经过 DCT 后,频域能量则主要集中在中低频。这与视频信号的 DCT 编码的原理是一样的,也就是说,对变换后的数据进行编码,可达到压缩码率的效果。

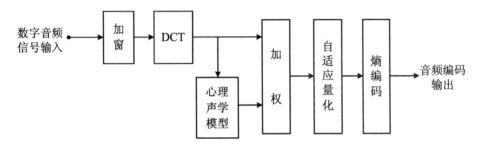

图 3.2　自适应变换编码电路组成框图

变换编码的一个重要的问题就是变换长度(即分组长度)的选择。一方面,分组长度越长,编码增益越高。但对于单一字组中幅度急剧变化的信号(如鼓声),在上升部分若采用长的分组,会使得时域分辨率下降,导致严重的所谓"前反射"。消除"前反射"的办法是缩短帧长,提高时域的分辨率,使之限制在一个较短的时间段内。某些算法的实现就是为了解决这个矛盾。例如,自适应频谱感知熵编码(Adaptive Spectral Perceptual Entropy Coding,ASPEC)采用动态长度的重叠窗函数,采用的窗函数共有四种,其中,长窗 1024 点,短窗 256 点,在 48 kHz 抽样率下分别对应于 21.3 ms 和 5.3 ms,各窗之间有 50% 的重叠;此外,还有不对称的起始窗和终止窗,分别用于长窗向短窗和短窗向长窗的过渡。当声音能量突然增加时,在过渡段使用短窗,以保证足够的时域分辨率;在其他时间使用长窗,以获得较高的编码增益,这就是自适应的概念。

变换编码过程中出现的另一个问题就是字组失真。字组编码的原则是:无论字组边界相邻的取样在时间轴上是否连续,都应按属于不同字组而进行不同精度的量化。因此,人们会容易感觉到字组边界附近量化噪声的不连续性,这就是加窗变换造成的边缘效应。为了消除这种边缘效应,往往采用具有部分重叠的变换窗,而这样又会带来时域混叠,降低编码性能。因此,实际上需要使用改进的离散余弦变换(MDCT),用于消除时域混叠现象。

3.2.2　子带编码

与变换编码器相同,子带编码器也在频域上寻求压缩的途径。与前者的不同之处在于:它不对信号进行直接变换,而采用带通滤波器组把听觉范围内的信号割裂成许多子带,利用各子带内功率分布的不均匀来对各子带分别进行编码。由于分割为子带后,减少了各子带内信号能量分布不均匀的程度,减小了动态范围,从而可按各子带内信号能量来分配量化比特数。解码端分别对各子带进行解码,内插后再逆滤波,重建声音信号。这种方法通过对子带信号的高效量化和编码来获得编码增益。比特分配依然根据心理声学模型进行,量化因子作为边带信息传送用于解码器恢复量化阶。图 3.3 给出了基于子带编码的音频编码器原理结构框图。

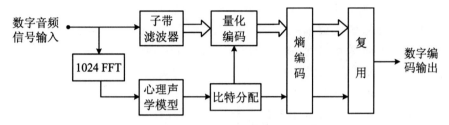

图 3.3　自适应变换编码电路组成框图

频带的分解主要有两种方法:一种是由多个称为正交镜像滤波器(QMF)组成的滤波器组,对频率反复进行一分为二的树形结构滤波(TSFB);另一种是与 TSFB 等效的多相滤波器组(PFB)。TSFB 和 PFB 都可以使用 FIR 或 IIR 数字滤波器来实现。使用 FIR 滤波器组进行隔一取一处理,PFB 比 TSFB 可减少运算量,并且 PFB 的延时也小于 TSFB,因此,通常大多使用那些利用 FIR 滤波器的 PFB 来实现子带滤波。

20 世纪 80 年代末,许多文献便提出了子带编码的思想,比较著名的有 IRT、Philips 和 CCETT 算法。ISO/IEC 最终综合了三者的建议,制定了子带掩蔽编码的标准 MUSICAM,并被用于 MPEG-1 和 MPEG-2 的音频编码中。MUSICAM 采用了多相滤波器,取代了树状 QMF,将信号分割为带宽统一的 32 个子带,算法复杂度和时延都减小了。所有的这些改进,都是以次最佳滤波器为代价的。也就是说,带宽恒定与临界频带不吻合。即使这样,MUSICAM 增强了心理声学模型的分析,仍然获得了良好的音质。1024 点 FFT 成为心理声学模型时频分析工具,进而求出每子带更精确的信掩比(SMR)用于限制量化噪声。比特分析信息也作为边带信息传送。MUSICAM 的声音质量相当好,被 ISO/IEC 选用为 MPEG 音频编码的主要算法。

3.2.3　多声道/多语种音频的编码方法

以上介绍的编码方法是针对最多两通道的声音而设计的。但众所周知,只有多通道、环绕声才能给听众更好的空间感和临场感。特别是高清电视的出现,对多通道环绕声的伴音及其编码提出了迫切的要求。

测试表明,5 通道或 5.1 通道能提供满意的听觉效果。这一结论已被 ITU-R 所接受,这就是 3/2 立体声的多声道方式,它是在普通的左、右扬声器(L、R)的中间,加入一个中间扬声器 C,并在后方增加左、右两个环绕声扬声器 LS 和 RS。如果是多语种方式,如两个语种,则左、右各有两个声道,分别与两个语种相对应。多声道格式还可附加低频加强声道(LEF),这是为了与电影界的 LEF 声道相适应而设计的。LEF 声道包含有 15～120 Hz 的信息,称为 0.1 声道,与上述 5 个声道构成 5.1 声道,0.1 声道的取样频率是主声道的取样频率的 1/96。

为了减少多声道数据的冗余度,采用了声道间的自适应预测,计算出各自频带内的三种声道间的预测信号,只将中间声道及环绕声道的预测误差进行编码。目前,有两种主要的多通道编码方案——"MUSICAM 环绕声"和"Dolby AC-3"。MPEG-2 音频标准采用的就是"MUSICAM 环绕声"方案,它是 MPEG-2 音频编码的核心,是基于人耳感觉特性的子带编码算法。而美国的高清数字电视伴音则采用的是"Dolby AC-3"方案。

"MUSICAM 环绕声"突出的优点是其后向和前向的兼容性。后向兼容是指普通 MUSICAM 解码器能处理码流中的双通道信息。实际上,MPEG-2 是 MPEG-1 的扩展,它保留了 MPEG-1 的双通道结构,而把扩展的通道数据放在附加数据上传送,因此具有很好的兼容性。

虽然"Dolby AC-3"不具备与 MPEG-1 的兼容性,但在 ISO/MPEG 所作的主观评测中,"Dolby AC-3"在总体上略优于"MUSICAM 环绕声";同时,在总速率约为 320 KB/s 时,所有参加测试的系统与透明的质量要求都有一定的差距,这促使 ISO 决定再建立一套非后向兼容(NBC)的多通道编码标准,其中 Dolby AC-3 就是具有竞争力的一种。

3.3 MPEG 音频编码器

3.3.1 MPEG 音频标准的组成

MPEG-1 音频标准基于二声道,取样频率为 32 kHz、44.1 kHz 或 48 kHz;MPEG-2 与 MPEG-1 在音频方面的差别要小于视频、系统部分。可以说,MPEG-2 音频标准是 MPEG-1 音频标准的扩充,它们具有很好的兼容性。MPEG-2 具有多个声频标准,如 MPEG-2 LSF(低取样率)标准(取样频率为 MPEG-1 取样标准的一半,即取样频率为 16 kHz、22.05 kHz 或 24 kHz)、MPEG-2 MC(多声道)标准、MPEG-2 2C(两声道)标准和 MPEG-2 HSF(高取样率)标准等。MPEG 的声频标准都由层Ⅰ、层Ⅱ、层Ⅲ三种算法组成,层Ⅰ至层Ⅲ逐步复杂。层Ⅰ是 MUSICAM 算法的简化版本,层Ⅱ是 MUSICAM 算法,层Ⅲ是基于 MUSICAM 和 ASPEC 的子带和变换编码的结合,但同时质量也逐步提高。音质不仅取决于算法的层,还和使用的比特率有关,比特率由 32 KB/s 成倍数关系形成 14 种,最大为 448 KB/s,各层限定的目标比特率是不同的。

MPEG 音频标准的算法是以子带编码为基础的,经 16 bits 均匀量化的 PCM 信号,由时域变换为频域 32 个子带,再根据心理学特性(心理声学模型)进行比特分配,完成量化编码后,与辅助数据(可由使用者任意定义的数据,但数据量是有规定的)一起形成帧。解码时,先进行帧分解,分离出辅助数据,按照作为辅助信息的比特分配进行解码和反量化,再经反变换恢复为时域信号。

3.3.2　MPEG 音频编码器结构

MPEG-1 和 MPEG-2 的技术内核基本相似,其不同之处在于 MPEG-2 增加了多通道扩展,最大可达 5.1 配置声道。MPEG 音频编码器的结构如图 3.4 所示,下面简要地说明各功能模块的作用及信号的编码处理过程。

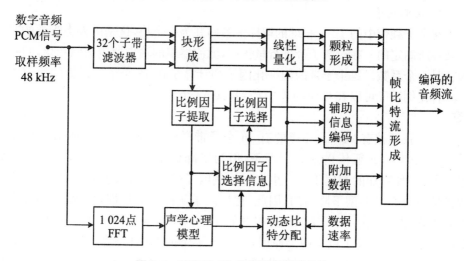

图 3.4　MPEG-1/2 音频编码器的结构

1. 滤波器组

MPEG 音频编码器采用多相滤波器组,也称子带分析滤波器,它由 $n=32$ 个子频带组成,具有等效频率间隔宽度为 $\Delta f = fs/(2n)\,\mathrm{Hz}$,$fs$ 为取样频率。编码算法提供了最低到 0 Hz 的频率响应,但在不希望有这种响应的应用中,编码器的声音输入端要有一个高通滤波器,其截止频率处于 2~10 Hz。使用它可以避免读最低子频带时不必要的高比特要求,可以提高整体声音的质量。

2. 快速傅里叶变换器(FFT)

FFT 是完成离散余弦变换的一种快速算法,为了模拟在低频率范围内听觉分析所需的频谱分辨率,仅仅使用上述有限数量(32 个)和恒定带宽(750 Hz)的滤波器组是不够的。为了补偿滤波器组(主要是在低频段上)频谱分解的不准确性,与滤波器组平行实施一种 1 024 点的 FFT。但在 FFT 之前应有一个延时单元,作为滤波器时延的均衡。延时时间为 256 个样值,在 48 kHz 取样频率时,相当于 5.3 ms。若窗口宽度为 $\Delta t = 1\,024/fs$,得到的频率分辨率为 $fs/1\,024 = 46.875\,\mathrm{Hz}$。

FFT 与滤波器组联合使用的优点在于:既有高的时间分辨率(通过多相滤波

器组)使得即使在短的冲击信号情况下,编码的声音信号也可以有高的声音质量,同时又有高的频率分辨率(通过 FFT),以便实现尽可能低码率的数据流的处理。

3. 心理声学模型

心理声学模型是模拟人类听觉掩蔽特性的一个数学模型,相当于对 1 152 个输入样值的每一帧(24 ms)都要确定比特分配。32 个子频带的比特分配均以各子频带内的 SMR(信号掩蔽比)为依据进行计算。该模块就是利用 FFT 的输出值,按一定的步骤和算法计算出 SMR。

4. 比例因子

每个子频带中的 12 个相继的取样值被归并为一个块,这是由人类听觉的时间掩蔽性所确定的。在对各子带进行量化前,滤波器组的输出值应被归一化,归一化因子是一个系数。每个子带的归一化因子的计算是在 12 个子带样值的块上进行的。各比例因子可以在相应的表中找到,共 63 个,可用 6 bit 的自然二进制进行编码。

一个音频帧有 24 ms,相应的有 36 个子带样值,因此,每个子带有 3 个比例因子。原则上,必须传送这 3 个因子,但为了降低用于传送比例因子的数据码率,用了一种附加的编码手段。根据对比例因子的统计试验表明,在较高频率时频谱能量分布是典型下降型的,因此,比例因子从低频子频带到高频子频带出现连续下降;此外,在一个子频带中,相继的比例因子可能出现大于 2 dB 的差别的概率小于 10%。基于以上两个原因,同一个子带的 3 个比例因子总是被共同考虑的,传送 3 个、2 个或 1 个。与此同时,还应传送一个相应的比例因子选择信息(SCFSI)。

通常,静态的声音信号在多数情况下,只要传送 1 个比例因子;而在短的冲击信号下,3 个因子通常都要传送。采用这种编码思想,可使得用于传送比例因子所需的数据码率下降 2~3 倍。

5. 比例因子选择信息及其编码

如前所述,比例因子选择信息是描述每个子频带需要传送的比例因子的数量和位置的信息。它由一个无符号的 2 bit 二进制数表示,分别对应于比例因子不同的传输形式,如"00"代表三个都传,"11"代表传送第一个和第二个比例因子或者第三个比例因子,"01"代表传输第一个和第三个,"10"代表只传输其中任一个。

6. 量化器

量化器在动态比特分配模块的作用下,对每一子带进行线性量化。显然,虽然在子带内是线性量化的操作,但由于动态分配模块的作用,对于整帧或全部的信号来说,它却是根据信号的动态范围而自适应地量化,这样就达到了压缩数据率的目的。

3.3.3 MPEG 音频编码流程

层 I 与层 II 编码过程基本相似,其流程如图 3.5 所示。下面介绍各个部分的工作原理。

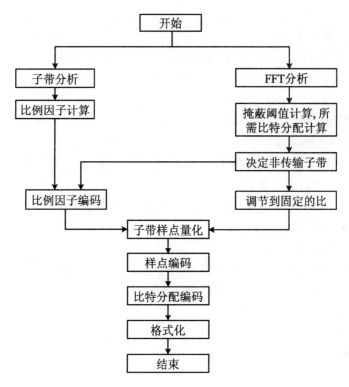

图 3.5 MPEG-1/2 音频编码流程图

1. 子带分析滤波器工作流程

子带分析滤波器组用于把按 fs 频率采样的宽带信号分解为 32 个均匀分布的子带,从而采样率为 $fs/32$,降低了采样率。

2. 比例因子的计算

对于层 I,各个子带按每 12 个子带样点进行一次比例因子计算。先定出 12 个样点中绝对值最大值,然后查"层 I、II 比例因子表",大于此最大值的最小者作为比例因子。对于层 II,每帧有 36 个子带样点,故每个子带有 3 个比例因子,这 3 个比例因子并不是每个都一定得编码的。经过表的调整,某些可能相同,相同的部分就不需要传,这个信息由此特因子选择信息来传递。

3. 动态比特分配

用于样值和比例因子编码的比特数为

$$adb = cb(总比特数) - bbal(比特分配比特数) - banc(辅助)$$

比特分配的动态迭代过程为:

(1) 计算 MNR(掩蔽噪声比)＝SNR(信噪比)－SMR 信号(掩蔽比)。

(2) 初始化分配给样值 bsp 和比例因子 $bscf$ 及比例因子选择信息 $bsel$ 比特数量。

(3) 决定所有子带的最小 MNR,重新计算比特数,提高最小 MNR 子带的量化精度。

(4) 计算新的 MNR。

(5) 根据需要的附加比特数不断修正 $bsel$。如果第一次一个为 0 的比特数被分配到一个子带上,$bsel$ 必须按这个子带需要的比例因子数进行修正,那么 adb 用

$$adb = cb(bbal + bsel + bscf + bspl + banc)$$

进行计算,再返回到(3),直到 adb 小于 0 为止。

4. 子带样点的量化

在层 Ⅰ 中,12 个子带样点的每一个都进行归一化,将它的值除以比例因子得到 X,同时用以下式子量化:

(1) 计算 $AX + B$(A、B 由"层 Ⅰ 和层 Ⅱ 的量化系数表"得到)。

(2) 取有效位 N 位。

(3) 将最高位取反。

在层 Ⅱ 中,量化级数为 3、5、9 时,将三个相继的样点编成一个码字,对这三个一组只传送一个值 V_m,最高位仍为 1,编码的值 V_m($m = 3, 5, 9$)和三个相继子带样点 X、Y、Z 之间的关系为

$$V_3 = 9Z + 3Y + X$$
$$V_5 = 25Z + 5Y + X$$
$$V_9 = 81Z + 9Y + X$$

5. 格式化

在层 Ⅰ 中,每帧中的槽的大小为 32,而层 Ⅱ/Ⅲ 为 8。同时,层 Ⅱ 中引入了比例因子选择信息新块 SCFSI,而且比特分配信息比例因子和样点都要进一步编码。

3.3.4 MPEG-2 音频码流结构

目前,MPEG-2 的音频编码只采用了层 Ⅱ 的压缩算法,即 MUSICAM 算法,它属于子带编码范畴。

经压缩后的音频数据,由编码器中的帧形成器将比特分配、比例因子选择信息、比例因子、帧头信息以及一些用于差错检测的码字组合在一起,形成符合 ISO 13818-3 层 Ⅱ 的音频基本流(它与 MPEG-1 音频标准 ISO 11172-3 层 Ⅱ 是兼容的)。该比特流又进一步被分成音频帧,每个音频帧相当于 1 152 个 PCM 音频样值,持续时间为 24 ms。MPEG-2 的音频帧结构如图 3.6 所示。

每一帧中各部分的比特分配如下:

(1) 帧头为 32 bit,包括同步字 12 bit,以及某些信息识别码等。

（2）比特因子选择信息：对于 MUSICAM 编码方案，在 48 kHz 采样、128 kbps 速率时比特分配信息为 88 bit。其中，子带 0～10 各 4 bit，子带 11～ 22 各 3 bit，子带 23～26 各 2 bit，子带 27～31 各 1 bit。

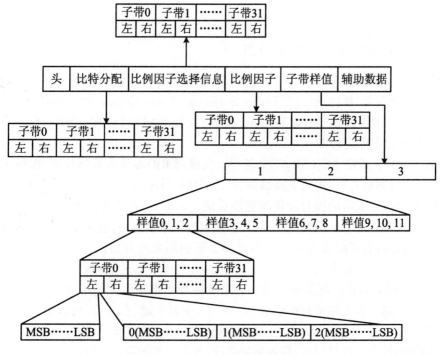

图 3.6　**MPEG-2 的音频层 Ⅱ 帧格式**

（3）比特因子选择信息：它是通过利用声音信息的平稳特性来压缩比例因子信息而使用的。每子带使用 2 bit，有四种状态，因为每个子带有 3 个比例因子，分别为 1、2、3。当比例因子选择信息为 0 时，分别传输 3 个比例因子；若为 1 时，传输 1 和 3；若为 2 时，只传输其中任一个；若为 3 时，则传输 1 和 2(或 3)。

（4）比例因子信息：每一子带帧中有 3 个比例因子，每比例因子需 6 bit。若此子带分配比特为 0，则不传送比例因子；若不为 0，则根据比例因子选择信息传送 1 个、2 个或 3 个比例因子。

（5）声音样点的量化编码：此部分的比特数是浮动的，由动态分配比特情况决定。因此，在质量允许的条件下，可以设计成任意的输出速率。量化分为两步：首先要对每个子频带的样点使用比例因子归一化处理，然后根据量化系数作线性变换，并根据分配的比特数来截取最高有效位，反转最高有效位；附加数据，主要用来填充，确保一帧比特数为某一固定值，当然这部分可用于传输任何透明数据。

3.4　杜比 AC-3 音频编码器

3.4.1　杜比 AC-3 的历史和特点

1994 年,日本先锋公司宣布与美国杜比实验室合作研制成功了一种新的环绕声制式,并命名为"杜比 AC-3"(Dolby Surround Audio Coding-3)。1997 年初,杜比实验室正式将"杜比 AC-3 环绕声"改为"杜比数码环绕声"(Dolby Surround Digital),我们常称之为 Dolby Digital。

杜比 AC-3 是在 AC-1 和 AC-2 基础上发展起来的多通道编码技术,保留了原 AC-2 中如窗函数处理、指数变换编码、自适应比特分配等部分,新增了运用立体声多声道编码技术策略的耦合和矩阵变换算法。一般而言,立体声的左声道和右声道的信号在听觉上十分相似,存在着许多重复的冗余信息,将这两个声道的信号联合起来加以编码,可除去冗余的信号且不会影响原来的音质。这也是 AC-3 降低码率的又一个有效的手法。

杜比 AC-3 提供的环绕声系统由五个全频域声道加一个超低音声道组成,故称作 5.1 声道。五个声道包括前置的左声道、中置声道、右声道,后置的左环绕声道和右环绕声道。这些声道均为全频域响应(20~20 000 Hz)。超低音声道包含了一些额外的低音信息,使得一些场景如爆炸、撞击声等的效果更好。由于这个声道的频率响应为 3~120 Hz,所以称"0.1"声道。

杜比 AC-3 是根据人耳主观感觉来开发的编码系统。它将每一种声音的频率根据人耳的听觉特性区分为许多窄小频段,在编码过程中再根据心理声学原理进行分析,保留有效的音频,删除多余的信号和各种噪声频率,使重现的声音更加纯净,分离度极高。

3.4.2　杜比 AC-3 音频编码器结构

杜比 AC-3 编码器的结构框图如图 3.7 所示,分别由窗处理、分析滤波器组、频谱包络编码、比特分配、数据帧形成等部分组成。以下简要介绍各部分的工作原理。

1. 分析滤波器组

AC-3 的编码属于变换编码范畴。它把脉冲编码调制(PCM)的音频时域值转换为频域分量,再对其进行编码。时频转换是通过滤波器组来实现的,方法是进行加窗再进行 MDCT 变换。可见,滤波器组的实现是编码过程的基础。

在编码端,首先对输入的音频进行高通滤波以去除信号中的直流分量。因为 DC 分量能量很大,会占据很多的编码比特,但是人耳却感觉不到,去除可以节约一些比特,用来对高频分量进行编码。

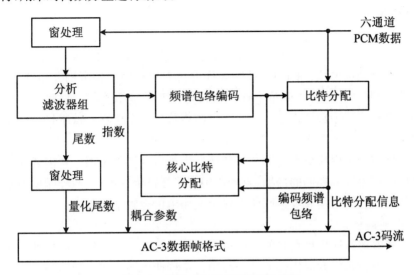

图 3.7　杜比 AC-3 编码器结构框图

在 AC-3 中,采用了时域混叠消除(Time Domain Aliasing Cancellation, TDAC)技术,以防止块效应的产生。因为在编码一帧的过程中,AC-3 人为地将音频数据分为 6 个块,每个块 256 个样点,以块为最小单位进行编码。虽然块边界在变换时是连续的,但在后续编码过程中会引入噪声,而且不同的块变换之间的噪声是不相关的,对于原来连续的前、后两块数据,在解码端经过反变换后,有可能在块的边界上变得不连续,而且这种不连续性很容易被人耳捕捉到,造成编码感知质量的下降。

为了消除这种块边界上的不连续性,AC-3 使用了时域混叠抵消技术。这种方法对于长度为 512 样点的数据块,相邻块之间将存在 256 样点的重叠,即每块的前 256 样点实际重复了前一块的音频信息,后 256 样点才表示新的音频信息。然后对此 512 个样点进行加窗处理,再进行 MDCT 变换。这样,因为各窗口数据间存在 50％的重叠,所以可以有效地消除块效应。

为了满足完全重建原始信号的要求,窗函数必须满足偶对称和重叠部分的平方和等于 1 这两个条件。在进行时频变换以前,先要进行暂稳态判决以确定使用长窗或短窗。当采样频率不变时,窗口宽度增加,频率分辨率相应得到提高,但是时间分辨率降低;如果窗口取短,频率分辨率下降,而时间分辨率上升。所以,两者是矛盾的。长窗更适于时域静态的信号压缩,但是对于那些幅度变化较快的信号,效果则会很差;短窗对瞬态信号的编码音频质量较好,但是它的总体编码压缩效率较低,故对音频变换块大小的选择是对编码效率和音频质量的折中。

在 AC-3 算法中,对于稳态音频信号,它的频谱在时间上保持稳态,或者变化缓慢,需要高的频率分辨率,选择 512 个样值的长块;反之,对于快速变化的瞬态信号,要求有高的时间分辨率,选择 256 个样值的短块。

2. 频谱包络编码

在分析滤波器中,512 个(对于快速变化的信号,可以是 256 个,以下的数据以 512 个为例进行说明)时间样本的相互重叠样本块被乘以时间窗而变换到频域。由于相互重叠的样本块,每个 PCM 输入样本将表达在两个相继的变换样本块中。频域表达式则可以二取一,使每个样本块包含 256 个频率系数。这些单独的频率系数用二进制指数记数法表达为一个二进制指数和一个尾数。这个指数的集合被编码为信号频谱的粗略表达式,称为频谱包络。

核心比特分配模块对系统的全局功能产生重要的控制作用。它需要接收指数包络提供的信息作为控制的依据,直接作用于尾数量化过程,从而控制尾数信息的编码。最后,指、尾数信息经过码流形成单元输出恒定码率的码流。

3. 声道耦合

分析滤波器组输出耦合参数。声道耦合技术是人耳的高频定位特性在多声道数字音频压缩技术中的应用。人耳的高频定位特性也是心理声学现象。当音频信号频率高于 2 kHz 时,人耳感觉不到一个声音波形的单个周期,而只能感受到时域波形的包络,高频信号的波长小于人脑的尺寸,信号到达两耳的时间不相同,由于人脑的"阴影效应"而使两耳接收到的声音的声压级有一定的差别,人耳由此来定位高频音源的方向。时域包络包括变化快的音频信号,对声音定位的作用大;时域包络包括比较平稳的音频信号,对声音定位的作用小。当两个信号频率很接近时,人耳就不能独立地定位其方向,在音频编码中就可以利用此特性,把多个声道中的高频部分耦合到一个公共信道,称为耦合信道,这样各个声道特有的信息就被粗略地保留下来。

图 3.8 是声道耦合的示意图。假设 LS 和 RS 声道满足声道耦合的条件,把两个声道中高频部分耦合成一个耦合声道后,LS 和 RS 声道的低频部分被原样保留,它上面特有的信息就会被粗划分以及粗量化成耦合坐标(被耦合声道与耦合声道相应的带化功率比值)来作为边信息数据打包。而 L、C 和 R 声道未符合耦合条件,则不进行耦合处理。整个声道原样保留。由于声道耦合技术只考虑中高频,所以 LFE 声道一定不进行耦合处理。耦合声道可以沿用单声道的心理声学模型和比特分配技术,原样保留部分(被耦合声道的低频、未耦合声道和 LFE 声道),继续使用心理声学模型和比特分配技术。可见,声道耦合技术对单声道压缩技术是透明的,无论单声道压缩技术如何改进,都不需要对声道耦合算法进行很大的改动。

4. 比特分配

比特分配是 AC-3 编解码系统代码的核心部分,它的性能直接影响着 AC-3 音频编码系统的性能。基于心理声学模型的尾数比特分配是关乎 AC-3 编码质量的重要模块,也是最消耗计算资源的处理过程。首先,编码器根据一组标准算法模块在临界频带单位下估计出功率谱和掩蔽效应的相对强度,从而为每个线性频点计算出比特分配指针(Bit Allocation Pointers),然后再依据比特分配指针为每个频点的尾数分配相应的量化级并编码。

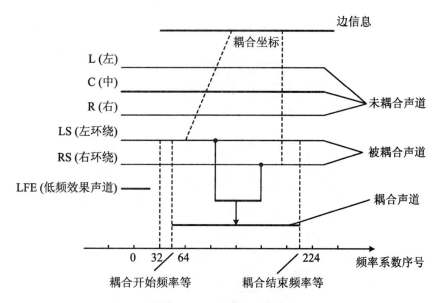

图 3.8　声道耦合示意图

3.4.4　杜比 AC-3 音频编码流程

图 3.9 是 AC-3 的编码流程图,这里介绍图中几个主要的处理模块。

1. **瞬间值检测**

经滤波的全带宽输入信号被送入一个高频带通滤波器进行瞬间值检测。检测的信息用来调节 TDAC 滤波单元的尺寸,用来决定编码器何时使用长块变换、何时使用短块变换,把与瞬间值相关的量化噪声限制在很小的临时区域中,以避免瞬间的噪声无法掩蔽,使得频域和时域分辨率的综合性能随信号的变化特征达到最佳。

2. **前向变换**

若标记块长度标志为 0,进行一个 512 点的 TDAC 变换,便可以得到 256 个频率系数。否则,将 512 点的长信号块分为两个 256 点的短块,分别进行 TDAC 变换,就可以得到两组 128 点的频率系数。将这两组系数一一交叠,形成 256 个频率系数,后续的处理就与一个单一的长块等同。

3. **耦合策略**

耦合策略(Couple)主要利用声道耦合技术,在运用心理声学原理的基础上,将高频子带信号分为频谱包络和载波两个部分,用较高的精度编码包络信息,也可有选择性地将不同声道的载波进行组合。其目的是将参与耦合的声道频率系数的平均值作为一个共同的耦合声道系数,而每个被耦合的声道则保留一组独立的耦合系数,用来保存其原始声道的高频包络。

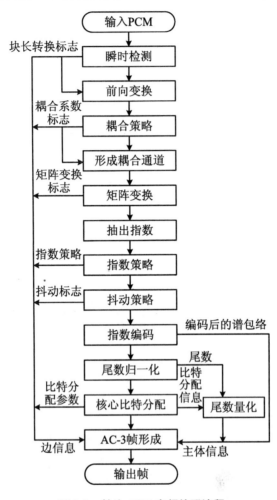

图 3.9　杜比 AC-3 音频编码流程

4. 矩阵变换

矩阵变换(Rematrix),也叫矩阵重置,是一种声道组合技术,是将高度相关的声道之和与差进行编码,而不是将原来的声道本身编码。即不是在两声道编码器中将左和右编码和打包,而是建立:$left' = 0.5 * (left + right)$,$right' = 0.5 * (left - right)$,然后对 $left'$ 和 $right'$ 声道进行通常的量化和数据打包操作。显然,假使在这两声道中原始的立体声信号完全一样(即双重单声道),这一技术也将导出完全等同于原始左和右声道的 $left'$ 信号,以及恒等于零的 $right'$ 信号。结果是能用很少的比特对 $right'$ 声道进行编码,而增加更重要的 $left'$ 声道中的精确度。这一技术对保存 Dolby 环绕兼容性特别重要。

5. 指数编码

先将频率系数转换为浮点数的形式,即每个系数由指数和尾数组成,指数部分由二进制前导 0 的个数来表示,其范围限定在 0~24 之间。对每一个声道,首先分析其指数序列随时频的变化情况所采用的编码策略,然后对指数序列进行差分编码(最大值为 ±2),第一个指数总是以 4 位表示。编码的指数代表编码的频谱包络,是计算比特分配的依据。

6. 比特分配

对多声道统一编码的最大优点是可根据声道和频率的需要分配不同的量化比特数,以满足信号的不同需要,称为比特分配。AC-3 比特分配器是根据掩蔽效果和绝对听力阈值来分析 TDAC 变换系数,计算编码的比特数。分配比特数时首先要保证每一声道的音频比特数足够多,其次要考虑声道间的噪声掩蔽。

7. 尾数量化

所有归一化的尾数需要根据比特分配确定的量化精度进行量化。它不仅仅是以保留尾数的 n 位最有意义的比特数直接量化作为其编码值,而是将该值分割。如果该值小于 4,则采用对称均匀量化的方式,使得量化误差最小;如果该值大于 4,则采用非对称量化的方式,并用一般的二进制补码形式表示。

8. AC-3 帧形成

在编码处理的最后阶段,把由上述处理形成的包括 TDAC 变换的阶数和尾数数值、比特分配信息、耦合系数、高频抖动标记等信息合并在一起成为主信息,把同步信息、开头信息、多样可选信息和纠错信息等合并成边信息,以一定的逻辑性对两部分信息进行打包,成为最后的 AC-3 数据帧。

3.4.5　杜比 AC-3 音频码流结构

AC-3 音频压缩技术的数据流是依据数据压缩帧制定的,每个帧都有固定大小,视最合适的代码比率和编码数据比率而定。同样,每个帧都是一个独立的实体,部分没有数据的帧也交叠在 MDCT 中。每个 AC-3 帧的起始位置都是同步信息区(SYNC)和可变的数据流信息区(BSI),这两种数据信息流都包括采样频率信息、声道数量信息、其他基本系统层原理信息。每个帧在开始位置和结束位置还有两个 CRC 校验码(CRC♯1,CRC♯2),用来预防和检查可能出现的错误信息。任何一种辅助设备数据(AUX 数据)都可以放在 AC-3 帧所有音频块之后,它允许系统设计特殊的控制编码或者身份证明编码,将和 AC-3 数据一起随着信息流传输出去。如图 3.10 所示。

每个 AC-3 帧内部是 6 个声道信息块(音频块 0~音频块 5),每个信息块都描述一个 256 位 PCM 的声音采样。如图 3.11 所示。每个声音块都包含了块转换标记、连接整理数据、指数、数据分配表以及尾数。

SYNC	CRC♯1	BSI	音频块0	音频块1	音频块2	音频块3	音频块4	音频块5	AUX数据	CRC♯2

图 3.10　AC-3 音频帧结构

块开关标志	抖动标志	动态范围控制	耦合策略	耦合坐标	指数策略	指数	数据分配参数	尾数

图 3.11　AC-3 音频块结构

第4章　数字电视多路复用技术

前面介绍的数字电视视频和音频编码技术,是针对每一路电视信号的图像和音频分别进行的压缩编码和打包处理。在数字信号传输环节,通常需要将多个携带有不同信息的数据流,以时分复用的方式组合成一个数据流进行传送,以便提高传输效率。数字电视信号传输中,通常将每个电视节目的视频、音频和数据组合成一路码流,称为单节目流;而将多个单节目流再进一步组合成一路码流,称为多节目流。

4.1　多路复用技术概述

视频编码器和音频编码器输出的码流分别为视频基本流和音频基本流,即 ES (Elementary Stream)。ES 再经过打包后输出的是包基本流,即 PES (Packet Elementary Stream)。包基本流的包长度是可变的,视频通常是一帧(即一幅图像)一个包;音频包长度通常为一个音频帧,不超过 64 KB。

为了把同一个电视节目的视频、音频和数据信息合成为一路节目流进行传送,需要将视频基本流、音频基本流和数据流进行合成,这一过程称为单节目复用。单节目复用的结果可以形成两种不同结构的码流:一种称为节目流,即 PS (Program Stream),另一种称为传送流,即 TS (Transport Stream)。PS 和 TS 的码率都是可变的,但 PS 的码率是由系统时钟参考 SCR(System Clock Reference)定义的,而 TS 的速率则是由节目时钟参考 PCR(Program Clock Reference)定义的。PS 一般适用于误码比较小的演播室、家庭环境和存储媒介(如 DVD 光盘)等场合;而 TS 则适用于存在较大干扰、容易产生误码的远距离传输中。卫星信道传播距离远,信号衰减大,容易受到各种干扰和噪声的影响,故需要采用 TS 进行传送。

在实际应用中,为了提高信道的利用率,通常还需要将多个不同电视节目的传输流进一步合成为一路码率更高的传输流,这一过程称为多节目流复用。这种多节目的传送流通常可以包含多达十多路数字电视节目。在卫星直播数字电视系统中常用的多路单载波(MCPC)方式,就是采用这种多节目传送流。

不管是单节目复用还是多节目复用,都需要按照一种通用的规则进行,以保证数字电视码流在不同的国家和地区的不同应用系统中的通用性。MPEG-2 标准中

第一部分:ISO/IEC 13818-1 系统(System),是 MPEG-2 标准的最重要部分,它定义了数字电视多路复用与同步的标准,是目前世界上大多数国家和地区(如欧洲、美国、日本等)的数字电视系统都采用的技术规范。我国目前也采用这一技术标准。

MPEG-2 系统层的主要任务包含以下四个方面:

(1) 规定以包方式传输数据的协议。

(2) 为收发两端数据流同步提供条件。

(3) 确定将多个数据流合并和分离(即复用和解复用)的规则。

(4) 为进行加密数据传输提供条件。

尽管近年来数字视音频标准不断更新发展,但 MPEG-2 系统标准由于其框架的完善性和灵活性,使其具有超强的向前和向后兼容性,不仅适用于 MPEG-1、MPEG-4 等 MPEG 系列的视音频格式,还可兼容 H.264 和 AVS 等新型视频格式,以及 Dolby AC3 等音频格式。因此,本章重点介绍 MPEG-2 系统标准的相关内容。

4.2 MPEG-2 的传送流结构

MPEG-2 传送流结构是为系统复用和传输所定义的,属于系统传输层结构中的一种。通过与 MPEG-2 系统时序模型的建立、节目特殊信息(PSI)及服务信息(SI)共同作用来实现在恶劣的信道环境中灵活可靠的复用、传输与解复用。MPEG-2 系统部分给出了多路音频、视频的复用和同步标准,系统传输层的结构可以用图 4.1 来描述。

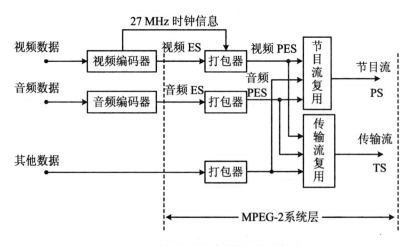

图 4.1 MPEG-2 系统传输层结构框图

图 4.1 中,数字视频和音频分别经过视频编码器和音频编码器编码之后,生成视频基本流(ES)和音频基本流(ES)。在视频 ES 流中还要加入一个时间基准,即 27 MHz 时钟信息。然后,再分别通过各自的打包器将相应的 ES 流转换为包基本流(PES)。最后,节目复用器和传输复用器分别将视频 PES、音频 PES 及经过打包的其他数据组合成相应的节目流(PS)和传输流(TS)。实际应用中,不允许直接使用打包基本流(PES),只允许存储或传输节目流(PS)和传输流(TS)。包基本流是基本流和节目流或程序流转换的中间步骤,也是节目流和程序流之间转换的桥梁,PES 是 MPEG-2 数据流互换的逻辑结构,其本身不能参与交换和互操作。

传送流分组的结构如图 4.2 所示,传送流的系统层可分作两个子层:一个相应于特定数据流操作(PES 分组层,可变长度),该层是为编解码的控制而定义的逻辑结构,PES 头包括流的性质、版权说明、加入时间标签 PTS 和 DTS、说明 DSM 的特殊模式等;另一个相应于多路复用操作(TS 分组层,188 B 固定长度结构),该层是针对交换和互操作而定义的。在 TS 头中加入同步,说明有无差错、有无加扰,加入连续计数和不连续性指示(因为节目流的包相互交叉),加入节目参考时钟 PCR 以及包识别 PID 等。

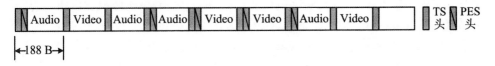

图 4.2　MPEG-2 传输流结构

两个子层间的复用关系是通过将 PES 结构切割成一个个小包作为 TS 包的净荷嵌入到 TS 流结构中而建立起来的。这种结构可以很方便地实现直接从传送流中解出音频数据、视频数据和其他数据;也可以从一个或多个传送流中抽取想要的基本流来进行解码或构造新的传送流再次传输;还可以依据通信信道的质量在 TS 流与 PS 流间作切换。

TS 包结构如图 4.3 所示,由分组首部(TS 包头)、调整字段(自适应区)和有效负载(包数据)三部分组成。每个包长度为固定的 188 B,包头长度占 4 B,调整字段和有效负载长度共占 184 B。

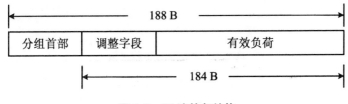

图 4.3　TS 流的包结构

1. 分组首部(TS 包头)

分组首部的包结构如图 4.4 所示。它以固定 8 位字段的同步头开始,同步字为 0x47。同步头后是几个重要的标志,如"不可纠正错误指示"、"有效负载起始标志"、"传送优先指示"、"PID(Packet Identifier 分组标号)"、"有效负载加密控制"、"调整字段控制"、"连续计数器"等。其中的"PID"是辨别传送流分组的重要参数,PID 通过节目特殊信息(PSI)表来识别传送流分组中所带的数据。一个 PID 值的传送流分组只带有来自一个原始流的数据。"调整字段控制"表示分组首部中是否有调整字段,调整字段中含有节目参考时钟 PCR 的重要信息。

同步字节	传输差错指示	负载单元起始指示	传送优先级	包标识 PID	传送加扰控制	调整字段控制	连续计数器
8 bit	10 bit	1 bit	1 bit	13 bit	2 bit	2 bit	4 bit

图 4.4　TS 流包头结构

2. 调整字段

为了传送打包后不足一包长度的 TS 流,或者为了在系统层插入有用信息,需要在 TS 包中插入可变长字节的调整字段。调整字段包括对较高层次解码有用的相关信息,调整字段的格式是采用若干标识符,以表示该字段的某些特定扩展是否存在。调整字段由 8 bit 的调整字段长度,1 bit 的间断指示符、随机存取指示符、基本码流优先级指示符、PCR 标识符、OPCR 标识符、拼接点标识符、传送专用数据标志、调整字段扩展标志以及相应标识符有效的可选字段等组成。图 4.5 为调整字段的语法结构。

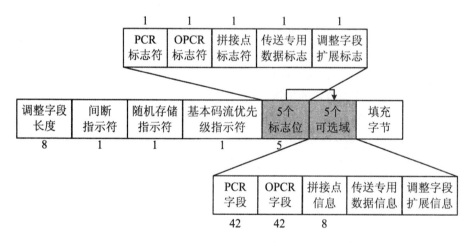

图 4.5　调整字段语法结构

图 4.5 中,最重要的是 PCR 字段,传输流的某个字节进入系统目标解码器(STD)的时间,可通过对该字段的解码而恢复。调整字段的 PCR 域共有 42 位有效码字,由两部分组成:一部分以系统参考时钟的 1/300(90 kHz)为单位,称为 PCR_base,33 位字段;另一部分称为 PCR_ext,以系统参考时钟(27 MHz)为单位,

9 位字段。因此,整个 PCR 补偿计数模块分为两大部分:一部分是 9 位字段的 PCR 域补偿计数模块,计数时钟为 27 MHz 时钟;另一部分为 33 位字段的 PCR 域补偿计数模块,计数时钟为 27 MHz 时钟 300 分频后得到的 90 kHz 时钟。

在节目编码时,由编码器的系统时钟驱动,节目的时间信息以系统参考时钟采样值的形式编码于 PCR 字段中;在节目解码或复用时,传输流系统目标解码器 (T-STD)可以根据这些 PCR 值以及它们到达的时间重建系统时钟,以此获得传输流的时间及速度信息。

3. 有效负载

分组有效负载带有原始流分组(PES)数据,或者带有程序特殊信息(PSI)或服务信息(SI),或者带有私有数据。原始流数据加载在 PES 中,PES 分组由 PES 分组首部及其后的分组数据组成。PES 分组插在传送流分组中,每个 PES 分组首部的第一个字节就是传送流分组有效负载的第一个字节。也就是说,一个 PES 包的包头必须包含在一个新的 TS 包中,同时 PES 包数据要充满 TS 传送包的有效负荷区域,若 PES 包数据的结尾无法与 TS 包的结尾对齐,则需要在 TS 的自适应区域中插入相应数量的填充字节,使得两者的结尾对齐。PES 的组成和结构如图4.6 所示。

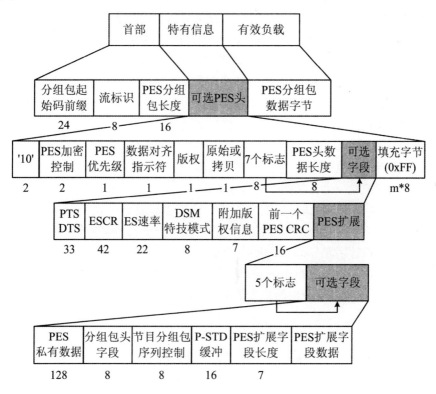

图 4.6　PES 分组结构

1) PES 首部(PES 包头)

PES 分组的首部由分组包起始码前缀、流标志及 PES 分组包长度三部分构成。24 bit 的包起始码前缀(packet_start_code_prefix)由 23 个连续 0 和 1 个 1 构成，流标志(stream_id)用于表示有效载荷的种类，是 1 个 8 bit 的整数。上述二者合成 1 个专用的包起始码，可用于识别数据包所属数据流(视频、音频或其他)的性质及序号。

PES 分组包长度用以表明在此字段之后的 PES 分组末尾的字节数。由于 PES 包长占用 16 bit 字宽，故其后包长最大为 $2^{16}-1=65\,535$ Byte。

2) PES 特有信息 (可选 PES 头)

PES 分组特有信息是由数值为 10 的 2 bit 固定保留位、14 bit PES 包头信息位、8 bit PES 头数据长度和 PES 头数据四部分组成的 PES 包控制信息。其中，PES 包头信息位由以下几个部分组成：PES 加扰控制信息、PES 优先级指示、数据对齐指示、有否版权指示、原始或拷贝指示和 7 个标志位。7 个标志位用于显示时间标签(PTS)、解码时间标签(DTS)标志、基本流时钟基准(ESCR)信息标志、基本流(ES)速率信息标志、数字存储媒体(DSM)特技方式信息标志、信息备份标志、循环冗余校验(Cyclic Redundancy Check，CRC)信息标志和 PES 扩展标志。

PES 头数据长度表示其后的 PES 头数据可选字段的字节数。

PES 头数据包括 PES 包头信息位中 7 个标志位所指定的特有信息。倘若某个标志位指示含有某种特定信息，则 PES 包头数据按顺序罗列出其所标志的信息内容，故 PES 头数据的长度可变。其中，显示时间标签(PTS)和解码时间标签(DTS)分别用来指示音视频显示时间以及解码时间，PTS/DTS 是解决音视频同步显示、防止解码器输入缓存器上溢或下溢的关键所在。

3) PES 有效负载

包数据即编码数据，用一种类型的 ES 填充，长度可变。通常，一个 PES 包可携带一个视频帧或一个音频帧的基本流数据。

节目特殊信息(PSI)表可以被分割成一段或多段置于传送流分组的有效负荷部分中。分段长度可变，一个分段的最大字节数为 1 K，分段的开始由传送流分组有效负载中的指针字段(pointer-field)指示。

私用数据在传送流分组中的运载方法是私自定义的，它可以按用于携带 PSI 表的方法构造，一个私有分段的最大值为 4 K。

4.3 系统时序模型

在数字视频压缩编码系统中，由于图像编码方式和图像复杂度的不同，压缩编码后每一帧图像所占的数据量也是不同的,因而对于活动图像而言,各帧的传输时延是可变的,传输和显示之间没有自然的同步概念。也就是说,数字电视传输系统不可能像模拟电视传输系统那样,图像信息以同步方式传输,接收机可以从图像同步信号中直接获得时钟信号,并由此控制显示。

MPEG-2 的系统时序模型的建立,就是为了解决以上的不定时延的问题。它是一个编码输入端与解码输出端之间的恒定时延模型,通过每个编码器、解码器缓冲区的延迟可变的方法来实现。为了解决同步问题,MPEG-2 系统在 ES、PES 和 TS 三个码流层次中设置相关的时钟信息,分别为 VBV_delay、显示时间标签(Presentation Time Stamp, PTS)和解码时间标签(Decoding Time Stamp, DTS)、节目参考时钟(PCR),并通过其联合作用达到编解码的同步和音视频显示的同步。

在 ES 层中,和同步有关的主要是 VBV_delay 域,表示 MPEG-2 假定的目标解码器的视频缓冲校验器(VBV)接收到图像起始码后,到当前解码帧解码开始所等待的 90 kHz 系统时钟的周期数。它用来在播放开始时设置解码器缓冲区的初始分配,以防止解码器的缓冲器出现上溢或下溢。

在 PES 层中,和同步有关的主要是在 PES 包头信息中出现的显示时间标签(PTS)和解码时间标签(DTS)。显示时间标签(PTS)用来指示一个显示单元在系统目标解码器中被显示的时刻,解码时间标签(DTS)用来指示一个存取单元在系统目标解码器中被解码的时刻。PTS/DTS 是保证音视频准确同步的必要信息,PTS、DTS 表示 90 kHz 系统时钟的周期数,均为 33 bit,编码成 3 个独立的字段,以分组数据开始的第一个访问单元为基准来编码。

在 TS 层中和同步有关的就是节目参考时钟 PCR,指示抽样间隙中系统时钟本身的瞬时值,共有 42 bit,包括 33 bit 基于 90 kHz 时钟计数的 PCR_base 字段,9 bit 基于 27 MHz 采样的 PCR_ext 字段。MPEG-2 标准规定 PCR 在 TS 流中的最大间隔≤100 ms(DVB 中为 40 ms),PCR 抖动必须在 500 ns 以内。将 PCR 按一定时间间隔精确插入到 TS 中,才能保证解码器精确重建系统时钟,以保持解码器与编码器的准确同步。

在 MPEG-2 中,所有的时序都统一为一个共同的系统时间时钟,并建立了一个编码输入端与解码输出端之间恒定时延的系统时序模型,该模型的时钟控制如图 4.7 所示。

此时序模型表明:所有的视频和音频采样进入编码器后,经一恒定的端到端的延迟在解码器分别输出显示。采样率(包括视频图像和音频)在编码器和解码器中应严格相等。此时序模型要求编码器、解码器的系统时钟(STC)必须同步,解码器的系统时钟应由编码器的系统时钟经恒定延迟后恢复出来,以服从于编码器。

整个编解码同步的过程如下:编码器每隔一定的传输时间就将其自身系统时

钟的采样瞬时值量化为一个 42 bit 的 PCR(节目参考时钟),并插入到经过选择的 TS 包调整字段中传输给接收端,作为解码器的时钟参考信号。PCR 的数值所表示的是解码器在读取完这个抽样值的最后那个字节时解码器本地时钟应该所处的状态。通常情况下,PCR 不直接改变解码器的本地时钟,而是作为参考基准通过锁相环(PLL)来调整本地时钟,使之与 PCR 趋于一致,如图 4.8 所示。

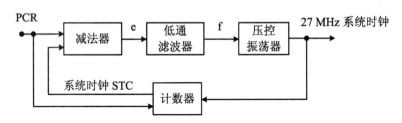

图 4.7　MPEG-2 编解码系统恒定延迟模型

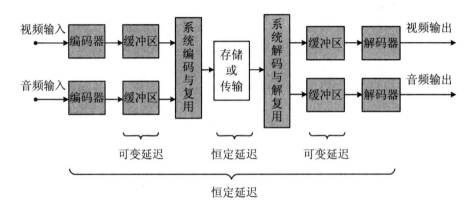

图 4.8　解码端的时钟恢复过程

在解码端按照以下步骤可以实现端到端的同步:

(1) 解码器接收到 PCR 时,恢复系统时钟。

(2) 解码器接收到 PTS/DTS 时,存入对应的堆栈。

(3) 每幅图像解码前,用其对应的 DTS 与系统时钟 STC 进行比较,当两者相等时,就开始解码。

(4) 每幅图像播放前,用其对应的 PTS 与系统时钟 STC 进行比较,当两者相等时,就开始播放。

在解码器中,系统时钟 STC 的恢复是同步的关键,如果解码器的时钟频率与编码器的时钟频率严格匹配,那么音频和视频的解码和播放将自动地与编码器保持相同的速率,这时端到端的延迟将是常数。有了这种匹配,任何正确的 PCR 都可以用来设置解码器系统时钟 STC 的瞬时值,而且将不再进行更多的调整就可以实现解码器的 STC 与编码器相匹配。解码端通过比较 PES 头中的 DTS 及 PTS 与 PCR 恢复出的 STC 瞬时值,来决定进行相应帧的解码或回放。编解码端的同步时序控制如图 4.9 所示。

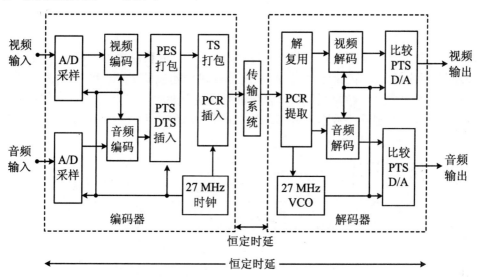

图 4.9　编解码系统的同步机制

4.4　节目特殊信息

　　由上述可知,传输流除了用于传送已编码音视频数据流的有用信息,还需要传输节目随带信息及解释有关 TS 特定结构的信息,即节目特殊信息 PSI(Program Specific Information)。PSI 用于说明 TS 流中含有多少套节目、每套节目是由多少种 ES 组成的。由于每种 ES 都有对应的 PID,这些信息在 PSI 中都有对应的字段表示,故相应的解码器能根据 PSI 快速找到 TS 中的各个数据包。PSI 主要包括节目关联表(PAT)、条件访问表(CAT)、节目映射表(PMT)、条件接收表(CAT)和网络信息表(NIT),它们以打包的形式存在于 TS 上,并借助于一串描述了各种节目相关信息的表格来实现。其中 NIT 是可选的,其内容是私有的,可由用户定义。

4.4.1　PSI 的语法结构

　　PSI 对接收端解码起着至关重要的作用,为了确保 PSI 能被解码器正确识别,MPEG-2 标准不仅为 PAT 和 CAT 分配了特定的节目标识(PID),还为 PAT、CAT、PMT 三个 PSI 表指定了专用的表标识(table_id)。此外,在每个 PSI 表末尾都包含该分组的 32 位的 CRC 校验数据。只有接收到的 PID 和 table_id 值和其对应的 PSI 表吻合,并且 CRC 校验正确,才说明接收到的 PSI 表是准确无误的,接收端对该表进行分析。

1. 节目关联表(PAT)

节目关联表(也称程序关联表)中定义了 TS 流的顶层节目信息。PAT 的 PID 值恒为 0x0000,PAT 表标识(table_id)恒为 0x00,要查找节目信息必须从 PAT 开始,PAT 列出了传输流中的所有节目号(包括所有节目映射表和网络信息表的编号)及其对应的 PID 值,根据这些 PID 值可以找到相应的 PMT 和 NIT 表。NIT 表只有一个,PMT 的数目则根据节目数量的增加而增加。整个 PAT 按照图 4.10 所示语法结构分成一个或多个分段,图 4.10 中"N 循环"表示 NIT 和 PMT 表的个数一共有 N 个,其展开的每个循环都包含一个节目号及 PID。

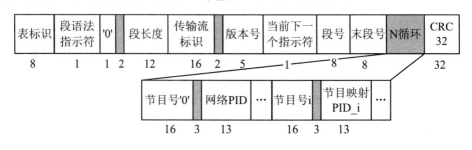

图 4.10　PAT 语法结构

2. 节目映射表(PMT)

节目映射表提供节目号与组成它们的基本码流之间的映射关系,这种映射表是一个传输流中所有节目定义的集合。此表将在分组中传送,其 PID 值是私自选择的,PMT 表标识(table_id)恒为 0x02。如果需要的话,可以使用多个 PID 值。在传输流中,每个节目源都有一个对应的 PMT,是借助装入 PAT 中节目号推导出来的。用于定义每个在 TS 上的节目源,即将 TS 上每个节目源的 ES 及其对应的 PID 信息、数据的性质、数据流之间的关系列在一个表里。在 PMT 插入到传输流分组之前,此映射表将按图 4.11 所示的语法分成一个或多个分段。

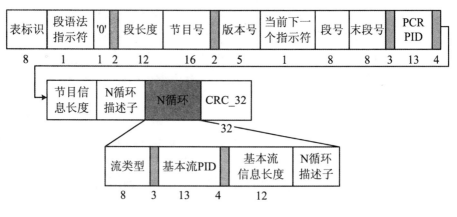

图 4.11　PMT 语法结构

PMT 表中的流类型（stream_type）用来表示携带在分组中基本流元素的类型，可能是 MPEG-1 或 MPEG-2 的音频或视频，也可能是私有数据或辅助数据等。如表 4.1 所示。

表 4.1　MPEG-2 的 stream_type 取值

值	描　　述
0x00	ITU-T|ISO/IEC 保留
0x01	ISO/IEC 11172 视频
0x02	ITU-T Rec. H. 262|ISO/IEC 13818-2 视频
0x03	ISO/IEC 11172 音频
0x04	ISO/IEC 13818-3 音频
0x05	ITU-T Rec. H. 222. 0|ISO/IEC 13818-1 私用分段
0x06	含有私用数据的 ITU-T Rec. H. 222. 0|ISO/IEC 13818-1 PEC 分组
0x07	ISO/IEC 13522 MHEG
0x08	ITU-T Rec. H. 222. 0|ISO/IEC 13818-1 DSM CC
0x09	ITU-T Rec. H. 222. 0|ISO/IEC 13818-1/11172-1
0x0A～0x7F	ITU-T Rec. H. 222. 0|ISO/IEC 13818-1 保留
0x80～0xFF	用户私用

3. 条件接收表（CAT）

如果对任何原始流进行了加扰处理，那么在该 TS 流中一定要插入条件接收表 CAT。该表提供了正在使用的加扰系统的细节，还提供了包含条件接收管理与授权信息的传送包的 PID 值。CAT 的 PID 值恒为 0x0001，CAT 表标识（table_id）恒为 0x01。图 4.12 给出了 CAT 的语法结构。

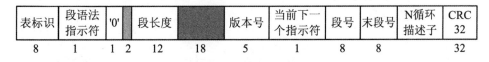

表标识	段语法指示符	'0'		段长度		版本号	当前下一个指示符	段号	末段号	N循环描述子	CRC 32
8	1	1	2	12	18	5	1	8	8		32

图 4.12　CAT 语法结构

4. 网络信息表（NIT）

网络信息表可传送网络数据和各种参数，如频带、转发信号、通道宽度等。MPEG-2 尚未规定其语法结构，仅在节目关联表（PAT）中保留了 1 个既定节目号"0"（Program-0）。MPEG-2 中的 NIT 属于用户私有，可参照私有段的语法结构构造。如图 4.13 所示。

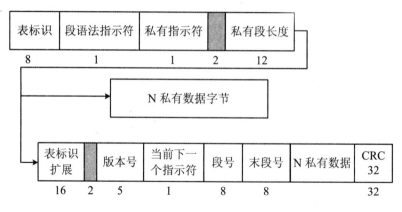

图 4.13　私有段的语法结构

4.4.2　PSI 在解码中的应用

　　PSI 作为 MPEG-2 的特有的说明信息,可以用来自动设置解码所需的参数和引导解码器进行解码,并提供视音频同步信息。下面通过一个解码器在解码过程中所调用的各种信息表的例子来说明 PSI 的应用方法,具体如图 4.14 所示。

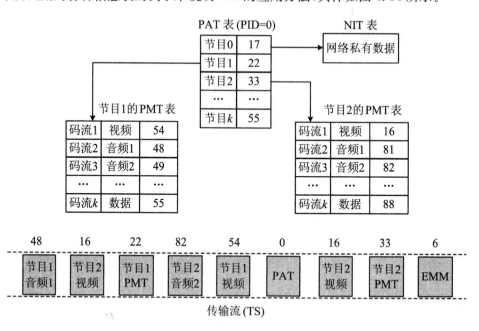

图 4.14　PSI 表的映射关系

　　解码器先在 TS 流中找到 PAT 表,找出相应节目的 PMT 表的 PID,再由该 PID 找到该 PMT 表,然后在相应的 PMT 表找到相应码流的 PID 值,才能找到所需的码流进行解码。有了 PAT 及 PMT 这两种表,解码器就可以根据 PID 将 TS

上不同类型的 ES 分离出来。从 TS 上分离 ES 可分两步进行：

（1）从 PID＝0 的 PAT 上找出带有 PMT 的那些节目源的节目号和 PID。如节目 1 的 PMT_PID 为 22，节目 2 的 PMT_PID 为 33，……。从 PAT 表还可读出节目 0 的 PID 为 16，即网络信息表的 PID 号，以便获取调制信息。

（2）从所选择的 PMT 中找到组成该节目源的各个 ES 的 PID。如节目 1 的视频基本流，即 ES-1 所对应的视频 PID 为 54，ES-2 所对应的音频 1 的 PID 为 48，ES-3 所对应的音频 2 的 PID 为 49；或如节目 2 的视频基本流，即 ES-1 所对应的视频 PID 为 16，ES-2 所对应的音频 1 的 PID 为 81，ES-3 所对应的音频 2 的 PID 为 82。

这样，根据传输流 TS 包中的 PID 追踪到它属于不同类型的节目信息。如接收到一段连续的 TS 包中 PID 分别为 48、16、22、82、54、0、16、33、6，解码器就可根据上述分析结果判别出某个节目的音视频应要送到哪个对应解码器进行解码。

另外，由于 CAT 授权管理信息（Entitlement Management Message，EMM）的 PID 固定为 1，可直接从 CAT 表读出各种 EMM 的 PID，如 EMM1_PID 为 6，EMM2_PID 为 7，以便终端解码器读取授权信息，回放加密节目。

MPEG-2 标准规定的节目专用信息都必须以一定的频率发送，每秒不得少于 20 次，以保证解码器能及时得到 PSI 信息，从而能正确地解码。因此，解码器只要获取 MPEG-2 PSI 信息，就能正常工作。换句话说，只要有 PSI 信息的正确插入，解码器即可正常工作。

4.5　业　务　信　息

如果传输流中仅有 MPEG-2 的 PSI 信息，综合接收解码器（IRD）并不能自动接收某一业务并提供相应的节目信息，因为 PSI 仅包含信源层面的信息。因此，各国的数字电视行业都引入业务信息（SI）规范，作为 MPEG-2 PSI 的补充。业务信息不属于 MPEG-2 标准的范畴，但由于 SI 数据是数字电视广播码流的重要组成部分，提供各类服务和事件信息，所以同 MPEG-2 PSI 一样均匀插入在 TS 流中和电视节目一起传送。

4.5.1　DVB-SI

欧洲电信标准 ETS300468 中规定了 DVB 的 SI 规范。作为 MPEG-2 PSI 的拓展，DVB-SI 信息主要提供接收解码的设置信息，如节目的种类、节目的时间及来源等。DVB-SI 标准规定了四个基本表：

1. NIT：网络信息表

描述网络的物理参数以及网络提供的服务（服务名称与服务 id）、服务类型（数字电视服务、数字广播服务、图文服务、NVOD 服务等)。物理参数包括频率、FEC(是否采用 RS(204/188),卷积码采用 1/2、2/3 或 7/8)、调制方法(16、32、64QAM)。MPEG-2 没有规定网络信息表的 PID,但是 DVB 规定其 PID 为 0x0010。

2. SDT:服务描述表

具体描述某个特定 TS 流内所包含的服务;指出每个服务的运行状态、是否加密、采用 CA 系统、服务的提供者、服务类型、显示类型(马赛克显示时间)等。若是 NVOD 服务,给出组成 NVOD 服务的服务列表以及参考的服务。

3. EIT:事件信息表

给出按时间顺序排列的事件信息;分别用不同的 EIT 子表来表示现在、下一个、将来的事件信息,由 table_id 区分。信息包括事件的起始时间、持续时间、运行状态、是否加密、组成事件的元素类型、内容,观看等级,等等。

4. TDT:时间日期表

以 UTC (Universal Time Coordinated)格式给出当前时间,以 MJD 格式给出当前日期。

业务信息应用非常广泛,为解码器构成的电子节目指南(EPG)及频道自动搜索提供了各种各样的信息。此外,DVB-SI 还定义了其他可选表,如节目业务群关联表(BAT)、时间偏移表(TOT)、运行状态表(RST)、填充表(ST)等。

BAT:业务群关联表。业务群关联表提供与某个服务组有关的信息,如服务组名、服务组是否加密、采用的 CA 系统(Nagra、Ideto)以及组成服务组的各个服务与服务类型。

RST:运行状态表。当播出时间表改变,一个节目提前或延迟播出时,可通过运行状态表指出来。

TOT:时间偏移表。时间偏移表给出当前时间(UTC)、日期(MJD),同时也给出与当地的时间差。

ST:填充表。填充表用于使现有的段无效,例如在一个传输系统的边界。

SIT:选择信息表。选择信息表仅用于码流片段(例如记录的一段码流)中,它包含了描述该码流片段的业务信息的概要数据。

DIT:间断信息表。间断信息表仅用于码流片段(例如记录的一段码流)中,它将插入到码流片段业务信息间断的地方。

TSDT:传输流描述表。在数字卫星新闻采集(DSNG)应用中,比特流中必须包含有传输流描述表(TSDT),并且在 TSDT 描述符循环中包含 ASCII 编码的 TSDT 描述符。在 DSNG 应用中,TSDT 表必须包含至少一个 DSNG 描述符。

DVB 标准提供的 SI 适用于 DVB 系统的不同传输信道(如卫星、有线、地面等),便于综合接收解码器 IRD 接收电视节目,DVB 还支持条件接收,提供各类双向服务。

4.5.2 GY/T 230—2008

由于 DVB-SI 比 ATSC-PSIP 定义的 SI 表更具有一般性,所以我国广电行业的数字电视广播业务信息规范(GY/T 230—2008)采用了 DVB-SI 和 GB/T 17975.1—2000 中规定的节目专用信息(PSI)一起作为传输流的系统信息,帮助用户从码流中选择业务或事件信息,使综合接收解码器(IRD)能自动设置可供选择的业务。该标准所规定的业务信息中包含的数据也是我国数字电视广播电子指南规范(GY/T 231—2008)的基础。

GY/T 230—2008 规范定义了符合 GB/T 17975.1—2000 规范的 NIT 表,还提供了其他复用流中的业务和事件信息。这些数据由以下 9 个表构成:

(1) BAT:业务群关联表。

(2) SDT:服务描述表。

(3) EIT:事件信息表。

(4) RST:运行状态表。

(5) TDT:时间日期表。

(6) TOT:时间偏移表。

(7) ST:填充表。

(8) SIT:选择信息表。

(9) DIT:间断信息表。

GY/T 230—2008 在符合 MPEG-2 系统层的传输流中,插入业务信息,占用某些特定的包标识(PID)及表标识(table_id)。如表 4.2 和表 4.3 所示。

表 4.2　GY/T 230—2008 的 PID 分配表

表	PID 值
PAT	0x0000
CAT	0x0001
TSDT	0x0002
预留	0x0003 至 0x000F
NIT,ST	0x0010
SDT,BAT,ST	0x0011
EIT,ST	0x0012
RST,ST	0x0013
TDT,TOT,ST	0x0014
网络同步	0x0015
预留使用	0x0016 至 0x001B

表	PID值
带内信令	0x001C
测量	0x001D
DIT	0x001E
SIT	0x001F

表 4.2 较 DVB-SI 为 SI 分配的 PID，增加了 0x001C 和 0x001D 的保留 PID 值，用于标识带内信令和测量信息。表 4.3 相对于 DVB-SI 的 table_id 分配表，增加了 table_id 从 0x80 至 0x8F 分配给 CA 系统使用的规定。

表 4.3 GY/T 230—2008 的 table_id 分配表

值	描 述
0x00	节目关联段
0x01	条件接收段
0x02	节日映射段
0x03	传送流描述段
0x04 至 0x3F	预留
0x40	现行网络信息段
0x41	其他网络信息段
0x42	现行传送流业务描述段
0x43 至 0x45	预留使用
0x46	其他传送流业务描述段
0x47 至 0x49	预留使用
0x4A	业务群关联段
0x4B 至 0x4D	预留使用
0x4E	现行传送流事件信息段，当前/后续
0x4F	其他传送流事件信息段，当前/后续
0x50 至 0x5F	现行传送流事件信息段，时间表
0x60 至 0x6F	其他传送流事件信息段，时间表
0x70	时间—日期段
0x71	运行状态段
0x72	填充段

续表

值	描　述
0x73	时间偏移段
0x74 至 0x7D	预留使用
0x7E	不连续信息段
0x7F	选择信息段
0x80 至 0x8F	CA 系统使用
0x90 至 0xFE	用户定义
0xFF	预留

基于该规范，我国的数字电视电子节目指南规范将 EPG 信息分为基本 EPG 和扩展 EPG。基本 EPG 信息指以文本格式表示与节目描述相关的网络信息、业务群信息、业务信息和时间信息，可以完全通过该规范中规定的 NIT、BAT、SDT 和 EIT 进行表示和传输；扩展 EPG 信息是在基本 EPG 信息基础上的扩充，包含了基本 EPG 信息的全部内容，以及以多媒体文件格式表示的与节目描述有关的信息。

MPEG-2 的节目信息(PSI)和作为其重要补充的业务信息是多路数字电视节目、数据广播及用户数据的复用/解复用、节目加密、条件接收与收费、电视节目指南(EPG)必不可少的重要信息。它们在宽带多媒体通信、多媒体家庭平台(MHP)、数据广播、点播数字电视系统、数字电视节目制作等方面起着特殊而又重要的作用。

4.6　双层复用过程

在单载波多节目(MCPC)方式下，MPEG-2 传送流的复用过程可分作两个层次：打包后的音视频数据 PES 流合成单个节目的 TS 流，以及多个单节目的 TS 流合成总的 TS 流，如图 4.15 所示。在单载波单节目(SCPC)方式下，只含第一个层次的复用。不论是哪一级的复用，都要满足实时要求；不论是硬件复用还是软件复用，都要考虑速率上的实时要求。因而，目前大多数复用设备都采用了 DSP 实时处理技术。

下面就目前较为常用的传送流复用方案来说明双层复用思想及其过程。

4.6.1　从 PES 到单节目 TS 流

复用思想：先通过两级缓冲，对同一节目源的各个 PES 分组流先进行速率均衡,而后将 PES 流拆分为 TS 包净荷大小,并插入 TS 包头(含 PCR 信息),打成固定长度的传送流 TS;同时,定期地插入以 PSI 分段为净荷的 TS 包。处理过程如图 4.16 所示。

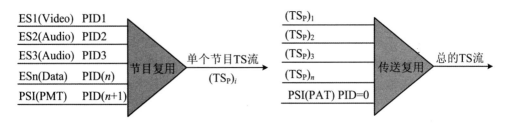

图 4.15　传输流双层复用模型

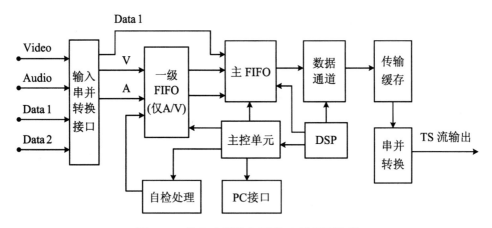

图 4.16　从 PES 码流复用到 TS 的复用处理

1. 各种 TS 包的速率均衡

视频流的输入速率远大于音频和数据的输入速率,因而必须采用二级缓存和 DSP 轮询技术。当一级 FIFO 中的值大于预定的门限时,将其移入主缓存,与数据一同进入主数据通道,完成 TS 包头的插入和 TS 流的形成,从而使视频 TS 包、音频 TS 包和数据 TS 包均匀交织于最终的系统传送码流中,保证解码端的音视频解码器的 Buffer 不会上溢或下溢。

2. PES 流准确嵌入到 TS 包框架中

从语法分析可知,PES 分组包的包头必须与封装它的 TS 包的净荷数据首字节对齐。因此,当 DSP 轮询中检测到 PES 包头时,应将已缓存的数据(长度为 N)分别封装在相邻的两个 TS 包的净荷中,使前一个 TS 包经填充($182-(N-4)$)Bytes 后,达到 PES 包与 TS 包的末尾对齐;而后一个 TS 包的净荷的首字节与该PES 包头对齐。

3. 系统 PCR、PSI 信息的插入

为简便起见,规定 PCR 与 PSI 具有相同的重复间隔(40 ms)。根据复用器输出速率恒定的机制,可用计数器计数已生成的 TS 包个数的方法间接定时。一旦 DSP 轮询前监测到时间间隔标记,则在打包的下一视频 TS 包中,插入 PCR 时间标记,同时在随后的两个 TS 包中放入 PSI 分段信息。而 PCR 的真正插入是在检测到 PCR 域的标志字后,在 PCR 域最后离开复用器的那一刻完成。

4.6.2　从单节目 TS 流到多节目 TS 流

复用思想:将各个单节目 TS 流以时分的方式复合成总的 TS 流,并将各节目的 PSI 信息经分析合成,形成总的 PSI 信息(构造新的 PAT)。

复用过程:如图 4.17 所示,输入接口存储的各路单节目 TS 流,经复用预处理提取各自的 PSI 和码率信息后,分别设置到输入进程和复用进程中;启动输入进程和复用进程,输入进程把各路 TS 流以预置码率读到缓冲区中,并同时进行 PCR 修正;复用进程控制对各路 TS 流的选择发送。具体过程如下:

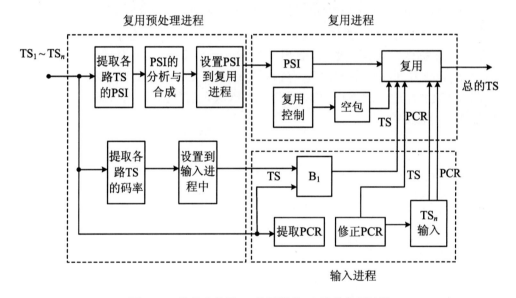

图 4.17　从单个节目 TS 流到总的 TS 流的处理过程

1. 传送流的信息分析

1) 码率的提取

$$码率 R = \frac{\Delta L}{\Delta PCR} \times 系统时钟(27\ \text{MHz})$$

其中,ΔL 为相邻两个 PCR 间的比特数;ΔPCR 为相邻两个 PCR 间的差值。实际中,取平均码率为该 TS 流的输入码率。

2) PSI 信息的提取

从各个单节目 TS 流的 PMT 中合成总的 TS 流的 PAT(PID=0),即给出总的 TS 流中所包含的所有节目流的 PMT 对应的 PID。

2. 输入 TS 流的调度和输出传送流的存储

1）输入调度

为保证 TS 流按设定的码率被提取,以软件轮询方式,将获取的当前系统时间 T_{sys} 分别与 T_{Si} 的当前包时间 T_i 进行比较,以决定是否提取该 T_{Si} 到复用进程中。

2）输出调度

为保证输入缓冲区 B_i 既不上溢也不下溢,复用进程采取轮询转发策略。当所有缓冲区 $B_1 \sim B_n$ 均无 TS 包时,发送空包(PID＝8 191);同时,实时地调整包的发送速度,使合成的传送流码率近似为各路 TS 流码率之和,以尽量减少合成 TS 流中空包的数目。

3. 传送流的 PCR 修正

由于时分复用,各路 TS 流在合成 TS 流中是由不连续的 TS 包构成的,各个包的相对时域位置发生了改变,且 TS 包的 PCR 字段反映的是复用前发送 PCR_base 的时刻,亦即产生了 PCR 的抖动。对此,处理策略是:当输入进程检测到当前 TS 包中含 PCR 字段时,采样当前系统时间;复用进程发送该包时,再采样当前系统时间。根据两次时间差值,计算出复用所导致的 PCR 实际延时,并据此修正 PCR 值,以恢复到与 PTS 和 DTS 有相同的时间起点。又考虑到 PCR 信息的插入周期大于复用软件从检测到 PCR 到发送该 PCR 的时间间隔,因而对各个 PCR 的修正处理不会交错。

第5章 数字电视条件接收技术

在目前各国的卫星直播数字电视系统中,付费电视节目的数量几乎占了绝大多数。为了达到收费管理的目的,运营商需要借助于各种技术手段对电视节目的内容进行加密处理,使得非授权用户无法正常接收付费频道。由于数字电视信号在进行处理、传输、存储和控制等过程中均采用二进制的数字信号形式,因而,通过运用各种数字处理技术,不仅使得数字电视系统可以获得比模拟电视系统更高的技术性能,而且还可以通过采用各种灵活、复杂和安全的方法对节目信号进行加扰和保密处理,从而为高质量的增值业务服务的开展提供可靠的保证。

5.1 条件接收系统概述

广播电视的条件接收(Conditional Access,CA)系统通过采用信号加扰技术和信息加密技术,实现了对广播电视和其他相关业务的授权管理和接收控制,从而为广播电视系统的运营提供了必要的技术手段。在采用 CA 技术的广播电视系统中,拥有授权的用户可以合法地、正常地收看电视节目或使用某些特定业务,而未经授权的用户不能正常收看经过加扰处理的电视节目或未被允许使用的某些业务。因此,条件接收技术能够为运营商开展有偿业务、提供增值服务、实现系统正常运营提供有力的技术保障。

在国际上,广播电视条件接收系统的运行已有 20 多年的历史。随着数字电视的飞速发展,CA 技术也在不断更新。第一代的模拟 CA 系统是针对模拟电视而设计的,它以硬件加扰设备为核心,对模拟电视信号实施加扰处理,使得未授权用户的电视机无法收到清晰、稳定的电视画面;而获得授权的用户则可通过加装去扰硬件设备来正常收看电视节目。模拟 CA 系统的最大问题是保密性低、硬件设备复杂、成本高,并且对电视信号质量存在一定的影响。新一代数字 CA 系统则完全基于数字化技术,以软件处理为核心,具有可靠性高、保密性强、成本低、对电视信号无任何损伤,并可方便、灵活地支持多种类型的增值业务,目前已被世界各国广泛采用。

通过数字 CA 技术与用户授权管理系统的配合,可以实现多种功能,主要包括以下几个方面：

（1）提供多种授权方式。可提供的授权方式包括节目定期预订、节目分次预订和节目即时购买等。利用这三种基本授权方式，可以将节目源进行任意定制组合，从而为不同的观众群体提供多种类型的个性选择。

（2）实现地区阻塞功能。节目提供商可以使用地区阻塞功能禁止特定地区内的用户收看节目(尽管他们可能有授权)。这一功能便于对不同的区域用户实现基于地理位置或行政划分的管理。

（3）发送短消息。运营商可以通过条件接收系统向用户发送短消息，该信息可在用户的电视机屏幕上停留一定的时间后自动消失。这种消息可以分为全局消息和寻址消息两种。全局消息发给所有属于该节目提供商的用户，可用于节目预报或节目介绍等；寻址消息可发送给特定用户，用于通知用户及时缴费等。这些消息还可用作广告用途。

（4）发送邮件。运营商可以通过条件接收系统向用户发送邮件，邮件到达用户端后，将在电视机屏幕上提醒用户有新邮件。用户查看邮件时，邮件的内容才会显示在屏幕上。邮件可以分为唯一寻址邮件和全局邮件。唯一寻址邮件是指发送给指定用户的邮件，邮件存储在机顶盒中而不会丢失，除非用户手动删除邮件或存储的邮件数目超过最大数目的限制。

（5）节目等级分类。对于不同类型的节目，可按照适合收看的年龄段进行等级分类，按照不同的收费等级对节目进行分类或按照不同的收视群体对节目进行分类。在接收端，按照不同等级对用户密码进行验证，保证符合授权的人群收视特定的节目。

（6）机卡绑定方式。通过增加机顶盒与智能卡之间的匹配验证，来限制用户将持有的智能卡用于他人的机顶盒进行节目收视。这种方式可保证用户仅使用特定合法的机顶盒与智能卡。

随着数字电视由单向广播方式向双向互动方式转变，由基本业务向增值服务的拓展，各种特色需求将不断涌现，作为业务支撑系统的关键技术之一的条件接收技术，正在数字电视系统的应用中发挥着越来越大的作用。

5.2　条件接收系统原理

5.2.1　条件接收系统的基本构成

条件接收系统通过对传送的视频、音频和数据等信息进行加扰，并通过公开信道向终端用户传送经过加密的用于终端设备进行节目解扰所需的密钥，使合法用户可以正常接收视频、音频和数据等信息。因此，条件接收系统由加、解扰处理和加、解密处理(接收控制)两个相互独立的部分组成,每一个部分包含特定的信息处理过程。这里的加扰处理实际上是将视频、音频和数据等信源信息进行扰乱的一种加密处理过程,使得非授权用户无法获取正常的节目数据;而这里的加密处理则是指对解扰所需的密钥进行的加密处理过程,使得授权的终端用户可以通过使用其由运营商授予的唯一用户代码解密获得运营商传递过来的解扰信息所需的密钥,而其他非授权用户则无法从公开信道上传送的信息中获取这一密钥。

通常,条件接收系统由加扰器、加密器、控制字发送器、伪随机序列发生器、用户管理系统、用户授权系统、节目管理系统、解扰设备、解密模块等部分组成,如图 5.1 所示。在发送端,数字化的视音频节目流传送到加扰器中,加扰器开始加扰时,首先要由控制字发生器产生加扰控制字(Control Word,CW),并在使用 CW 加扰 TS 流之前,先将 CW 传送给控制字加密器,并等待控制字加密器返回授权控制信息(Entitlement Control Message,ECM)消息,此 ECM 消息已经将 CW 及有关节目属性信息以密文形式封装到数据包内,并按照特定的时序关系将 ECM 插入到 TS 流中,将 CW 传送给加扰模块。而加扰模块按照事先预定好的规则使用 CW 加扰相关的视音频节目。同时,复用器还可将收到的授权管理信息(Entitlement Management Message,EMM)消息插入到 TS 流中,并将复用好的包含 ECM、EMM 的 TS 流传送到调制器中,然后通过卫星直播数字电视系统发送出去。

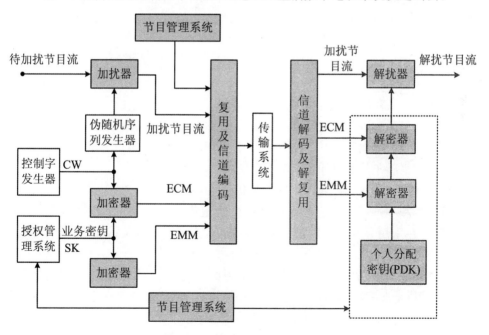

图 5.1　条件接收系统原理框图

在用户接收端,卫星数字电视接收系统接收到加扰的 TS 流后,按照接收机中智能卡提供的相关参数,过滤出 ECM 和 EMM 消息,并按照一定的规则要求,将

ECM 和 EMM 消息传送给接收机智能卡。智能卡接收到 ECM 和 EMM 消息后，分别对其进行相关的处理，将授权写入智能卡的用户授权数据区，并根据授权条件及指定的密钥解出加扰控制字 CW，并将 CW 传送给接收机。接收机接收到 CW 后，将其传送给解扰器。如果解扰控制字 CW 正确，就可解出加扰节目。

　　用户管理系统主要实现对数字电视广播条件接收用户的管理，包括对用户信息、用户设备信息、用户预订信息、用户授权信息、财务信息等的记录、处理、维护和管理；授权管理系统负责用户业务开通前的授权预处理操作，主要包括对用户信用度的确认、用户业务与智能卡有效性的确认等；节目信息管理系统为即将播出的节目建立节目表，节目表包括频道、日期和时间安排，也包括要播出的各个节目的 CA 信息，节目管理信息被 SI 发生器用来生成 SI/PSI 信息，被播控系统用来控制节目的播出，被 CA 系统用来作加扰调度和产生 ECM。

　　从以上分析可以看到，条件接收系统采用了三层加密保护机制：第一层保护是用控制字对复用器输出的视频、声音和数据的比特流进行加扰，以扰乱正常的比特流次序，使得在接收端如不解扰就无法收听、收看正常的视频、音频和数据信息；第二层是通过对控制字用业务密钥加密，这样即使控制字在传送给用户的过程中被盗，也无法对加密后的控制字进行解密；第三层保护是对业务密钥的加密，其增强了整个系统的安全性，使非授权用户在即使得到加密业务密钥的情况下，也不能轻易解密。解不出业务密钥就解不出正确的控制字，没有正确的控制字就无法解扰数据比特流。

5.2.2　码流加、解扰技术

　　通用的加、解扰有两种：一种是在用户终端通过预先约定的方式来对接收的码流进行解扰而无需由前端进行寻址解扰；另一种是通过前端对用户寻址控制来解扰。在现有的数字电视 CA 系统中，大多是采用寻址模式，用户终端根据前端送来的解扰信息来决定是否对加扰业务进行解扰。

　　由于伪随机序列具有随机序列的随机特性，在一定的长度范围内具有预先的不可确定性和不可重复性。而且这种随机性随着序列长度的加长表现得越发明显。所以，在采用寻址模式加扰的 CA 系统中，为了提高 CA 系统的安全性，通常采用二进制伪随机序列（PRBS）对数据信号进行加扰。

　　寻址模式的加、解扰过程是：发送端的原始信息通过 PRBS 进行实时的扰乱控制，即伪随机地改变数据的存取地址。在接收端的解扰器中有一个和发送端完全相同的 PRBS 发生器。我们假设发送端的原始信息为二进制序列 a，PRBS 发生器产生的二进制伪随机序列为 b，原始信息和 PRBS 序列进行模 2 加加扰运算后，产生的二进制序列为 $a \oplus b$。当发送端和接收端的初始值一致时，发送端的 PRBS 发生器同步产生二进制序列 b，对加扰序列进行解扰得：$a \oplus b \oplus b = a$，这样，就可以获取到原始的信息序列 a。

5.2.3　条件接收系统的加、解密

为了让接收端和发送端达到同步,即两端的 PRBS 发生器的初始值一致,必须由发送端向接收端发送一个起始控制字去同步,PRBS 发生器控制字是系统安全性的基本因素,它的值在不断地变化。但因为控制字是随加扰信息一起传送的,是任何人都可以读取研究的,一旦控制字被窃密者读取并破解,那么整个 CA 系统就瘫痪了,所以对控制字本身要用一个加密密钥通过加密算法进行加密。

现有的加密算法有两种:机密密钥算法和公开密钥算法。机密密钥算法又称为对称密钥算法,它在加密和解密过程中采用的是同一种算法、由同一个密钥来控制完成,具有完全的可逆性和对称性。机密密钥系统保密性高,它对密钥的安全传输要求也很高。公开密钥算法,又称非对称密钥加密算法,它的加密密钥和解密密钥不同,可以公开加密密钥。以下两种算法是在 CA 系统中具有代表性的加密算法。

1. 对称密钥加密算法——DES 算法

美国商用数据加密标准 DES(Data Encryption Standard)算法是对称密钥加密算法中具有代表性的一种。DES 算法是 1977 年美国国家标准局公布由 IBM 公司研制的一种加密算法,是一种分组加密、对二元数据进行加密的算法。它的数据分组长度为 64 bits,加密后的密文分组长度也为 64 bits,密钥的长度也为 64 bits。其中,8 bits 为奇偶校验位,有效密钥长度为 56 bits。DES 的算法是公开的,系统的安全靠密钥来保密,接收端和发送端的加密算法互逆,使用相同的密钥。算法概要:DES 对 64 位的明文分组进行操作;通过一个初始置换,将明文分组分成左半部分和右半部分,各 32 位长;然后进行 16 轮完全相同的运算,这些运算通常被称为函数 f(f 是实现代替、置换及密钥异或运算的函数),在运算过程中数据的密钥结合在一起;经过 16 轮处理以后,左、右半部分合在一起,经过一个末置换(初始置换的逆置换),完成整个算法。

对称密钥加密算法的优点是加、解密速度快。控制字是数字电视条件接收系统中至关重要的信息,由于数字电视节目码流的数据量很大,如果一个控制字长时间用来对码流进行操作,会给攻击者提供大量的分析样本,这就会影响到系统的安全性。因此,多数 CA 系统的控制字都会几秒钟到十几秒改变一次,控制字序列的随机性越高,攻击者就越难进行攻击。所以,对控制字的加密一般采用对称密钥加密算法。

2. 非对称密钥加密算法——RSA 算法

非对称密钥加密算法的加密密钥和解密密钥不同,并可公开加密密钥。典型的一种非对称算法是 RSA 算法,其特点是有两个密钥:公开密钥和私有密钥。只有两者配合,才能完成加密和解密的全过程。

RSA 算法的基本出发点是:可以很容易地把两个素数乘起来,但从该乘积分

解出这两个素数却是非常困难的。RSA 的安全性完全来自于"大数难于分解"这一断言。其加密体制的运算过程如下：

① 取两个大素数 p 和 q（保密）。

② 计算 $n=p\times q$（公开），欧拉函数 $\varphi(n)=(p-1)\times(q-1)$（保密），$\varphi(n)$ 表示不超过 n 且与 n 互素的数的个数。

③ 从 $[0,\varphi(n)-1]$ 中选择一个公钥 e（公开），且满足 $gcd(e,\varphi(n))=1$，计算出一个大于 1 的数 d，使其满足 $d\times e\equiv1(mod\,\varphi(n))$（保密），$d$ 即为解密密钥。

④ 加密消息时，首先将明文 m 分成比 n 小的数据分组，比如 p、q 为 100 位的素数，那么 n 将有 200 位，则每个消息 m 应小于 200 位长。加密后的密文 C 将由相同长的密文分组 c 组成，加密公式可表示为：$c=E(m)=m^e(mod\,n)$。

⑤ 解密运算为：$m=D(c)=c^d(mod\,n)$。

在 CA 系统中，业务密钥 SK 的改变频率要远小于控制字，因此对其加密的算法处理速度可以较慢，但由于一个业务密钥要使用比较长的时间，其安全性要求也更高，需要选用一些高强度的加密算法。公开密钥体制的加密算法在此可以得到较好的应用，其加密速度比较慢，但具有较高的加密强度，只要将公钥传送给发送端经核实后即可，而私有密钥不需要进行传输。RSA 算法应用比较广泛，业务密钥采用 RSA 算法进行加密。

5.3　条件接收的相关标准

我国卫星直播数字电视和有线数字电视的信源编码采用 MPEG-2 国际标准，信道传输采用欧洲的 DVB 标准，因此，采用的条件接收技术必须符合这些标准的相关规定，以满足前端设备和终端接收系统的兼容性要求。

5.3.1　MPEG-2 标准对条件接收的相关规定

MPEG-2 覆盖了广泛的应用范围，具有较强的通用性。如前一章所述，从功能上说，MPEG-2 标准主要分为系统层和压缩层两个部分：系统层主要负责对传输流的组织和控制，以方便传输和解码；压缩层则是实现对原始数字电视信号的低失真压缩。MPEG-2 对数字电视的各种应用和系统层都作出了详细的规定，但是在条件接收方面只给出了相关语法上的定义，提出了条件接收系统的最基本框架。

TS 流是将视频和音频的 PES 包作为固定长度的 TS 包的净荷，然后对 TS 包进行复用形成的，在发生传输误码时，它可以从固定的包结构中方便地找出同步字，恢复同步。为了能从传输流中正确取出一个特定节目的数据，解码系统应该知道传输流中节目的组成及分配情况等必要信息。为此，MPEG-2 标准定义了一个用来描述传输流所携带内容的节目特定信息表(PSI),并将其插入特定的传输流包来传送。它由三种信息表组成:节目关联表(PAT)、节目映射表(PMT)和条件接收表(CAT)。其中,PAT 表和 PMT 表是确定当前传输流中各节目内容最关键的两个表。PAT 是解复用的基础,它列出了各节目的 PID 码;PMT 则用于解各个节目的码流(如音频,视频等),它列出了各码流的 PID 码;CAT 则包含了表示 EMM 的所有 PID 码。

下面举一个 PSI 各表相互关系及其相关结构的实例,如图 5.2 所示。

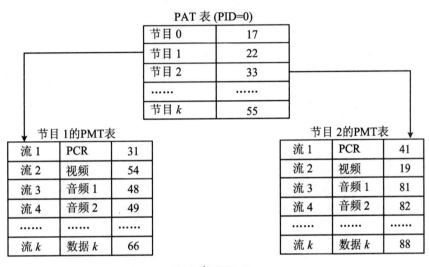

图 5.2　PSI 各表相互关系

为了重建 PES 流,PSI 使用一系列的标识符,这些标识符即是节目的包标识符 PID,一旦已知要解码的节目,解码器首先要搜索 PID 为 0 的 PAT 表。在 PAT 中,包含所有节目的 PMT 表的 PID。假设解码器已选择了节目 1,经由其 PID(=22)识别出节目 1 的 PMT,该 PMT 从包含它的 TS 流中提取出来,并进行解码。节目 1 的 PMT 包括它的视频、音频与数据包的所有 PID。将这些音频、视频等组织在一起重建 PES 流。对于解码所需的节目 1 的同步信息包含在 TS 包中,由 PCR PID (=31)来识别。每个节目都有一个 PCR。PID=1 用来标识 CAT 表,使用该表可以查明是否允许观众解码与收看节目 1。对于所有节目来讲,CAT 包含表示 EMM 的所有 PID。

由上面实例所组成的多节目 TS 流如图 5.3 所示。

图 5.3　多节目 TS 流

5.3.2　DVB 标准对条件接收的相关规定

MPEG-2 标准在 TS 流的链接头上预留了 2 个比特的加扰控制,但它只是规定了没有加扰的情况,对于加扰情况并未给出具体的定义。而 DVB 标准对此作出了补充,如表 5.1 所示。

表 5.1　DVB 加扰控制字段语法

取　　值	描　　述
00	TS 包净荷不加扰
01	预留
10	用偶密钥加扰 TS 包
11	用奇密钥加扰 TS 包

为了简化用户端的解扰设备,DVB 在对 PES 层实施加扰时规定了如下的一些限制:加扰不能同时在两个层次上实施;加扰的 PES 包头不能超过 184 B;除最后一个 TS 包,携带加扰 PES 包的 TS 包不能有自适应段;在同一个 TS 包中,两个 CA 提供商不应使用相同的 CA_PID。

另外,DVB 还规定了用一个表来传输 CA 信息的机制。将授权控制消息(ECM)和授权管理信息(EMM)以及将来的授权数据放在 CA 消息表中,更加便于过滤。

除此之外,DVB 组织还专门制定了 DVB-CI 标准,用于指导有条件接收多密方式以及其他数字视频广播解码的应用。

5.3.3　条件接收系统的信息传输方式

条件接收信息传输的核心问题实际上就是如何控制 CW 的传输。MPEG-2 TS 中系统层定义的 ECM 和 EMM 是与 CW 传输相关的两个数据流。加密后的控制字信息、授权密钥信息仍分别是 CW、ECM。ECM 和 EMM 信息与 CW 加扰后的节目码流复用后在 TS 中传输。对 CW 加密的业务密钥也要在 EMM 中传输。

CW 有 16 个字节,其中前 8 个字节是偶密钥,后 8 个字节是奇密钥。解扰器轮流采用奇密钥和偶密钥对加扰信号进行解扰。由于解码器对某一个数据包进行解扰时,必须提前获知其对应的解扰密钥。所以,每个解扰器在每个时间必须完成两个任务:一是根据当前所用的密钥对码流进行解扰,得到可供解码器解码的音、视频码流;二是要对 ECM 进行解密,得到下一时段所用的密钥,为下一个码流的解扰做好准备。即解扰器在当前时刻获得的奇(偶)密钥应该用于下一时段的解扰,而当前时段的解扰使用的则是前一个时段所获得的偶(奇)密钥。CA 系统正是采用这种奇、偶密钥交替传送的机制来实现对加扰信号的连续解扰。

图 5.4 表示了 CW 的传输与使用过程。

时序

$K(i-1)$	$K(i)$	$K(i+1)$	$K(i+2)$	$K(i+3)$	$K(i+4)$	$K(i+5)$	$K(i+6)$
奇	偶	奇	偶	奇	偶	奇	偶

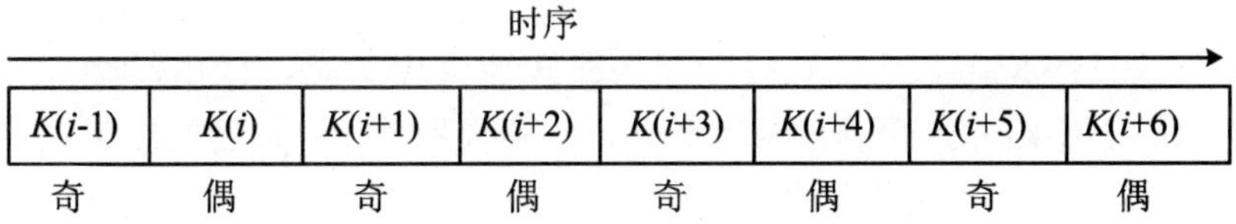

解扰CW奇、偶交替

解扰CW	$K(i-1)$	$K(i)$	$K(i+1)$	$K(i+2)$	$K(i+3)$	$K(i+4)$	$K(i+5)$
加扰CW	10	11	10	11	10	11	10
CW的解扰	$K(i-1)$	$K(i)$	$K(i+1)$	$K(i+2)$	$K(i+3)$	$K(i+4)$	$K(i+5)$
解扰所用的CW	$K(i-2)$	$K(i-1)$	$K(i)$	$K(i+1)$	$K(i+2)$	$K(i+3)$	$K(i+4)$

图 5.4　CW 的传输与使用过程

CW 信息是被加密在 ECM 信息中传输的,而要从 ECM 中获得 CW,又必须用 EMM 中带有的 SK 业务密钥。ECM 信息可通过分析 PMT 表来获得,EMM 信息可通过 CAT 表来获得。

条件接收表(CAT)描述的是该转发器上的条件接收系统及其关联的 EMM 信息,一般是 EMM 数据的 PID。CAT 表中所含的描述符一般是 CA_descriptor(·),描述符中的重要信息有 CA 系统标识符、EMM_PID、CA 私用数据等。对于集成多个条件接收系统的前端而言,其发送的 CAT 表中将含多个 CA_descriptor(·),分别用于说明各自提供商的 CA 系统信息。节目映射表(PMT)用来描述一个节目,其中含有节目的音视频流、相关数据内容的 PID 及相应的描述信息。在条件接收系统中,ECM 的参数信息就存储在 PMT 的 CA_descriptor(·)描述符中。一般情况下,在 PMT 的 CA_descriptor(·)中会给出该节目的加密系统 ID 和相对应的 ECM_ PID。

值得注意的是,在 PMT 表中有两个描述符循环,分别称为节目级(PES)循环和流级(ES)循环,分别用于描述节目信息和基本流信息(如音频流、视频流和私有数据流)。CA 描述符在任何一个循环中或者两个循环中都可能出现,出现的位置与其含义有重要关系。分以下三种情况：只在节目级描述符循环中出现，表示节目流加密，并且音频和视频使用相同的控制字加扰，此时在 CA_descriptor(•)中出现的 CA_PID 为节目流的 ECM_PID。只在流级描述符循环中出现，表示相应的基本流被加扰，这个描述符不说明其他基本流的加扰情况，在实际中存在只有音、视频或数据的其中一个基本流被加扰的情况。在节目级描述符循环和流级描述符循环中都出现的情况，这种情况下表示节目的所有基本流都被加扰，但流级 CA 描述符比节目级中的 CA 描述符优先级更高。这就表示存在流级 CA 描述符的基本流使用该描述符中所示的 CA_PID 作为 ECM_PID，其余没有流级 CA 描述符的基本流使用节目级 CA 描述符所示的 CA_PID 作为 ECM_PID。这种情况在实际中出现得比较少。

　　ECM 信息按 MPEG-2 私有段数据的格式插入传送流，大约隔几秒在传送流中出现一次，频率跟 CW 更新的速度有关。它不仅用来传送加密的控制字，也常被用来传送与 CA 相关的其他信息，如用来传送节目的收看级别（当前节目适合收看的年龄段）。EMM 信息不仅仅用来传送加密后的业务密钥，它还可以用来传送电子邮件。这种邮件可以用来通知用户缴费、告知用户账单余额以及告知用户新增和删除业务等；使用 EMM 信息来修改解密模块中的信息，例如授权日期，甚至是个人分配密钥。

5.4　多系统条件接收技术

　　在数字电视广播条件接收市场中，在网络中仅采用一种条件接收系统是不符合开放的市场需要的。但是，各个厂家都希望保守自己的 CA 系统秘密，所以很难达成一致意见，更难制定一个统一的标准。为了网络中的 CA 系统具有良好的开放性，DVB 为数字电视条件接收系统制定了两种接收方式：同密（Simul-Crypt）方式和多密（Multi-Crypt）方式。

5.4.1　同密方式

　　同密方式是指通过使用同一种加扰算法和相同的控制字，使多个不同的 CA 系统共同工作于相同数据流的技术。DVB 为同密模式规定了通用的加扰算法，所有实现同密的 CA 系统厂商可以开发各自不同加密的 ECM 和 EMM，但都要遵循通用加扰算法。在同密情况下，用相同的控制字控制加扰算法，而这个控制字可以通过不同的 CA 系统经过加密后传输给终端不同的 CA 系统的机顶盒用户。支持同密模式的 CA 系统如图 5.5 所示。

　　由图 5.5 可见，前端 CA 系统 1 和 CA 系统 2 同时对节目码流进行条件接收控制,它们使用相同的控制字发生器和通用加扰器,但是对控制字的加密方式和授权信息各不相同,因而产生不同的授权控制信息 ECM1 和 ECM2,不同的授权管理信息 EMM1 和 EMM2 与被加扰的节目码流复合后一同传送给用户。

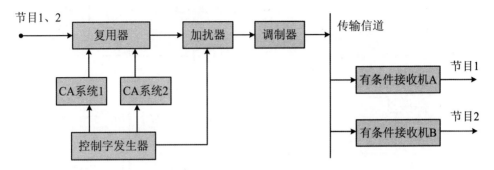

图 5.5 同密方式的 CA 系统

在接收端,机顶盒必须遵循通用解扰算法以实现对节目码流的解扰。如果用户的机顶盒中装有 CA 系统 1 的接收部分,就可以得到授权,则可以对 ECM1 和 EMM1 进行解密,从而接收到 CA 系统 1 授权的节目。如果用户的机顶盒中装有 CA 系统 2 的接收部分,同样也可以接收到 CA 系统 2 授权的节目。

同密方式的好处是能够充分保证运营商的独立和冗余安全性。当某一 CA 系统由于某种原因不能正常运转时,就可以使用另一 CA 系统保证商业运行不被中断,营造了公平竞争的环境,能够满足广播电视运营者的商业要求。但是由于针对不同 CA 系统,机顶盒中需嵌入不同的 CA 软件,一款机顶盒一般只能捆绑接收一种特定 CA 系统加密的节目,对用户和运营商存在更换 CA 系统就需要更换机顶盒的风险。此外,由于在同密的接口上对重要的加、解扰信息(如 CW)进行交换,这就使系统的安全性受到威胁。

5.4.2 多密方式

DVB 多密方式的基本思想是将解扰、CA 以及其他需要保密的专有功能集中于一个可拆卸的模块(PC 卡)中,并可插入机顶盒的插槽上。机顶盒(又称主机)功能可以趋于通用化,其中只包含调谐器/解调器、MPEG-2 解码器、解复用等必需的设备,具有接收未加扰或已解扰的 MPEG-2 视音频、数据的功能。在主机和模块之间定义一个标准公共接口(Common Interface,CI)进行连接和通信。这种方案的好处在于:同一机顶盒可接收任意 CA 系统加扰控制的节目,当选择更换 CA 时,只需换用相应的 CA 模块,机顶盒可以保持不变。一般机顶盒扩展有多个公共接口,可同时与多个 CA 模块相连,并自动或在人机交互的基础上选择使特定的 CA 模块处于工作状态。

支持多密方式的 CA 系统如图 5.6 所示。在前端,不同的节目供应商的节目分别用各自的 CA 系统加扰后经调制输出。在接收端,用户只要在机顶盒中分别插入不同的 CA 系统控制模块,就可以接收到相应的节目。

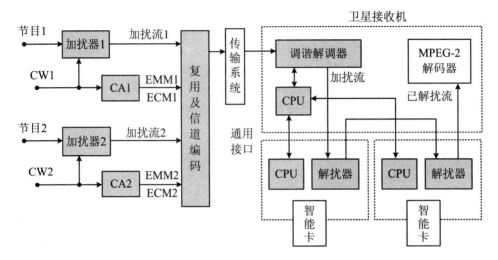

图 5.6   多密方式的 CA 系统

在多密系统中,为实现机顶盒设计的标准化,DVB 标准将 CA 模块与主机的接口标准化。从功能可以看出,这个物理上的同一个接口包含两个逻辑接口的定义。第一个接口为 MPEG-2 传输码流,用于传输解扰前后的 MPEG-2 码流,DVB 规范中定义为逻辑上链路层和物理层。第二个接口为命令接口,用于在主机和模块之间传递命令。在这个接口上,通信协议被定义在几个层中,以此提供必要的功能。这些功能包括:在同一主机上提供多个模块的能力;在主机和模块之间提供复杂交流联合。逻辑上的分层结构使设计和实现更加容易。

多密方式的主要特点是从功能上简化了接收机的设计,接收机不需要包含解扰和解密控制模块,只需要设计符合多密规范的通用接口,即可选择任意厂商的多密模块,当 CA 系统需要更新时,只需要更换 CA 模块,不需要更换机顶盒。

第6章　卫星直播数字电视
信道传输技术

数字信号在通信通道的传输过程中,容易受到各种噪声与干扰的影响,使得信号会产生错误和失真,影响接收信号的质量。因此,在信号传输前,应先对信号进行预处理,使信号具有一定的检错、纠错能力,从而提高信息传输的可靠性。卫星数字电视信道传输标准就是对卫星数字电视信号在传输中所必须进行的各种处理环节进行规定。卫星数字电视传输技术标准重点包括信道编码和数字调制等内容。

6.1　信道传输技术简介

6.1.1　波形编码与成形滤波

在前面介绍的信源编码过程中,并未涉及数字符号的波形。在实际应用中,承载信息的符号必须转变成具体的波形才能在信道中传输,但并不是所有的波形都适合在信道中传输,因为不同的波形有不同的特性。传输通道的带宽总是有限的,信号波形的带宽超过此界限就不能进行有效的传输;有的信号波形含有直流分量,但通常的传输信道不能传输带有直流分量的信号,其结果就会使信号产生失真;还有的就是在接收端通常需要从接收的信号中提取数字码元的同步信息,但有些信号波形就不具备携带同步信息的特征。因此,在数字信号送入信道传输之前,应当选择具有占用带宽小、无直流分量、便于提取同步信息且具备唯一性的信号波形,对所传输的数字符号进行编码,以便使数字信号具备良好的特性,从而避免信号在传输过程中出现失真或同步信息丢失的情况。

例如,若符号"1"用有脉冲表示,"0"用无脉冲表示,那么脉冲序列的平均直流电平与连"0"和连"1"的个数有很大的关系。当连"0"和连"1"的个数相差太多时,就会产生直流分量和低频分量。由于大部分信道(如卫星信道)是不适合传送直流和低频分量的,故应该把"0"、"1"用适当的波形来表示,使得不管"0"和"1"的数目相差多少,都能保证有很低的直流和低频分量。同时,对于波形编码的要求还应该对信源具有透明性和唯一的可解码性,以便在接收端还原出原序列。

目前,通信系统中常使用的码型有 CMI、DMI、Miller 和双相码等。它们都是 1B2B 码,即用两个二进制码来表示原来的一个二进制码。此时,线路传输速率要提高一倍,所需的传输带宽也要随之增大。为了降低传输速率,可以把 1B2B 码推广到 mBnB 码,即将 m 个二元码按一定规则变换为 n 个二元码,且 $m < n$。理论推导得出,码序列中相邻两个电平转换之间的最大距离越大,低频下限频率就越低;码序列中相邻两个电平转换之间的最小距离越小,高频上限频率就越高。

另外,还有一种称为扰码(或频谱扩散)的方法可用来处理信源序列,如图 6.1 所示。该方法是将信源序列与一个伪随机序列进行模 2 相加。伪随机序列是一种有规律的周期性二进制序列,其统计特性具有很好的随机特性。以 m 序列为例,它在一个周期内出现"1"和"0"的个数接近相等;每个周期有 $2n-1$ 个游程(n 为生成该 m 序列的线性移位寄存器长度),且长度为 i 的游程出现的次数比长度为 $i+1$ 的游程出现的次数多一倍,等等。

图 6.1　数据加扰电路原理

当把 m 序列与串行的数据序列进行模 2 相加时,输出序列将保留 m 序列的大部分统计特性。例如,连"0"数据与 m 序列相加后,输出的就是 m 序列,连"1"数据与 m 序列相加后就是 m 序列的反序列,而只有当数据流与 m 序列相同或相反时,才会变成连"0"或"1",但这种情况出现的概率很小。因此,经过扰码后的数据"0"和"1"的数目基本相同,改善了信号的统计特性,去除了直流分量,并具有一定的保密性。

此外,另一种波形编码技术是把信源编码输出的信号通过一个滤波器,使信号频谱发生改变,该滤波器称为成形滤波器。成形滤波器改变信号的频率特性,使之适合在信道中传输,保证传输信息的有效性和可靠性,并且可以减少码间干扰。常使用的成形滤波器是平方根升余弦滤波器,它与接收端同样参数的平方根升余弦滤波器一起,构成升余弦滤波器。只要滤波器的参数选择恰当,在没有多径传输的情况下,可以避免码间干扰。

6.1.2　差错控制技术

由于传输信道存在各种噪声和干扰的影响,会使信号出现失真和变化,使得接收端在恢复信号时产生误码,影响信号的接收质量。因此,需要在传输信号中插入一些固定的、容易识别并与原始信号存在有某种特定关系的编码,即所谓的差错控制编码,这样就可以在接收端通过判定接收信号中这种编码与原始信号的特定关系是否被破坏,来判断信号在传输过程中是否已经发生错误,并最大限度地改正传输中出现的错误。

差错控制编码是提高数字传输可靠性的一种技术,其基本原理是通过对信息序列作某种变换,使原来彼此独立、相关性很小的信息码元产生某种相关性。在接收端利用这种规律来检查或纠正信息码元在信道传输中所造成的差错。

差错控制方式基本上分为两类,即前向纠错(FEC)和自动请求重发(ARQ)。前者在发射端发送纠错码,在接收端能检出并纠正全部或部分的错误。它不需要反馈信道,译码实时性较好,但译码设备较复杂;后者在发射端发送检错码,接收端若检出错误,通过反馈信道告诉发送端,发送端根据指令重发出错的部分,直到正确接收为止,这种方式需要反馈信道,实时性较差,但译码设备简单。前向纠错特别适合于移动通信、卫星通信等长距离的通信。前向纠错编码的种类有很多,其中最常用的是线性分组码和卷积码。

1. 线性分组码

分组码把信源输出的信息序列按 k 个相继码元分为一组,并利用生成矩阵生成 $r = n-k$ 个校验码元,组成长度为 n 的码字。在二进制情况下,k 个码元可组成 2^k 个信息码,通过编码后,就有 2^k 个码字,这些码字的集合称为(n, k)分组码。在多进制的情况下,这构成了多进制的分组码,如里德-索罗(RS)码就是一种多进制的分组码。

由分组码的定义可以看出,校验码与信息元之间是通过一定的关系生成的,如果这种关系是线性关系,则这类分组码就称为线性分组码,这种线性关系可由生成矩阵来表示。生成矩阵不同,信息码生成的校验码也不同,相应的码字也不同,从而构成不同的线性分组码。生成矩阵的选取对线性分组码的编码效率、检错和纠错性能非常重要。编码效率说明在一个码字中,信息位所占的比重。编码效率越高,码的传输信息有效性越高,信道的利用率越高。分组码的另一个重要参数是汉明距离。在线性分组码中,任两个码字之间都有一定的距离,但其中存在一个最小的距离,称为该分组码的最小距离 $d_{\min}$,它表明了该码中每两个码字之间的差别程度。显然 $d_{\min}$ 越大,则从一个码字错为另一个码字的可能性就越小,因而其检错、纠错能力越强。

在接收端,利用接收的码流和分组码的校验矩阵,可以计算出该接收码流的错误图样 S,根据该错误图样是否为 0,可判断出接收码流是否错误。当发生错误的个数在可纠正和可检错的范围内时,错误图样指出了接收信号码字的错误个数和错误位置,因此,利用错误图样可以进行纠错或检错。校验矩阵与生成矩阵有一一对应的关系。也就是说,如果找到了码的生成矩阵,则编码的方法就完全确定。或者说,只要校正矩阵给定,编码时的校验位和信息位的关系就完全确定。

线性分组码可有许多种类型,如汉明码、循环码等。汉明码是一种可纠正单个随机差错的线性分组码,它的主要优点是编码效率较高,当码长 n 大时,其编码效率接近于 1;循环码具有循环特性,其中任一码组循环移一位以后,仍为该码中的一个码组,循环码的编码和译码设备都不太复杂,检错、纠错能力较强,所以这种码在实践上得到广泛的应用。

图 6.2 是一个简单的循环码例子,该循环码的生成电路可以用多项式 $f(x)=x^3+x+1$ 来表示(设该电路的原始状态为 010)。循环码生成电路的状态可以用 Galois 域中的运算关系进行分析。在 Galois 域中,每个元素 a 与移位寄存器的状态一一对应,并且都应满足上述的多项式关系,即 $f(a)=a^3+a+1=0$。根据这一关系,a 的幂次方能产生 Galois 域中的所有元素,如 $a=010$,$a^2=100$。当 a 的幂次方超过 2,就应根据以上的约束多项式来求解:

$$a^3 = a+1 = 011$$
$$a^4 = a \cdot a^3 = a(a+1) = a^2+a = 110$$
$$a^5 = a \cdot a^4 = a \cdot (a^2+a) = a^3+a^2 = a^2+a+1 = 111$$
$$a^6 = a^3 \cdot a^3 = (a+1)(a+1) = a^2+1 = 101$$
$$a^7 = a \cdot a^6 = a(a^2+1) = a^3+a = a+1+a = 1 = 001$$
$$a^8 = a \cdot a^7 = a = 010$$

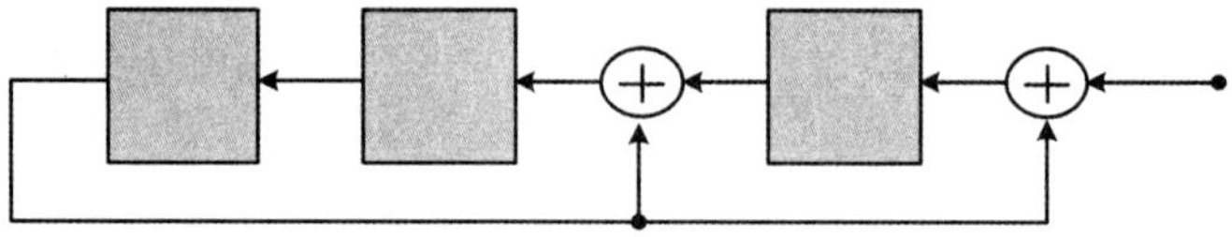

图 6.2 循环码的生成电路

由此可见,从 a 到 a^7 所对应的值,就是原始状态为 010 的电路中移位寄存器在每个时钟作用下的移位寄存器的状态。在循环码中,检查是否有错码的方法是:用输入码字除以多项式,从检查余式是否为零来判断传输中是否出错。如果出现错误,则根据余式可以计算出其错误图样,进而确定错误的位置。

2. 卷积码

从前面的介绍中可以看到,分组码在编码和译码中,前、后码组之间是无关的。编码时,一个码组的校验位只决定于本组的信息位;译码时,也只要从长为 n 的一个接收码组中还原出本组的信息位即可。为了增强分组码的纠错能力,就需要增加分组码的校验位,这不仅会降低编码效率,而且会使编、译码设备更加复杂,特别是增加译码的困难。

卷积码可以克服分组中存在的编码效率与纠错能力之间的矛盾。在卷积码中,一个码组的校验码元不仅取决于本组的信息元,而且也取决于前 m 组的信息元,通过这种规则构成的码记为 (n,k,m) 卷积码。其中,m 称为编码记忆,表示输入的信息组在编码器中所需的存储单元数,$m+1$ 称为编码约束度,说明编码过程中互相有约束关系的码组数,$(m+1)n$ 称为编码约束长度,说明编码过程中互相约束的码元个数。

卷积码也可以用生成矩阵来表示信息元与校验码之间的生成关系,但卷积码的生成矩阵是一个半无限矩阵。由于在这个半无限的生成矩阵中,到一定列后,其数值和前面各列分别相同,因此,可以只研究前几列所组成的矩阵就可以了,这个矩阵称为截短生成矩阵。

在卷积码的译码过程中,不仅要根据当前时刻输入到译码器的码组,而且还要根据以后的一段时间,如 $L+m$ 组($L \geqslant 1$)内所有接收的码组,才能译出一个码组的信息元。此时,$L+m$ 即被称为译码约束度,$(L+m)n$ 则被称为译码约束长度。

卷积码的译码可分为代数译码和概率译码两大类。前者最主要的方法是大数逻辑译码,在卷积码的发展早期普遍采用代数译码。到现在,概率译码已越来越被重视,概率译码中普遍采用的是维特比译码。在编码的过程中,可以用码树图来形象地表示卷积码的编码过程,具体来说,编码器的编码过程可以看成是根据输入信息元通过码树的某一条路径而生成带有校验元的码字,这种编码过程和原理,提供了维特比译码的算法原理。在接收端译码时,可以看成是译码器根据接收到的序列、信道统计特性和编码规则,力图寻找原来编码时所通过的那条路径。只要找到了这条路径,就完成了译码,并纠正了传输中的错误。在概率译码中,我们往往是通过计算各条路径所对应的序列和接收序列的偏差,做出最大似然估计来寻找这条路径的。但码树的路径随着输入信息元的增加而按指数规律增加,因此,按码树的路径来计算,其计算量随译码的约束长度的增加而增加很快,实现起来很困难,维特比译码利用了码树的重复特性,使得计算量大大减少。

由于卷积码充分利用了各组之间的相关性,n 和 k 可以用比较小的数,因此,在与分组码有着同样的编码效率和设备复杂性的条件下,卷积码的性能比分组码好。但对卷积码的分析,至今还缺乏分组码那样有效的数学分析工具,一些分析和译码的工作往往还需借助计算机。

6.1.3 数字调制技术

数字调制起到了频谱搬移的作用,即将信号从低频段搬移到高频段,并在一定程度上改变了原来信号的频谱分布。调制是信号要在带通信道中传输的不可缺少的基本步骤,也是抵抗信道干扰的重要途径。

由于传输信道的频带资源总是有限的,因此在充分利用现有资源的前提下,提高传输效率就是通信系统所追求的最重要指标之一。常用的数字调制方式有幅移键控(ASK)、频移键控(FSK)、相移键控(PSK)和正交振幅调制(QAM)等。由于不同的数字调制方式都可以采用多进制的调制信号(如 16ASK、QPSK、8PSK、64QAM 等),使得数字传输系统所能够达到的传输效率远远高于模拟传输系统,从而大大提高了用户根据实际应用需要选择系统配置的灵活性。

信息与承载它的信号之间存在着对应关系,这种对应关系称为"映射"。接收端正是根据事先约定的映射关系从接收信号中提取发射端发送的信息的。信息与信号间的映射方式可以有很多种,不同的调制技术就在于它们所采用的映射方式不同。实际上,数字调制的主要目的在于控制传输效率,不同的数字调制技术正是由其映射方式区分的,其性能也是由映射方式决定的。

　　数字调制过程实际上是由两个独立的步骤实现的:映射和调制。这一点与模拟调制不同。映射将多个二元比特转换为一个多元符号,这种多元符号可以是实数信号(在 ASK 调制中),也可以是二维的复信号(在 PSK 和 QAM 调制中)。例如,在 QPSK 调制的映射中,每两比特被转换为一个四进制的符号,对应着调制信号的四种载波。多元符号的元数就等于调制星座的容量。在这种多到一的转换过程中,实现了频带压缩。

6.2　DVB-S 信道传输标准

　　DVB 是 Digital Video Broadcasting 的缩写,即数字视频广播,是由欧洲多个组织参与的一个项目,这些组织包括了广播商、节目提供者、网络和卫星运营者以及一些研究单位,其目标是建立适用于各种传输媒体的数字电视广播标准,并使之成为一种国际通用的技术标准。1992 年末,在欧洲成立了一个组织——European Launching Group(ELG),并起草了一个备忘录(Mo U),作为这个组织的行动规则。1993 年 9 月,ELG 所有的参加者在 Mo U 上签字,DVB 组织正式成立。目前,DVB 项目成员已经发展到 30 多个国家的 220 多个组织。

　　DVB 提供了一套完整的适用于不同媒介的数字电视广播标准。该标准选定 MPEG-2 作为音频、视频的压缩编码和多路复用标准,并针对卫星、有线及地面电视等不同媒介传输制订了不同的传输技术标准,是当前国际上最为广泛应用的数字电视广播信道传输标准。其中,DVB-S 是针对采用 Ku 卫星频段进行数字电视广播的传输标准,DVB-C 是针对有线电视网络的数字电视传输标准,DVB-T 是针对采用地面无线电广播的数字电视传输标准。此外,还有针对微波多点电视分配系统的 DVB-MC/S 标准,用于提供服务信息的 DVB-SI 标准,针对条件接收的 DVB-CA 标准,以及定义接收端通用接口的 DVB-CI 标准等。

　　DVB-S 标准除了在欧洲地区使用外,世界上也已经有许多国家和地区采用了 DVB-S 传输标准来发展本国的卫星直播数字电视系统,包括亚洲、澳洲、北美等地区。我国于 1996 年颁布的广播电视数字传输技术体制中,也将 DVB-S 标准采纳为我国卫星数字电视广播系统标准之一。

6.2.1　DVB-S 系统构成

　　DVB-S 系统传输的是通用的 MPEG-2 视音频码流。为了获得可靠的传输效果,DVB-S 系统规定了一个严谨、完善的信道编码和数字调制方案,使其适应通道传输特性并保证数据在卫星信道上传输的可靠性。DVB-S 系统具有广泛的适应性,卫星转发器带宽可以从 26 MHz 到 72 MHz,转发器功率可以从 49 dBW 到 61 dBW。DVB-S 信道编码和数字调制系统的结构如图 6.3 所示。

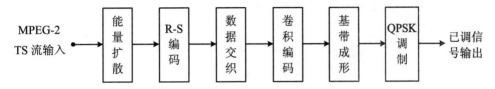

图 6.3　DVB-S 信道编码系统的组成框图

从 MPEG-2 传送流复用器送来的输入 TS 流为固定数据包格式,其包长为 188 B,包括 1 同步字节和 187 个数据字节。该数据码流先经过能量扩散,以改善数据的统计特性;接着进行 R-S 编码,它属于信道编码系统中的外编码;R-S 编码后是数据交织,它主要用来分散由于某些突发错误引起的一连串长的错误;数据交织之后是卷积编码,它属于信道编码系统的内编码;卷积编码后,让码流通过平方根升余弦滤波器(基带成形电路)滤波,以改善数据流的频谱特性,使其适应信道的传输特性;最后再进行 QPSK 数字调制。

6.2.2　能量扩散

为了避免由于视频、音频和数据信号的随机性而产生的 TS 流数据流中有可能出现连"0"或连"1"的码段太多,造成码流的统计特性不佳,不利于接收端时钟的恢复,DVB-S 系统在 TS 输入端定义了一个能量扩散处理(加扰)环节。DVB-S 系统的加扰电路如图 6.4 所示。扰码电路中的伪随机序列发生器采用了长度为 15 的线性移位寄存器电路来产生所需的 m 序列,其生成多项为 $1+x^{14}+x^{15}$。

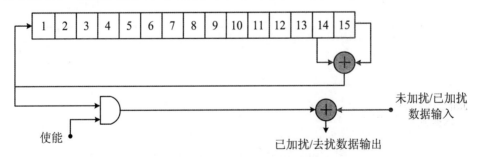

图 6.4　DVB-S 系统的加扰/去扰电路

从 MPEG-2 传送复用器送来的 TS 流是固定长度的数据包,包长为 188 B(第一个为同步字节,其值为 47H)。在加扰的过程中,每送入 8 个 MPEG-2 数据包就使电路中的 15 个移位寄存器初始化一次,即向移位寄存器置入"100101010000000"。为了给接收端的去扰电路提供同步信号,每 8 个 MPEG-2 数据包的第一个数据包的同步字节从 47H 翻转为 B8H,其他 7 个数据包的同步字节不翻转,且同步字节不进行加扰处理(通过"使能"端关断扰码功能)。由以上的分析可以看出,伪随机序列的第一个比特应加到翻转同步字节(B8H)之后的第一个比特,而且加扰的顺序由字节的 MSB 开始,整个序列的长度为 $8\times188-1=1\,503\,\text{B}$,如图 6.5 所示。

(a) MPEG-2传输流复用包

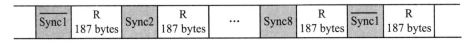

(b) 随机化后的包结构

图 6.5　MPEG-2 传输流复用包的随机化

6.2.3　R-S 编码

　　R-S 码是一种循环码,它属于线性分组码,但它以符号为单位来进行编、解码处理,而不是以比特为单位。在 R-S 编码中,每个符号要先乘以某个基本元素的幂次方后才进行模 2 加,这里的乘法也是指 Galois 域中的乘法,它要受到某个约束多项式的约束(该多项式就是域多项式)。图 6.6 是 R-S 码编码器的原理框图。

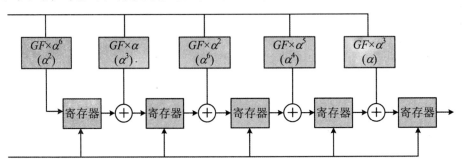

图 6.6　R-S 码编码器的原理框图

　　如果每个符号有 $3\,bit$,如基本元素 α 为 010,输入为 5 个符号,与图中相应的元素相乘后进行模 2 加输出。由于图中有两种系数,所以得到 2 个校验码。例如,若输入为 A、B、C、D、E,则两个校验位 P、Q 分别为

$$P = \alpha^6 A + \alpha B + \alpha^2 C + \alpha^5 D + \alpha^3 E$$
$$Q = \alpha^2 A + \alpha^3 B + \alpha^6 C + \alpha^4 D + \alpha E$$

　　在接收端通过计算校验式,并根据校验式是否为零来判断传输过程是否有错。在以上的编码电路中,对应的校验式分别为

$$S_0 = A + B + C + D + E + P + Q$$
$$S_1 = \alpha^7 A + \alpha^6 B + \alpha^5 C + \alpha^4 D + \alpha^3 E + \alpha^2 P + \alpha Q$$

通过分析和推导可知，S_0 用来纠错，而 S_1 则是用来确定错误的位置。

更一般的结论是：要纠正 t 个错误需要 $2t$ 个检验符，这时要计算 $2t$ 个等式，用来确定 t 个错误位置和纠正 t 个错误。

根据分组码理论可知，能纠正 t 个符号错误的 R-S 码生成多项式为

$$g(x) = (x + \alpha^0)(x + \alpha^1)(x + \alpha^2) \cdots (x + \alpha^{2t+1})$$

此外，还有一个截短码的概念，它是为了适应不同的码组长度而设计的。DVB-S 采用了 R-S(204,188,8)编码，即分组码符号长度为 204 个字节，信息符号长度为 188 个字节，可纠 8 个符号的错。该码就是由 R-S(255,239,8)码的截短而得到的。实际上，可以把它看成 239 个符号中，除了 188 个符号外，其他的 51 个字节都用零来填充。因此，可用 R-S(255,239,8)的编码电路来完成编码，编码完成后，再把 0 B 去除，就可以得到 R-S(204,188,8)截短码了。

DVB-S 的外编码使用截短的 R-S 码对扰码后的每个数据包进行编码，包括翻转和未翻转的同步字节，其生成多项式和域多项式分别为

$$g(x) = (x + \alpha^0)(x + \alpha^1)(x + \alpha^2) \cdots (x + \alpha^{15})$$
$$P(x) = x^8 + x^4 + x^3 + x^2 + 1$$

其中，生成多项式 $g(x)$ 是用来决定编码器的电路结构，域多项式 $P(x)$ 则是用来约束 Galois 域乘法规则的约束多项式。RS(204,188,8)编码包结构如图 6.7 所示。

Sync	R 187 bytes	R-S(204,188)的校验位(16 bytes)

图 6.7　RS(204,188,8)编码包结构

6.2.4　数据交织

数据在传输的过程中，信道不但存在随机干扰，还存在着突发性干扰（如雷电、电焊等一些冲击性的脉冲信号）。这些干扰的特点是其分布有很强的相关性，容易造成成片的数据错误。这些误码的个数有可能超出纠错码的检纠错范围，从而造成严重的误码。

如果在信号纠错编码后，再把码流按一定的规则进行打乱，即把后面的数据先移到前面来处理（即所谓的交织），然后再传送，这样在传输过程中，虽然可能受到突发噪声的干扰，但在接收端信道解码之前，先进行数据流顺序的恢复（即去交织），就可以把原来成串的误码分散，把突发性错误转化为随机性错误，使得分散后的误码个数落在纠错解码的纠错范围之内，从而可以把传输过程中产生的误码纠正过来。

DVB-S 系统的交织和去交织采用了 Forney 方案。该方案使用先入先出（FIFO）移位寄存器配合一定规律的时钟来实现，如图 6.8 所示。交织器由 I 个分

支组成,每个分支上都有一个 $M \times j$ 单元的 FIFO 移位寄存器,每个单元为 1 B。这里 $M=N/I, j=0 \sim I-1$。其中,I 为交织深度,N 指的是交织和去交织的操作是以 N 个字节为一组进行的。交织器中,各分支由输入开关轮流接到输入比特流,并由输出开关轮流接到输出比特流,输入和输出开关是同步的。图中,$I=12,N=204$。

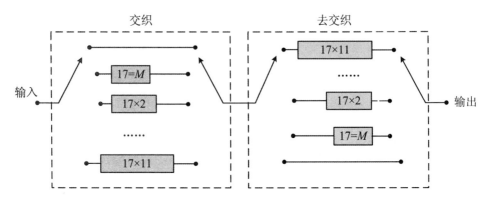

图 6.8　交织/去交织器原理框图

DVB-S 系统采用 $I=12$ 的交织深度,交织的操作以每个 R-S 分组码为单位(N $=204$)。因此,交织操作是以翻转或不翻转的同步字节为界的。为了能更好地同步,翻转或不翻转的同步字节总是接到第"0"分支。去交织器与交织器类似,但分支序列排列相反,即分支"0"相应于最大延迟,去交织的同步可以由分支"0"识别出同步字节来完成。交织后的数据包结构如图 6.9 所示。

Sync or Sync	203 bytes	Sync or Sync	203 bytes	

图 6.9　交织后的数据包结构

6.2.5　卷积编码

DVB-S 系统采用卷积码作为内编码,其编码电路如图 6.10 所示。该卷积码为(2,1,6)码,即编码效率为 1/2,约束长度为 7,两个通道的生成多项式分别为

$$G_1(x) = 1 + x + x^2 + x^3 + x^6$$
$$G_2(x) = 1 + x^2 + x^3 + x^5 + x^6$$

卷积码编码器输入的是经过交织的串行码流,输出的是两路并行码流。为了适应不同的应用场合所需要的纠错能力,DVB-S 系统允许使用不同比率的收缩卷积码,如图 6.11 所示。

从图 6.11 可以看到,串行比特流都是先按 1/2 卷积码编码成 X、Y(即每输入一个比特输出两个比特),然后去除不传送的比特(该过程即为收缩),各种比率的卷积码在收缩过程中传输和不传输的比率如表 6.1 所示。

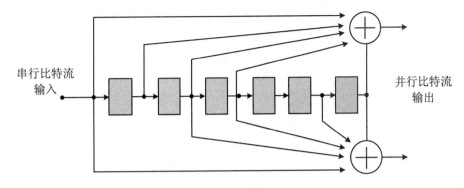

图 6.10　卷积码编码器电路示意图

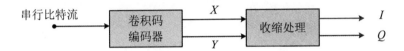

图 6.11　卷积码编码的收缩电路示意图

表 6.1　收缩码的定义

收缩率	最大码距离	X	Y	I	Q
1/2	10	1	1	X_1	Y_1
2/3	6	10	11	$X_1Y_2Y_3$	$Y_1X_3Y_4$
3/4	5	101	110	X_1Y_2	Y_1X_3
5/6	4	10101	11010	$X_1Y_2Y_4$	$Y_1X_3Y_5$
7/8	3	1000101	1111010	$X_1Y_2Y_4Y_6$	$Y_1Y_3Y_5Y_7$

在卷积解码过程中,首先要根据以上的收缩规则在相应的位置上插入 0,得到基于 1/2 的卷积码,然后采用软判决的维特比译码。

6.2.6　基带成形滤波

经过卷积编码后输出的 I、Q 两路数据信号,在送去进行数字调制之前,还要先经过一个滤波器进行滤波,以便获得具有特定频谱特性的基带信号,这一过程称为基带成形。基带成形滤波的主要目的是滤除基带信号中的高频分量,减少数字信号在传输过程中带来的码间干扰。在 DVB-S 系统中,所采用的是滚降系数(α)为 0.35 或 0.5 的升余弦平方根滤波器,其传输函数为

$$H(f) = \begin{cases} 1, & \text{当 } |f| < f_N(1-\alpha) \\ \left(\dfrac{1}{2} + \dfrac{1}{2}\sin\dfrac{\pi}{2f_N}\dfrac{f_N - |f|}{\alpha}\right)^{\frac{1}{2}}, & \text{当 } f_N(1-\alpha) \leqslant |f| \leqslant f_N(1+\alpha) \\ 0, & \text{当 } |f| > f_N(1+\alpha) \end{cases}$$

升余弦平方根滤波器是一种低通滤波器,其幅频特性与所取的滚降系数(α)有关,图 6.12 给出了在不同 α 取值时的滤波器幅频特性。由图 6.12 可见,α 取值为 0 时,该滤波器是一个带宽为 W 的理想低通滤波器;随着 α 取值的增大,滤波器的滚降度越来越平缓,允许通过的信号高频分量越多。

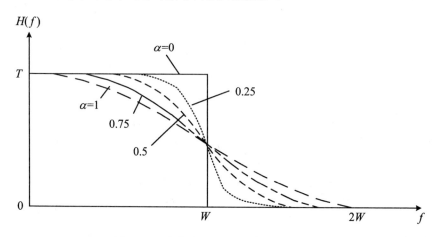

图 6.12　升余弦平方根滤波器的幅频特性

6.2.7　QPSK 数字调制

DVB-S 系统选用了四相移相键控(QPSK)作为其数字调制方式。QPSK 是目前无线通信中最常用的一种数字调制方式,它是一种恒定包络的数字调制方式,具有占用带宽小、频带利用率高、抗干扰能力强等特点。其数学表达式如下:

$$S(t) = I\cos \omega t + Q\sin \omega t$$

根据这一表达式,可以得到 QPSK 调制器的实现电路框图,如图 6.13 所示。

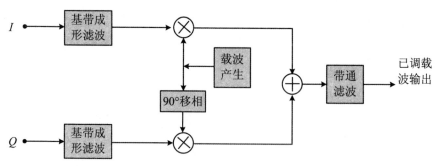

图 6.13　QPSK 调制电路原理框图

QPSK 调制有四种不同的输出相位,对应于相继两种码元的四个组合(00,01,10,11)。可见,每输入两个比特后,输出相位才产生一次变化。在相同带宽下,传输码率可提高一倍。图 6.14 为 QPSK 调制的星座图。

DVB-S 系统直接将卷积编码输出的 I、Q 两路信号作为双比特信号,进行 QPSK 数字调制,故为绝对比特映射而非差分编码。用绝对比特映射的抗干扰能力比用差分编码映射的强,而且接收设备相对简单。

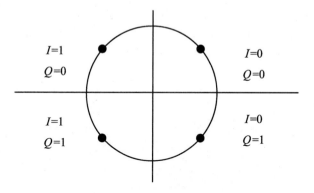

图 6.14　QPSK 调制的星座图

在实际系统中,考虑到在微波频段直接进行数字调制的难度较大,故一般选择在中频频率上进行 QPSK 调制,然后通过上变频器再把调制好的中频信号变频到卫星上星频率,发往卫星。

6.3　DVB-S2 信道传输标准

随着数字电视技术的发展与成熟,卫星直播数字电视已经在全球形成发展热点。但随着卫星广播业务的不断扩展和传输信息量的不断增大,原有的第一代卫星数字电视传输标准 DVB-S 逐渐显露出其局限性。于是,DVB 项目组及时开展了第二代卫星数字电视广播标准——DVB-S2。DVB-S2 的制定工作采取了 ETSI 的“两步式”程序:2004 年 6 月公开发布 DVB-S2 草案(即 Draft ETSI EN 302 307 V1.1.1);经过一年时间的审核,2005 年该标准正式颁布。

DVB-S2 信道传输标准得益于 21 世纪信道编码和数字调制技术的新发展,采用了更高性能的信道编码方案与高阶数字调制的组合,在同样的传输条件下,比第一代的 DVB-S 标准增加了约 30% 的传输能力,或在同样的谱效率下,比第一代的 DVB-S 标准提供了更强劲的接收能力。此外,DVB-S2 系统具有更强的灵活性,可以根据信道环境的不同自适应变换编码与调制方式,达到信道资源最大利用率,并在新业务支撑能力等方面有明显提高。

6.3.1　DVB-S2 系统构成

为了提高系统的适应性,DVB-S2 系统在输入端加入了数据适配器,使之能够支持多种不同的输入数据结构;在前向纠错编码方面,引入了 BCH＋LDPC 的级联编码方式,进一步提高了系统的抗干扰能力;在数字调制上,以高阶调制方式(8PSK、16APSK、32APSK)取代原 DVB-S 的单一 QPSK 调制方式,使其能够根据不同的信道情况自适应选择不同的调制方式,从而在保证传输质量的前提下,最大限度地提高传输效率。DVB-S2 系统的信号处理流程框图如图 6.15 所示。以下针对 DVB-S2 系统的各个模块分别进行介绍。

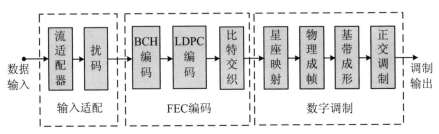

图 6.15　DVB-S2 系统构成框图

6.3.2　输入适配电路

输入适配部分包含流适配器和扰码两个模块。输入端流适配器的设计,使 DVB-S2 系统可以支持多种不同的输入流格式,具体包括持续的比特流、单节目或多节目 TS 流、IP 和 ATM 数据等。流适配器完成的功能包括输入流同步、空包删除、循环冗余校验、码流合并或拆分、基带标志插入、基带帧输出等,如图 6.16 所示。

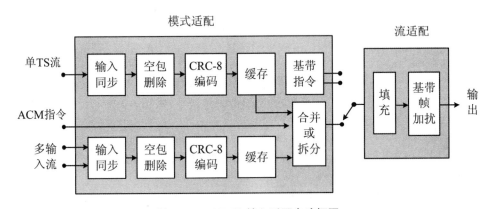

图 6.16　DVB-S2 输入适配电路框图

输入的数据流类型可有三种形式:MPEG 传输流、普通数据流和 ACM 指令。传输流被表征为具有固定长度(188 个字节)的数据包;普通数据流则可以表现为一个连续的比特流,也可以是连续且长度固定的用户包,如果流中包的长度可变或包的固定长度超过 64 Kb,则将其作为连续流处理;ACM 指令的作用是允许一个外部的传输模式控制单元对 DVB-S2 调制器所采用的传输参数进行设置。

　　输入接口同步的作用是为打包形式的输入流(如 TS 流)保证恒定的比特率,以及恒定的端到端传输延迟。对 ACM 模式和传输流输入格式,需要将其中的 MPEG 空包删除,以降低信息速率。用于循环冗余校验的 CRC - 8 编码只应用于打包形式的输入流,一个 8 bitCRC 编码器对数据包中的有用部分进行校验编码处理。

　　输入流合并/分片模块从多个输入流中读取一个固定长度的数据区,其中的合并模块会从多个输入提取的不同数据区连接起来。如果只有一个输入流,则这一模块被忽略。在使用 CRC - 8 B 取代同步字节以后,必须为接收端提供一个恢复数据包同步的方法,因此合并/分片模块会检测从数据区和第一个完整数据包开始算起的比特数,并将其存储在基带头的同步距离区中。在数据区之前需要插入一个固定长度为 10 bit 的基带头,基带头中的信息包括输入流格式、编码及调制类型(CCM 或 ACM)、模式适配的类型以及传输滚降因子等。

　　流适配完成基带成帧、加扰两个功能。为配合后续纠错编码,基带成帧需要将输入数据按固定长度打包(不同的纠错编码方案有不同的"固定长度"),不足处则填充无用字节补足。流适配提供了填充的功能,用以生成一个完整的、固定长度的基带帧,并对基带帧进行加扰处理,扰码处理采用的伪随机序列与 DVB-S 中采用的相同。基带帧长度取决于所采用的 FEC 码率。

6.3.3　前向纠错编码

　　DVB-S2 最引人注目的改进在于其信道编码方式,即采用了低密度奇偶校验码(Low Density Parity Check code,LDPC)与 BCH 码级联的编码方案。前向纠错编码包括三大部分:外码编码(BCH 码)、内码编码(LPDC 码)和位交织。基带帧经过这三步纠错编码后就形成了前向纠错帧(FEC Frame),其帧格式如图 6.17 所示。其中,N_{LDPC}、K_{LDPC} 以及 K_{BCH} 都是与编码率和调制方式有关的常数。下面简单介绍各编码模块的基本原理。

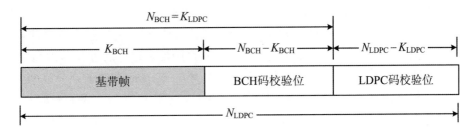

图 6.17　前向纠错帧格式

1. LDPC 编码

LDPC 码是一种有稀疏校验矩阵的线性分组码,具有能够逼近香农极限的优良特性。并且由于采用稀疏校验矩阵,译码复杂度仅与码长呈线性关系,编、解码复杂度适中,在长码长的情况下,仍然可以有效译码。LDPC 编码以其优异的特性而得到广泛的重视,目前已在移动通信、卫星通信和无线宽带互联网等领域中得到广泛应用。

LDPC 码是线性分组码中较为特殊的一种,它是一个 $m \times n$ 的稀疏矩阵 H 的零空间,H 称为 LDPC 码的校验矩阵,并且满足以下条件:

(1) 矩阵的行重、列重与码长的比值远小于1。

(2) 任意两行(列)最多只有一个相同位置上的1。

(3) 任意线性无关的列数尽量的大。

这样的 LDPC 码码长为 n,校验位长度为 m,信息位长度为 $n-m$。

按照 Gallager 的定义,形式为 (n,j,k) 的 LDPC 码是指编码后的总码长为 n,稀疏校验矩阵 H 每列包含 $j(j \geqslant 3)$ 个1,其他元素为0,每行包含 $k(k \geqslant j)$ 个1,其他元素为0的规则的 LDPC 码。其中,j 为列重,k 为行重,j 和 k 都远远小于 n,以满足校验矩阵的低密度特性。

图 6.18 是一个 $(12,3,6)$LDPC 码的校验矩阵。需要指出的是,满足 $(12,3,6)$ 结构条件的校验矩阵并不唯一,图 6.18 只是其中之一。具有一定参数的 LDPC 码可以构成一个 LDPC 码集合。

$$H = \begin{bmatrix} 0 & 1 & 1 & 1 & 0 & 0 & 1 & 1 & 0 & 1 & 0 & 0 \\ 0 & 0 & 0 & 1 & 1 & 1 & 0 & 1 & 1 & 0 & 1 & 0 \\ 1 & 0 & 1 & 1 & 1 & 0 & 0 & 0 & 1 & 0 & 0 & 1 \\ 1 & 1 & 1 & 0 & 1 & 1 & 1 & 0 & 0 & 0 & 0 & 1 \\ 1 & 0 & 0 & 0 & 0 & 0 & 0 & 1 & 0 & 1 & 1 & 1 \\ 0 & 1 & 0 & 0 & 0 & 1 & 1 & 0 & 0 & 1 & 1 & 1 \end{bmatrix}$$

图 6.18　$(12,3,6)$LDPC 码的校验矩阵 H

LDPC 码除了用校验矩阵表示外,还可以用 Tanner 图表示。Tanner 图又称为双向图或者二分图,由 Tanner 于 1982 年首次用来表示 LDPC 码。一个校验矩阵对应一个 Tanner 图。由图论的知识可知,图是由顶点和边组成的,图中所有的顶点分为两个子集,任何一个子集内部各个顶点之间没有相连的边,任何一顶点都和一个不在同一子集里的顶点相连。在 LDPC 码的二分图中,将节点分成两类变量节点和校验节点。变量节点指的是编码比特(对应于 H 矩阵中的行)所对应的顶点的集合,变量节点也称为父节点;校验节点指的是校验约束(对应于 H 矩阵中的列)顶点的集合,校验节点也称为子节点。如果某个变量节点参与了某个校验方程(即校验约束),也就是 H 矩阵中对应位置的元素不为 0,表现在 Tanner 图中就是变量节点和检验节点之间有一条边。把所有的变量节点和校验节点表示在图中就得到 LDPC 码的 Tanner 图。图中一个顶点的度数(Degree)就是与该顶点相连的边数;由变量节点、校验节点和边首尾相连组成的闭合环路,称为环(Cycle);码字二分图中最短环的周长称为围长(Girth),记为 g。如果 Tanner 图中所有变量节点的度数(H 矩阵的列重)都相同,且所有检验节点的度数(H 矩阵的行重)也相同,则称为规则图,否则称为非规则图。图 6.19 给出了图 6.18 所对应的 Tanner 图。

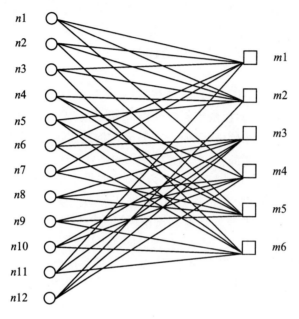

图 6.19　(12,3,6)LDPC 码的 Tanner 图

上述的 LDPC 码是规则的,即其 H 矩阵中每一行 1 的个数是固定的,每一列 1 的个数也是固定的。如果行或者列的个数不固定,则称为是非规则的 LDPC 码。对于非规则 LDPC 码,其表达方式和经典的线性分组码一样,用 (n,k) 表示。其中,n 表示码字长度,k 表示信息码组长度,其校验矩阵如图 6.20 所示。

$$H=\begin{bmatrix} 1 & 1 & 0 & 0 & 0 & 1 & 0 & 1 & 0 & 1 \\ 0 & 1 & 1 & 0 & 0 & 1 & 0 & 0 & 1 & 0 \\ 0 & 0 & 1 & 1 & 1 & 0 & 1 & 1 & 0 & 1 \\ 0 & 0 & 0 & 1 & 1 & 1 & 0 & 0 & 1 & 0 \\ 1 & 0 & 0 & 0 & 1 & 0 & 1 & 0 & 1 & 0 \end{bmatrix}$$

图 6.20　(10,5)LDPC 码的校验矩阵 H

非规则码在 LDPC 码中占有很重要的地位。Luby 的模拟实验说明,适当构造的非规则码性能优于规则码。这一点也可以从构成 LDPC 码的 Tanner 图中得到直观性的解释:对于每一个变量节点来说,希望它的度数大一些,因为从相关联的校验节点可以获得的信息越多,越能准确地判断它的正确值;对于每一个校验节点来说,情况则相反,希望校验节点的度数小一些,因为校验节点的度数越小,它能反馈给其邻接的变量节点的信息越有价值。非规则图比规则图能够更好、更灵活地平衡这两种相反的要求。在非规则码中,具有大度数的变量节点能很快地得到它的正确值,这样它就可以给校验节点更正确的概率信息,而这些校验节点又可以给小度数的变量节点更多的信息。大度数的变量节点首先获得正确的值,把它传输给对应的校验节点,通过这些校验节点又可以获得度数小的变量节点的正确值。因此,非规则码的性能要优于规则码的性能。不过,非规则码的编码一般比较复杂,用硬件也较难以实现。

在 LDPC 码构造上,主要有两大类构造方法:一类是随机构造法,这类码在长码时具有很好的纠错能力,但由于码组过长和生成矩阵与校验矩阵的不规则性,使得编码过于复杂而难于用硬件实现;一类是分析构造法,它借助于几何代数方法,所构造的码具有编码效率高、易于用硬件实现的优点。

DVB-S2 标准中采用的 LDPC 码均为长码,如果采用信息码字和乘编码的方式,其生成矩阵的存储量将非常惊人,用硬件实现不太现实。所以,DVB-S2 标准采用了基于 eIRA(扩展的非规则重复累积码)形式的校验矩阵来构造 LDPC 码。这是一种特殊结构化的 LDPC 码,具有较低的编解码复杂度。

DVB-S2 标准中的 LDPC 码根据纠错编码帧的长度支持不同的编码码率。纠错编码帧分为普通帧(码长为 64 800)和短帧(码长为 16 200)。其中,普通帧支持码率为 1/4、1/3、2/5、1/2、3/5、2/3、3/4、4/5、5/6、8/9、9/10 的 FEC 码,短帧支持码率为 1/4、1/3、2/5、1/2、3/5、2/3、3/4、4/5、5/6、8/9 的 FEC 码。

ETSI EN 302 307 标准中给出了 DVB-S2 标准 LDPC 编码算法,过程如下:

(1) 初始化校验位,$p_0 = p_1 = \cdots = p_{N_{\text{ldpc}} - K_{\text{ldpc}} - 1}$。

(2) 对第一个信息比特 i_0 进行累加,对应的奇偶节点地址由编码表的第一行指定。以 2/3 码率为例:

$$p_0 = p_0 \oplus i_0, p_{2767} = p_{2767} \oplus i_0, p_{10491} = p_{10491} \oplus i_0,$$

$$p_{240} = p_{240} \oplus i_0, p_{16043} = p_{16043} \oplus i_0, p_{18673} = p_{18673} \oplus i_0,$$

$$p_{506} = p_{506} \oplus i_0, p_{9279} = p_{9279} \oplus i_0, p_{12826} = p_{12826} \oplus i_0,$$

$$p_{10579} = p_{10579} \oplus i_0, p_{8065} = p_{8065} \oplus i_0, p_{20928} = p_{20928} \oplus i_0, p_{8226} = p_{8226} \oplus i_0$$

(3) 对于下面的 359 个信息比特 $i_m(m = 1, 2, \cdots, 359)$ 累加 i_m 对应的奇偶比特地址为

$$\{x + m \bmod 360 \times Q_{\text{ldpc}}\} \bmod (n_{\text{ldpc}} - k_{\text{ldpc}})$$

其中,x 代表和第一个信息比特 i_0 相对应的奇偶比特地址,Q_{ldpc} 是一个取决于码率的常量。

(4) 对于第 361 个信息比特 i_{360},被累加的奇偶比特的地址由编码表的第二行决定。用相同的方式得到接下来的 359 个信息比特所对应的奇偶校验比特的地址:

$$\{x + m \bmod 360 \times q\} \bmod (n_{ldpc} - k_{ldpc})$$

其中，x 代表和信息比特 i_{360} 相对应的奇偶比特的地址，即第二行的第一个值。

（5）用相似的方法，对每一组 360 个信息比特，利用编码表的一行来找到对应的奇偶比特的地址。

（6）当所有的信息比特均被使用之后，最终的比特节点通过以下方式得到：

顺序执行如下操作：

$$p_i = p_i \oplus p_i - 1, \quad i = 1, 2, \cdots, n_{ldpc} - k_{ldpc} - 1$$

最后 p_i 的内容即是奇偶比特 p_i 的值。

2. BCH 编码

BCH 码是一种可以纠正多个随机错误的循环码，它可以用生成多项式 $g(x)$ 的根来描述。给定任一有限域 $GF(q)$ 及其扩域 $GF(q^m)$（其中，q 是素数或素数的幂，m 为某一正整数），若码元是取自 $GF(q)$ 上的一循环码，它生成的多项式 $g(x)$ 的根集合 R 中含有以下 $2t$ 个连续根：

$$R \supseteq \{\alpha^{m_0}, \alpha^{m_0+1}, \cdots, \alpha^{m_0+2t-1}\}$$

则由 $g(x)$ 生成的循环码称为 q 进制 BCH 码。若 $q=2$，称之为二进制 BCH 码。其中，$\alpha \in GF(q^m)$ 是域中的 n 级元素，$\alpha^{m_0+i} \in GF(q^m)$（$0 \leqslant i \leqslant 2t-1$），$m_0$ 是任意整数，但最常见的情况是 $m_0 = 0$，t 是码的纠错能力。

设 $m_i(x)$ 和 e_i 分别是 α^{m_0+i}（$i=1,2,\cdots,2t-1$）元素的最小多项式和级，则 BCH 码生成的多项式和码长分别是

$$g(x) = LCM(m_1(x), m_2(x), \cdots, m_{2t}(x))$$

$$n = LCM(e_1, e_2, \cdots, e_{2t})$$

(n, k) BCH 码生成多项式 $g(x)$ 可以表示成如下形式：

$$g(x) = g_0 + g_1 x + \cdots + g_{n-k-1} x^{n-k-1} + x^{n-k}$$

在工程应用中，通常采用系统形式的 BCH 码，即

$$c(x) = m(x) x^{n-k} + REM(m(x) x^{n-k})_{g(x)}$$

其中，$m(x)$ 表示信息多项式，$c(x)$ 为码字多项式，$REM(\alpha(x))_{g(x)}$ 表示 $\alpha(x)$ 除以 $g(x)$ 后的余数多项式，通常使用除法电路来实现这个余数，即系统码的校验位。

如果生成多项式 $g(x)$ 的根中，有一个本原域元素，则 $n = q^m - 1$，称这种码长 $n = q^m - 1$ 的 BCH 码为本原 BCH 码；否则，称为非本原 BCH 码。

对于任意正整数 m（$m \geqslant 2$）和 t（$t > 1$），存在分组长度 $n = 2^m - 1$，校验位数 $n-k \leqslant mt$，最小距离 $d_{min} \geqslant 2t+1$，能纠所有小于等于 t 个错误的 BCH 码。其中，$d = 2t+1$ 称为设计距离，m 是 $g(x)$ 在有限域 $GF(q^m)$ 上的本原多项式的次数，t 为 BCH 码的纠错能力。

DVB-S2 标准采用了一种能纠 t 个错误的 BCH 码，其生成多项式 $g(x)$ 由表 6.2（$n_{ldpc} = 64\,800$ 和 $n_{ldpc} = 16\,200$）给出。

从表 6.2 可以看出，普通帧中 BCH 码的生成多项式的根所在的扩域是

$GF(216)$,短帧中 BCH 码的生成多项式的根所在的扩域是 $GF(214)$。对于纠错能力为 12、10、8 的 DVB-S2 普通帧,BCH 码分别为二进制本原 BCH(65 535,65 343)、BCH(65 535,65 375)、BCH(65 535,65 407)的缩短码。纠错能力为 12 的 DVB-S2 短帧中,BCH 码是二进制本原 BCH(16 383,16 215)的缩短码。

表 6.2　BCH 码的生成多项式

多项式	普通帧,$n_{ldpc}=64\ 800$	短帧,$n_{ldpc}=16\ 200$
$g_1(x)$	$1+x^2+x^3+x^5+x^{16}$	$1+x+x^3+x^5+x^{14}$
$g_2(x)$	$1+x+x^4+x^5+x^6+x^8+x^{16}$	$1+x^6+x^8+x^{11}+x^{14}$
$g_3(x)$	$1+x^2+x^3+x^4+x^5+x^7+x^8+x^9+x^{10}+x^{11}+x^{16}$	$1+x+x^2+x^6+x^9+x^{10}+x^{14}$
$g_4(x)$	$1+x^2+x^4+x^6+x^9+x^{10}+x^{11}+x^{12}+x^{14}+x^{16}$	$1+x^4+x^7+x^8+x^{10}+x^{12}+x^{14}$
$g_5(x)$	$1+x+x^2+x^3+x^5+x^8+x^9+x^{10}+x^{11}+x^{12}+x^{16}$	$1+x^2+x^4+x^6+x^8+x^9+x^{11}+x^{13}+x^{14}$
$g_6(x)$	$1+x^2+x^4+x^5+x^7+x^8+x^9+x^{10}+x^{12}+x^{13}+x^{14}+x^{15}+x^{16}$	$1+x^3+x^7+x^8+x^9+x^{13}+x^{14}$
$g_7(x)$	$1+x^2+x^5+x^6+x^8+x^9+x^{10}+x^{11}+x^{13}+x^{15}+x^{16}$	$1+x^2+x^5+x^6+x^7+x^{10}+x^{11}+x^{13}+x^{14}$
$g_8(x)$	$1+x+x^2+x^5+x^6+x^8+x^9+x^{12}+x^{14}+x^{15}+x^{16}$	$1+x^5+x^8+x^9+x^{10}+x^{11}+x^{14}$
$g_9(x)$	$1+x^5+x^7+x^9+x^{10}+x^{11}+x^{16}$	$1+x+x^2+x^3+x^9+x^{10}+x^{14}$
$g_{10}(x)$	$1+x^2+x^5+x^7+x^8+x^{10}+x^{12}+x^{13}+x^{14}+x^{16}$	$1+x^3+x^6+x^9+x^{11}+x^{12}+x^{14}$
$g_{11}(x)$	$1+x^2+x^3+x^5+x^9+x^{11}+x^{12}+x^{13}+x^{16}$	$1+x^4+x^{11}+x^{12}+x^{14}$
$g_{12}(x)$	$1+x+x^5+x^6+x^7+x^9+x^{11}+x^{12}+x^{16}$	$1+x+x^2+x^3+x^5+x^6+x^7+x^8+x^{10}+x^{11}+x^{13}+x^{14}$

　　DVB-S2 信道编码过程中,先对长度为 K_{BCH} 的二进制信息进行 BCH 编码,得到长度为 N_{BCH} 的码字,接着将 $K_{LDPC}=N_{BCH}$ 作为 LDPC 编码的输入信息,得到长度为 N_{LDPC} 的 LDPC 码字。N_{LDPC} 长度可以是 64 800 或 16 200,分别对应 DVB-S2 中的长帧和短帧。显然,由于信道编码的输出是固定长度,所以不同的 LDPC 码率决定了 BCH 编码的输入长度 K_{BCH} 和 LDPC 编码的输入长度 K_{LDPC}。对于长帧(普通帧)情况,如表 6.3 前 4 栏所示,有 11 种码率选择。对于短帧,如表 6.3 后 4 栏所示,有 10 种码率选择。长帧的 BCH 编码可纠正的错误个数 t 分别为 $t=8$、$t=10$ 或 $t=12$,根据不同 LDPC 码率有不同的选择,需要的奇偶比特数从 128 到 192。

短帧 BCH 编码的 $t=12$,可以纠正 12 个错误,需要 168 个奇偶比特。

表 6.3　LDPC 码率及 BCH 外码长度

普通帧,$n_{\text{ldpc}}=64\,800$				短帧,$n_{\text{ldpc}}=16\,200$			
码率 R	K_{BCH}	N_{BCH}	t	码率 R	K_{BCH}	N_{BCH}	t
9/10	58 192	58 320	8	8/9	14 232	14 400	12
8/9	57 472	57 600	8	5/6	13 152	13 320	12
5/6	53 840	54 000	10	4/5	12 432	12 600	12
4/5	51 648	51 840	12	3/4	11 712	11 880	12
3/4	48 408	48 600	12	2/3	10 632	10 800	12
2/3	43 040	43 200	12	3/5	9 552	9 720	12
3/5	38 688	38 880	12	1/2	7 032	7 200	12
1/2	32 208	32 400	12	2/5	6 312	6 480	12
2/5	25 728	25 920	12	1/3	5 232	5 400	12
1/3	21 408	21 600	12	1/4	3 072	3 240	12
1/4	16 008	16 200	12				

3. 比特交织

在 DVB-S2 标准中,对于 8PSK、16APSK 和 32APSK 调制格式,输出 LDPC 编码器的数据通过一个块交织器来进行比特交织。数据以列的方式被写入,并按行的方式被读出。通常基带帧的最高有效位首先被读出(如图 6.21 所示),但在 8PSK 调制编码速率为 3/5 时,基带帧的最高有效位 MSB 被第三个读出(如图 6.22 所示)。对于不同的调制方式,交织器的行数和列数是不同的,表 6.4 给出了具体的参数。

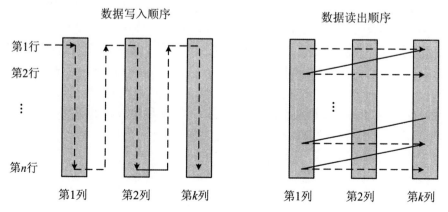

图 6.21　比特交织原理示意图(普通情况)

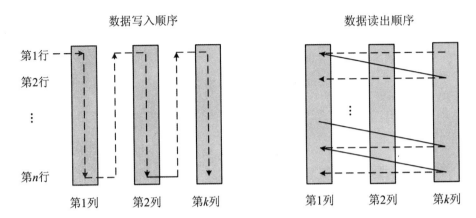

图 6.22　比特交织原理示意图(8psk 调制编码速率 3/5 时)

表 6.4　交织器参数

调制方式	行数(n)(n_{ldpc}＝64 800)	行数(n)(n_{ldpc}＝16 200)	列数(k)
8PSK	21 600	5 400	3
16APSK	16 200	4 050	4
32APSK	12 960	3 240	5

6.3.4　正交调制

DVB-S2 的另一个改进是其调制方式。与 DVB-S 采用单一的 QPSK 调制方式相比,DVB-S2 有更多的选择,即 QPSK、8PSK、16APSK、32APSK。对于广播业务来说,QPSK 和 8PSK 均为标准配置,而 16APSK、32APSK 是可选配置;对于交互式业务、数字新闻采集及其他专业服务,四者则均为标准配置。

APSK 也是一种幅度相位调制方式,但与传统方型星座 QAM(如 16QAM、64QAM)相比,其分布呈中心向外沿半径发散,所以又称为星型 QAM。与 QAM 相比,APSK 便于实现变速率调制,因而很适合根据信道及业务需要进行的分级传输。同时,16APSK 和 32APSK 是更高阶的调制方式,可以获得更高的频谱利用率。

DVB-S2 系统的正交调制部分包含星座映射、物理层成帧和数字调制三大模块。下面简要介绍各模块的基本原理。

1. 星座映射

在多进制数字调制系统中,为了提高调制信号的抗干扰能力,要求所有信号的矢量端点分布(称为星座图)合理,以保证所有矢量端点之间的最小距离尽量大。星座映射模块的作用就是按照不同的调制方式,将经过前向纠错编码后的二进制序列投影到 I-Q 坐标上,形成星座图。

星座映射包含两个过程:① 输入数据序列的串并转换。根据不同的调制阶数,确定并行序列位数,将串行序列转换为并行序列。QPSK 的并行位数为 2,8PSK 的并行位数为 3,16APSK 的并行位数为 4,32APSK 的并行位数为 5。② 将每个并行序列映射到星座图上,产生 I、Q 序列。映射产生复序列帧 XFEC-FRAME,表示方式为复矢量(I,Q)或极坐标形式 $\rho\exp(\mathrm{j}\varphi)$。

DVB-S2 采用的调制方式包括 QPSK、8PSK、16APSK 和 32APSK 等四种调制方式,其中,QPSK 和 8PSK 的星座映射图如图 6.23 所示,16APSK 和 32APSK 的星座映射图如图 6.24 所示。

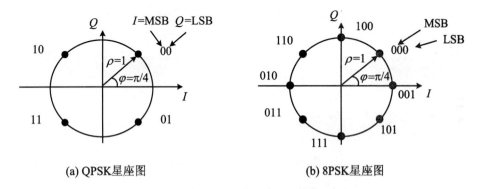

(a) QPSK星座图　　　　　　　　(b) 8PSK星座图

图 6.23　QPSK 和 8PSK 的星座映射图

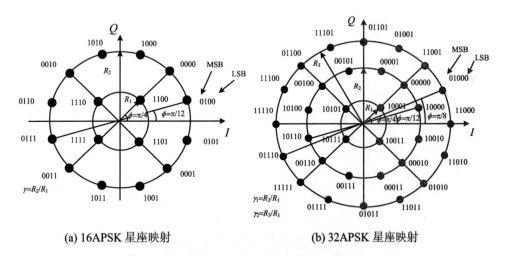

(a) 16APSK 星座映射　　　　　　(b) 32APSK 星座映射

图 6.24　16APSK 和 32APSK 的星座映射图

2. 物理层成帧

物理层成帧模块完成的功能主要包括插入物理层帧头、插入未调整载波、物理层加扰,并形成物理层帧。图 6.25 给出了物理层帧的形成过程。从图中可以看出,该模块首先将输入的每个复序列帧(XFEC FRAME)分成 S 个片段(Slot),每个片段包含 90 个符号。不同的调制方式和不同帧长，S 的值不同(具体由表 6.5 中给出);其次是加上一个物理层帧头,帧头长度为 1 个 Slot(90 个符号);最后在每 16 个 Slot 后,再加上一个 36 个符号的导频块(Pilot block),用于接收端的同步。当没有可处理的复序列帧时,系统会自动插入一个哑帧(Dummy Frame),用来保持接收机处理的连续性和信号传输的平稳度。

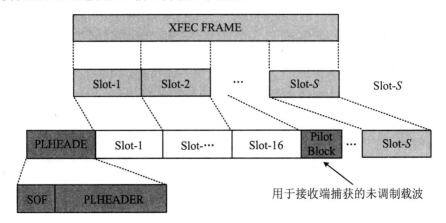

图 6.25 物理层帧的形成过程

表 6.5 每个 XFEC FRAME 帧所分的 Slot 个数

符号位数	长帧		短帧	
η_{MOD}	S	η	S	η
2	360	99.72%	90	98.9%
3	240	99.59%	60	98.36%
4	180	99.45%	45	97.83%
5	144	99.31%	36	97.30%

物理层(除物理层帧头外)需要经过加扰,使其随机化,起到能量分散的作用。扰码生成器主要由两组移位寄存器构成,如图 6.26 所示。其生成的多项式分别为

$$f(x) = 1 + x^7 + x^{18}$$
$$f(y) = 1 + y^5 + y^7 + y^{10} + y^{18}$$

该随机化序列的速率等于物理层帧符号的速率,随机化序列的周期应大于 70 000 符号。如图 6.27 所示,在每个帧头结束时,应重新初始化随机序列,即截断随机序列,使序列长度等于帧长。

3. 正交调制

正交调制之前,先进行基带成形滤波,采用的是平方根升余弦滤波器,其特性与 DVB-S 相同(见图 6.12)。根据应用的业务不同,其中的滚降因子 α 有三种选

择,即 $\alpha=0.35$、0.25 或 0.2。

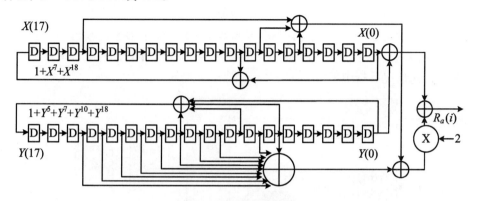

图 6.26　扰码生成器电路

图 6.27　物理层加扰

正交调制时,用 $I(t)$、$Q(t)$ 两路信号分别与载波 $\cos(2\pi f_0 t)$ 和 $\sin(2\pi f_0 t)$ 相乘之后,两路信号再进行叠加,即可产生调制输出信号,即

$$S(t) = I(t)\cos(2\pi f_0 t) + Q(t)\sin(2\pi f_0 t)$$

其中,$I(t)$、$Q(t)$ 在 QPSK 调制时为二进制流,在 8PSK 调制时为四进制流。

6.3.5　后向兼容性

DVB-S2 的所有改进是通过与 DVB-S 不兼容的技术方式实现的,但考虑到业内有大量的 DVB-S 接收机尚在使用,因而它也通过可选配置的模式提供后向兼容。采用后向兼容模式时,原 DVB-S 接收机可以接收部分 DVB-S2 系统的信号。

后向兼容模式实质上是在一个卫星信道上传输两个 TS 流,分别为 HP(High Priority)TS 流和 LP(Low Priority)TS 流,二者各自采用不同的纠错编码方式,然后通过特殊的映射方式在星座图中定位相应比特,使其在接收端可通过现有的解调设备将二者分离。HP 流可兼容 DVB-S 接收机,即使用 DVB-S 接收机可以解出 DVB-S2 中的 HP TS 流信号,而 LP 流只能用 DVB-S2 接收机接收。后向兼容模式的信道编码结构框图如图 6.28 所示。

后向兼容模式实现兼容的核心方法是采用了非均匀分布的 8PSK 星座映射结

构,如图 6.29 所示。图中,8PSK 的星座点并没有按照正常调制时那样在圆周上等距分布,而是分别在 QPSK 的四个星座点周围偏移 θ 角散开。合理选择 θ 值是兼容是否可行的关键。θ 值越小,QPSK 解调器输出越大,DVB-S 接收机接收效果越好,但此时 DVB-S2 接收机的抗噪声性能下降,影响正常接收。因而,θ 取值需要权衡两种不同情况后折中考虑。

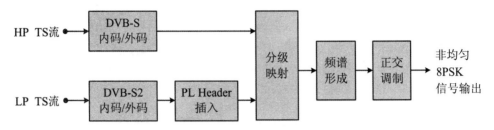

图 6.28　后向兼容模式的信道编码结构框图

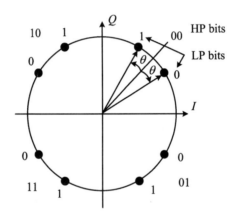

图 6.29　后向兼容的 8PSK 星座结构图

6.4　ABS-S 信道传输标准

2005 年初,中国国家广播电影电视总局广播科学研究院启动了中国卫星直播专用信号传输技术体制的预研与论证工作。2005 年底,广科院完成了主要的技术攻关工作。2006 年 1 月,实现了包括调制器与解调器在内的原型样机。2006 年 5 月,完成了系统实验室内测试与现场开路测试。针对测试中的问题,对部分技术环节完成了优化与完善,形成了先进卫星广播系统(Advanced Broadcasting System-Satellite,ABS-S)的技术体制建议。2006 年 11 月,完成了项目验收与标准化工作。

我国自主的 ABS-S 传输标准充分吸收和借鉴了国际卫星电视广播系统的最

新设计理念,对包括信道编码、交织、符号映射、帧结构设计等技术环节采取了整体性能优化设计,并在重点技术环节上有所突破。ABS-S 主要技术特点包括以下几个方面:

(1) 与 DVB-S2 相比,仅使用 LDPC 作为信道编码,而没有采用 BCH 作为外码,提高了传输效率。

(2) 在 LDPC 码型设计上,对性能与复杂度之间进行了更好的折中,在性能相当的前提下,减小了码长,从而降低了实现难度,并缩短了信号传输延时。

(3) 采用了更为合理、高效的传输帧结构,可以提高接收机的同步搜索性能,还可以实现不同编码调制方式的无缝衔接。

(4) 在比特交织和符号映射等信号处理环节上采用了更为合理的技术,以充分发挥 LDPC 编码的优势,进一步优化整个系统的性能。

(5) 在性能上与 DVB-S2 基本相当,载噪比门限相差 $0.1\sim0.3$ dB,而传输能力则略高于 DVB-S2;同时,其复杂度远低于 DVB-S2,更加易于实现。

(6) 可提供 40 余种不同的配置方案,可以最大限度地发挥系统能力,满足不同业务和应用的需求。

ABS-S 系统能够支持基于用户端的综合接收解码器、PC 或其他双向卫星通信设备的交互式服务。其回传信道可以是任何能够支持卫星回传通信的标准或现有的规范。在这些应用中,传输的数据格式可以是 TS 流,也可以是通用数据流。

6.4.1　ABS-S 系统结构

ABS-S 系统采用了与 DVB-S2 类似的结构,如图 6.30 所示,包含了输入适配、前向纠错编码和数字调制三大部分。与 DVB-S2 不同的部分在于省去了前向纠错编码中的 BCH 编码模块。尽管在结构上与 DVB-S2 差别不大,但在各模块的具体设计上有很大的不同,包括在 LDPC 编码、比特交织、星座映射和帧结构等方面,均采用了更为合理、高效的设计。

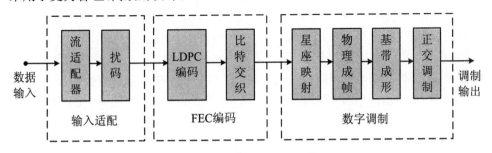

图 6.30　ABS-S 信道传输系统结构

6.4.2　ABS-S 信道编码技术

ABS-S 中采用了一类高度结构化的 LDPC 码。该结构的 LDPC 码,其编解码复杂度低,并可以方便地在相同码长下,实现不同编码比率的 LDPC 码设计。ABS-S 的 LDPC 码字长度为 15 360,且不同编码比率时码长固定。较短的码长在硬件设计时具有编解码简单及硬件成本低廉的特点,更易于被市场接受。

其次,ABS-S 仅依靠 LDPC 编码即能够实现低于 10^{-7} 的误包率要求,这样就不需要额外级联 BCH 或其他形式的外码。通常,短码字的 LDPC 码具有较高的差错平底,ABS-S 中的 LDPC 码能够在码字较短的同时提供低于 10^{-7} 的误包率,充分体现了在信道编码方案设计上的优势。

与 DVB-S2 相同,ABS-S 提供了从 1/4 到 9/10 的多种编码比率,相应的载噪比范围从 1.3 dB 到 11.25 dB(QPSK 与 8PSK 调制方式下),步进差值在 1 dB 左右。这样,结合基带成型滤波器不同的滚降因子(0.2、0.25 或 0.35),可以为运营商提供相当精细的选择,从而有利于根据系统实际应用条件充分发挥直播卫星的传输能力。

另外,考虑到卫星载荷制造技术的进步,ABS-S 中提供还了 16APSK 和 32APSK 两种高阶调制方式,这两种方式在符号映射与比特交织上结合 LDPC 编码的特性进行了专门的设计,从而体现出了整体性能优化的设计理念。

6.4.3　ABS-S 帧结构设计

由于在信道编码上采用了 LDPC 线性分组码,因此在链路层必须提供必要的同步机制,即以帧为单位进行传输,并提供帧起始标识。在 DVB-S2 中采用了自相关性非常高的序列作为帧起始(SOF)标志。ABS-S 借鉴了这一思路,采用了长度为 64 个符号的唯一字(Unique Word,UW)作为帧起始标志。

在 DVB-S2 中,一个物理帧中只包含一个 LDPC 码字,这样在调制方式发生变化时(VCM 或 ACM 方式下),物理帧的符号长度或时间长度将随调制方式不断改变,这就为接收端的同步带来很大的不便。ABS-S 在设计上采用了固定物理帧长度(不含导频,如图 6.31 所示),在一个物理帧内可以传输不同调制方式的多个 LDPC 码字。同时,在 ACM 工作方式下,通过特定的数据结构 NFCT 对下一帧的结构进行描述,如各 LDPC 码字的调制方式、编码比率等。这样做最大的优势在于物理帧的时间长度固定,即同步字 UW 以相同的时间间隔出现,便于接收机进行同频搜索。同时,NFCT 可以对一帧中多个 LDPC 码字的参数进行描述,而 NFCT 被放置在一帧的第一个 LDPC 码字中。同样,通过 LDPC 进行编码,在信息量相同的条件下,其传输效率明显高于 DVB-S2 系统。

UW 64	ACC 64	Slot-1 1 280	Slot-2 1 280	...	Slot-24 1 280

图 6.31　无导频时的传输帧结构

ABS-S 在帧结构设计方面的另一个特点在于其高阶调制方式下导频字的插

入。DVB-S2 中的导频长度固定为 36 个符号,这种设计灵活性较差,在特定的符号率范围内性能良好,而在低码率时性能不佳。ABS-S 中的导频插入可以根据实际系统应用条件,由运营商自行设置,而接收机则进行自适应判断,大大提高了灵活性和系统性能。同时,由于 ABS-S 采用了固定的物理帧符号长度,保证了导频信号的均匀插入,如图 6.32 所示。

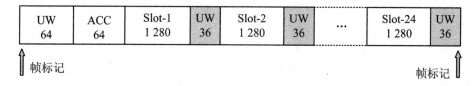

图 6.32　有导频时的传输帧结构

无论采用什么样的编码和调制方式.每一帧信号都包括 24 个片段(Slot),每一个 Slot 包含 1 280 个符号。在有导频的模式下,在每一帧信号中,导频信号将插入在每一个 Slot 的后边,最后一个 Slot 除外。

每一个帧中包含的已编码的符号数为 30 720。对于 QPSK.8PSK.16APSK 和 32APSK 等调制方式,每一帧分别包括 4、6、8、10 个码字,也就是说对于不同的调制方式,每一个码字包括的已编码的符号数分别为 7 680、5 120、3 840、3 072。

所以无论采用什么样的编码率和调制方式,每一个码字包括的比特数均为 15 360。在前向纠错编码(FEC)前,信息比特的个数依赖于在 FEC 中规定的LDPC 的编码率,但是无论如何,它必须小于最大编码率 9/10 所具有的 13 824 bit。

流格式器将输入比特作为每一个码字的输入矢量。可以选用基带加扰处理,用随机序列发生器随机化这些输入比特。对于每一个新的码字使用相同的初始值进行初始化。FEC 将随机化比特编码成长度为 15 360 bit 的块。在每一个帧标记处,一个 UW 和附加控制字 ACC(Auxiliary Control Code)被插入到第一个码字前的帧的起始处,如图 6.31 所示。对于具有导频的帧要插入 23 个导频字,如图 6.32 所示。

第7章 卫星数字电视接收机硬件系统

卫星数字电视接收机通常放置于室内的电视机附近,故又称为室内接收单元,或称为卫星电视机顶盒(Set-Top-Box,STB),或称为综合接收解码器(IRD)等。卫星数字电视接收机的基本功能是将室外接收单元通过射频电缆传送来的第一中频信号(950～2 150 MHz),经本机进行各种变换处理后输出视频和音频信号,提供给用户的电视机。随着卫星数字电视广播技术和新的数字业务的发展,卫星数字电视接收机在适应新的技术标准上、在接收和处理数据能力上以及人机交互界面的设计上都有了很大的进展,从而使之逐渐成为一种高性能、多功能、人机界面友好的智能化数字信息终端。

7.1 卫星数字电视接收机的系统组成

7.1.1 接收机的信号处理流程

来自直播卫星的超高频电波信号经过卫星电视室外接收系统(天线与高频头)接收、放大和下变频处理后,得到频率较低的卫星第一中频信号(频率为950～1 450 MHz 或950～2 150 MHz)。该中频信号通过射频电缆传送到安放于室内的卫星数字电视接收机上,进行后续的信号处理。从信号变换和处理角度来看,卫星数字电视接收机的信号处理流程恰好是卫星上行发射端信号处理流程的逆过程,如图7.1所示。

从图7.1中可以看到,卫星接收机首先需要从卫星室外接收系统送来的第一中频宽带频谱中选出包含有所需接收的数字电视节目的载波信号,并将其转变为第二中频(36.5 MHz)或零中频信号;其次,将中频信号进行数字解调,得到包含所需数字电视节目和数据信息的基带信号;再经信道纠错解码之后,得到带有扰码的传输码流 TS(对于免费节目,则为无扰码的传输码流);将解扰后的 TS 流进行多路解复用后,分别得到经压缩编码的视频和音频基本流以及数据包流;最后,分别将视频和音频基本流进行去压缩解码,对数据进行解包,得到数字视频、数字音频和数据流。当然,为了让普通的模拟电视机能够重放电视图像和声音,还需要将数字视频和数字音频进行数模转化。

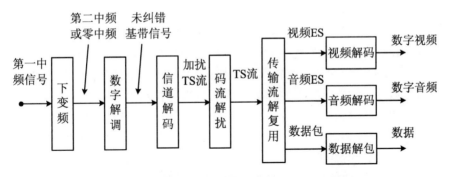

图 7.1　卫星数字电视接收机的信号处理流程框图

7.1.2　接收机的硬件组成

为了实现上述的卫星数字电视信号处理流程,卫星数字电视接收机在硬件构成上应当包括以下单元模块:电子调谐选台器、数字解调器、信道解码器、码流解复用器、视频解码器、音频解码器等。为了能在普通的电视机或显示器上观看数字电视节目,还需要增加视频数模转换器、音频数模转换器和射频调制器等电路。同时,为了使整机能够根据用户的需要进行设置、控制、调节,并使整机各个单元模块能够按照信号的处理流程,进行快速、高效、准确、协调的工作,还需要在接收机中引入高性能的微处理控制器,并配合相应的控制软件实现对整机硬件系统的控制和管理。图 7.2 给出了卫星数字电视接收机的硬件系统组成框图。

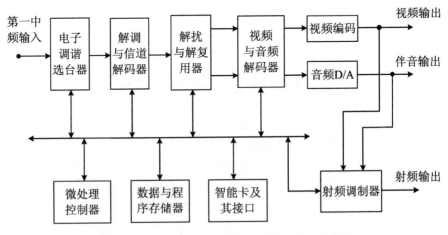

图 7.2　卫星数字电视接收机的硬件系统组成框图

在图 7.2 中,电子调谐选台器的功能是从室外单元通过射频电缆送来的第一中频宽带信号中选出所要接收的某一电视频道的频率,将它变换成第二中频或零中频信号输出,并滤除与其无关的其他信号和干扰;数字解调器的功能是对输入的中频信号进行模数转化,并进行载波和时钟的恢复,校正在模数转化过程中产生的抽样误差,产生正确的抽样值;信道解码器的作用是纠正传输过程产生的误码,提高传输的可靠性,为解多工复用电路提供无误的传输码流;解扰器的作用是与机内智能卡配合获取相应的解扰密钥之后,对有进行加扰加密处理的传输流进行解扰处理;解复用器的功能是根据传输码流中所定义的特殊语法对码流进行解复用处理,从中分离出所要接收的电视节目的视频、音频以及服务信息数据;视频和音频解码器则按照信源编码的相关标准,分别对压缩的视频码流和音频码流进行解码,从而得到正常的视频数据和音频数据码流。

由于视频解码器输出的色差信号和亮度信号是数字化的码流,它必须经过视频编码器编码产生模拟的 PAL 或 NTSC 制式图像信号,以便送给普通的电视机进行收看。音频解码恢复出的信号也是数字形式,也应通过 D/A 变换器将它转化成模拟的音频信号,送给电视机重现伴音。射频调制器的作用是将模拟的视频和音频信号以残留边带调幅方式调制在 UHF 或 VHF 频段的载波上,以便从电视机的天线接口输入信号,使得早期不带 AV 输入端子的电视机也能收看到数字卫星电视节目。

由于卫星数字电视接收机是一个复杂的大系统,各个模块都有各自复杂的处理算法,彼此之间的数据交换十分频繁,所以数据的处理和传输速度要求很高。此外,为了实现设备与用户之间良好的交互性,也需要功能齐全的屏幕图形交互界面。因此,需要采用速度快、功能强的微处理控制器(通常采用 32 位 CPU)来承担这些大量而复杂的处理和控制任务。微处理控制器与所配备的程序存储器和数据存储器,在程序软件的控制下完成各种复杂的运算、数据处理、状态判断和协调控制等功能。

7.2 输入调谐解调器

输入调谐解调器的主要功能就是从室外接收单元送来的第一中频信号(频率范围为 950～2 150 MHz)中,选出所要接收的某一卫星电视节目所在频道频率,并将它变换成第二中频或零中频信号输出。因此,调谐器有两种电路形式:一种是采用第二中频输出的电路形式,另一种是采用基带输出的零中频电路形式。采用第二中频输出的调谐器电路结构框图如图 7.3 所示。它由低噪声放大器、跟踪滤波器、混频器、本机振荡器、频率合成器、声表面波滤波器、中频放大器和数字解调器等电路组成。

采用零中频方案的调谐解调器电路结构框图如图 7.4 所示。与图 7.3 相比,它节省了中频处理电路和声表面波滤波器等部分,从而大大简化了电路,降低了成本,已成为目前普遍采用的主流电路。

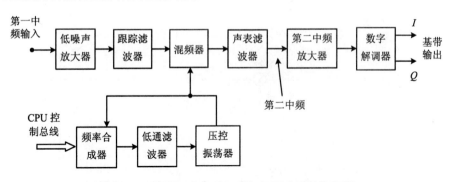

图 7.3　采用第二中频的调谐解调器电路结构框图

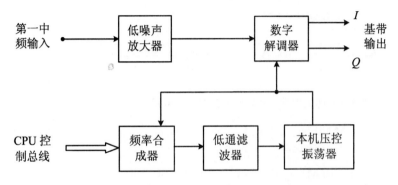

图 7.4　采用零中频的调谐解调器电路结构框图

图 7.5 给出了一种采用零中频方案的卫星数字电视调谐器专用集成电路芯片的内部电路组成框图。由图可见,该芯片不仅包含了零中频调谐解调器所需的所有单元电路,即包括了带有 AGC 控制功能的 L 波段低噪声前置宽带放大器、同相与正交两路混频器,带有 AGC 控制和基带滤波的同相和正交基带放大器、压控振荡器(VCO)和 90°相位分离器等在内的零中频调谐解调电路,还包括了由参考频率晶体振荡器、固定分频器、可编程分频器、锁相环、环路滤波器、I²C 总线控制器等构成的可编程本振频率合成器的所有电路。由于输入调谐解调器工作频率高,这种集成化的调谐解调器在实际应用中给硬件电路的设计、安装和调试等都带来了极大的方便,同时也使得所构成的调谐解调器无论是在技术性能、稳定性上,还是在体积、成本上都具有较大的优势。

该调谐解调器的输入频率范围达到 950～2 150 MHz,内部射频 AGC 和基带 AGC 电路使得调谐解调器的增益随着输入射频电平大小而变化,使电路不至于在强信号时出现非线性失真,让整个电路处于最佳的工作状态,并保证输出的基带信号电平的大小恒定不变。图中的 AGC 控制电压来自于后端的信道解调与解码模块,整个电路的增益可控范围达到 50 dB 以上。

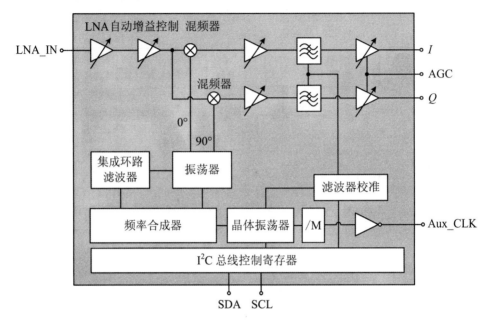

图 7.5　一种采用零中频方案的卫星数字电视调谐器芯片内部电路框图

零中频正交解调后的基带信号包含有各种杂波,要经过低通滤波器滤除带外的噪声。由于处理的信号符号率范围为 5~45 MSymbols/s,故低通滤波器的带宽可设定范围为 4~40 MHz。根据所接收的卫星数字电视信号符号率的不同,自动设定不同的基带滤波器带宽,以保证最大限度地滤除带外噪声和干扰。

内部频率合成器是在外部 CPU 的控制下来设定其内部压控振荡器的工作频率的。通过芯片提供的 I^2C 总线接口,CPU 可以对芯片内部的寄存器进行读写操作,来改变芯片内部压控本振频率分频器与高稳定参考频率分频器的分频比,从而达到对其进行控制的目的。如果参考频率为 f_{osc},参考频率的分频数为 m,本振频率的分频数为 n,则频率合成器输出的本振频率 $f_L = (n/m) f_{osc}$。

7.3　数字解调与信道解码器

电子调谐解调器产生的正交模拟 I、Q 两路基带信号,送到数字解调与信道解码电路进行进一步处理。数字解调与信道解码电路的功能是将模拟 I、Q 基带信号进行数字化变换后,用数字信号处理方式进一步进行数字解调和纠错解码。该部分电路的组成框图如图 7.6 所示。由图可见,该部分电路包括模数转换器、匹配滤波器、数字解调器、内码解码器、去交织器、外码解码器和能量去扩散电路等。下面分别进行介绍。

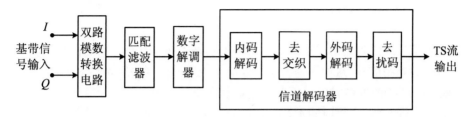

图 7.6　数字解调与信道解码电路组成框图

7.3.1　匹配滤波器

接收系统中的一个重要的问题就是如何提高解调器输入端的载噪比,因为高的载噪比意味着解调后信号误码率的降低。由匹配滤波器理论可知,只要发射信号频谱与信道的频率特性有最佳的配合,或在信道的输出处插入一个具有某种频率特性的滤波器,使信道和滤波器的综合特性达到最佳,就可以提高解调输入端的载噪比。由于信道和发射信号的多样性和随机性,因此一般应采用插入滤波器的方法,才能实现频谱与综合信道的匹配,该滤波器就称为匹配滤波器,其频率特性应满足以下要求:

如果发射端输出的信号为 $s(t)$,在叠加信道加性噪声 $n(t)$ 后的输出为 $v(t)$,则匹配滤波器的频率特性应为

$$H(f) = S^*(f)/N(f)$$

其中,$S^*(f)$ 为 $s(t)$ 的傅里叶变换的共轭,$N(f)$ 为 $n(t)$ 的傅里叶变换。这样,经过该匹配滤波器滤波之后,输出信号就获得最大的信噪比。通常,信道的噪声是高斯白噪声,即 $N(f)$ 是常数,则匹配滤波器的传输函数只要设计为 $S^*(f)$,即为输入信号频谱函数的共轭函数。

7.3.2　数字解调器

数字解调器的电路组成框图如图 7.7 所示。它包括 A/D 转换器、匹配滤波器、插值器、时钟恢复电路和载波恢复电路等。

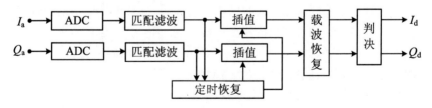

图 7.7　数字解调器原理框图

实际电路中,由于在模拟正交解调器中所使用的本振信号并非由接收信号中

提取的相干载波所产生,而是由高稳定度的频率合成器所产生,这样,由于传输信号的频率偏移或接收系统前端的高频头本振的偏移,必然存在实际载波和标称载波的频差及相位抖动。这使得输出的模拟基带信号带有载波误差的信号,这样的模拟基带信号即使是有定时准确的时钟进行抽样判决,得到的数字信号也不是原来发射端的调制信号,这种误差的累积效应将导致抽样判决后误码率增大。

此外,ADC的抽样时钟也不是从输入信号中提取的。因此,当抽样时钟与输入的数据不同步时,取样时间不在最佳取样时刻进行取样,抽样得到的样值的统计信噪比就不是最高的。这样,产生误判决的机会就会增大,抽样判决后的误码率增大。为此,在本电路中需要恢复出一个与数据同步的时钟,来校正固定采样所造成的抽样点误差。同时,准确的位定时信息可为数字解调之后的信道纠错解码提供正确的时钟。可见,定时恢复和载波恢复直接影响着整个系统的性能。

数字解调模块实际上是消除模拟正交解调输出中附带的载波偏移量,并保证抽样判决输出端得到最低误码率。在图 7.7 中,A/D 变换器对输入的模拟基带信号采样获得样值序列。定时恢复模块通过某种算法产生定时误差 τ,插值器在 τ 的控制下,对信号样值进行插值滤波,得到信号在最佳采样点的值。载波恢复电路则可校正载波频差及相位抖动,以获得正确的采样值。产生定时误差 τ 的算法很多,其中的有些算法具有位定时恢复与频率误差无关的特点,即时钟的提取不需要在载波同步的状态下进行,这样定时同步与载波同步可以分别进行,互不影响。

7.3.3　信道解码器

数字解调后得到的最佳取样值,还应该在信道解码模块中对传输过程中出现的误码进行校正,以得到误码率低的输出码流,从而保证图像和声音的质量。信道解码包括内码解码、去交织、外码解码和能量去扩散等部分。每一级的输出码流在下一级进行再一次的纠错,使得系统的误码纠错性能达到很高的水平。但是,前一级输出的误码率只有在下一级纠错解码的可纠错范围内,才能保证下一级解码的正常进行。下面以 DVB-S 系统为例,简要介绍其信道解码器的工作原理。

1. 内码(卷积码)解码器

DVB-S 系统的内码采用卷积码。卷积码的译码方法分为两大类:代数译码和概率译码。前者利用编码本身的代数结构进行译码,没有考虑信道的统计特性;后者基于信道的差错特性和卷积码的特点进行译码,它提供的信息会更多一些,结果也会更加准确。概率译码中又分为序列译码和 Viterbi 译码两种方法。序列译码搜索的时间、深度和次数取决于信道差错率的大小。当信道干扰很强时,译码的时间较长,接收存储器可能会发生溢出现象,因而译码的错误概率很大程度上取决于溢出的概率。Viterbi 译码是一种最大似然译码算法,利用码树的重复性,当译码约束长度不太长、要求的误码率不太高时,它比序列译码的效率更高、速度更快,译码器的结构也更简单。

Viterbi 解码实际上就是选定某种判定准则,从所有的路径中找出一条最有可能的路径。而判定准则一般有两种:一种是以汉明距离作为量度依据,另一种是以欧式距离作为量度依据。前者对接收的信号作不是 0 即是 1 的判决,然后再与可能路径作汉明距离比较,最后作出判决;这种译码方法称为硬判决译码,其缺点是原来的幅度信息没有得到充分的利用。后一种方法是对输入信号进行量化,直接利用其幅度量化信息,或者说利用其欧式距离作为量度依据,这充分利用了幅度量化信息,结果会更准确一些;这种译码方法称为软判决译码。

由于软判决 Viterbi 译码器与硬判决译码比较,有 2～3 dB 的增益,而且译码器的结构并不比硬判决复杂多少,因此 Viterbi 译码几乎成为一种标准的译码技术而广泛地应用于卫星通信和其他通信系统中。卫星数字电视接收机中也采用软判决的 Viterbi 解码。

2. 去交织器

DVB-S 系统中,交织和去交织操作用来减少突发干扰的影响,把突发错误转化为随机错误。因此,接收端应有去交织电路,以恢复原来的数据顺序。DVB-S 系统采用 $I=12$ 的交织深度,交织的操作是以每个 R-S 分组码为单位($N=204$),以翻转或不翻转的同步字节为界的。为了能更好地同步,翻转或不翻转的同步字节总是接到第"0"分支。

DVB-S 系统的去交织电路采用 Froney 方案来实现。去交织器的电路如图 7.8 所示,它采用先入先出(FIFO)移位寄存器配合一定规律的时钟来实现。去交织器由 I(交织深度 $I=12$)个分支组成,每个分支上都有一个 $M \times j$ 单元的 FIFO 移位寄存器,每个单元为 1 B。这里 $M=N/I,j=0 \sim I-1$。去交织操作以 N 个字节为一组进行,各分支由输入开关轮流接到输入比特流,并由输出开关轮流接到输出比特流,输入和输出开关是同步的。

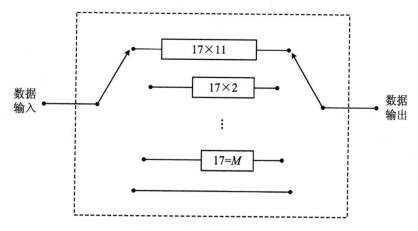

图 7.8　去交织器原理框图

3. 外码(R-S 码)解码器

R-S 码是 BCH 码的一个重要子类,它的译码方法与 BCH 码译码类似。BCH 码的译码方法可分为频域和时域译码。前者是把接收到的 $R(x)$ 先进行 DFT(离散傅里叶变换),然后利用数字信号处理技术译码,最后再进行反变换得到已译的码字;而后者是利用码的代数结构进行译码,一般而言,这比前者要简单。下面就是 R-S 代数译码的步骤:

(1) 根据接收多项式 $R(x)$ 计算伴随式 $S(x)$。

(2) 根据 $S(x)$ 求出错误位置多项式 $\sigma(x)$,根据该多项式的根,定出错误位置数 X_l 和错误值 $Y_l(l=1,2,3,\cdots,r)$。

(3) 根据 X_l 和 Y_l 求得的错误图样 $E(x)=Y_1X_1+Y_2X_2+\cdots+Y_rX_r$,从而得到纠错后的码元多项式 $R'(x)=R(x)+E(x)$。

4. 能量去扩散

能量去扩散即为去扰电路。在发射端,使用了伪随机序列对统计特性不好的码序列进行扰码(能量扩散),故在接收端只要把加扰后的数据再与一个和发送端相同的伪随机序列相加即可恢复出数据的原来顺序。去扰电路如图 7.9 所示。

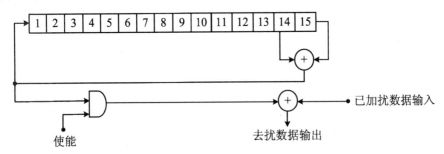

图 7.9　能量去扩散电路

输入的 TS 流是长度为 188 B(第一个为同步字节,其值为 47H)的固定长度数据包。每送入 8 个 TS 数据包就使电路中的 15 个移位寄存器初始化一次(即向移位寄存器置入"100101010000000")。根据加扰的规律,每 8 个 TS 数据包的第一个数据包的同步字节从 47H 翻转为 B8H,其他 7 个数据包的同步字节不翻转,且同步字节不进行加扰处理。因此,伪随机序列的第一个比特应加到翻转同步字节(B8H)之后的第一个比特,去扰的顺序应由字节的 MSB 开始。

5. DVB-S 信道处理芯片简介

数字解调与信道解码电路主要是以数字电路来实现大量的数字处理和复杂的算法,故通常都采用超大规模的集成电路来实现。图 7.10 给出了一种 DVB-S 标准的信道处理芯片的例子,其内部集成了一个双路 6 位 ADC 变换器、QPSK 数字解调器(时钟恢复、载波恢复、AGC 控制、内插器等)、信道解码器(卷积码解码器、去交织电路、R-S 码解码器、能量去扩散电路等),以及用于进行外部 CPU 控制的

I²C 总线控制接口等电路。

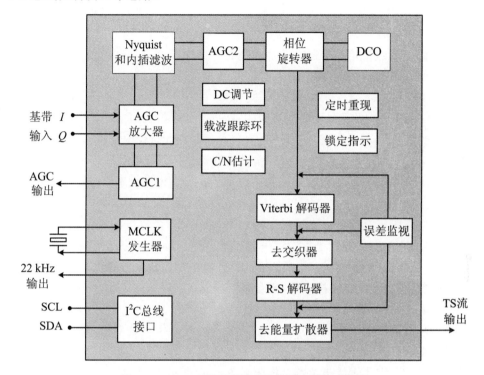

图 7.10　DVB-S 信道处理芯片内部电路组成框图

该芯片处理的输入符号率范围为 2～45 Mbaud/s;内部数字 Nyquist 滤波器的滚降系数为 0.2 和 0.35 可选;AGC 控制电路包含"粗"控 AGC 电路(用于控制前端调谐器的增益)和"细"控 AGC 电路(用于实施功率优化,有利于时钟、载波的恢复);卷积码采用软判决 Viterbi 解码器,可自动识别或手动设置识别不同的编码收缩率(1/2、3/4、5/6、6/7 和 7/8)。芯片还包括了用于控制室外接收高频头(LNB)的22 kHz 输出和 DiSEqC 输出模块。各模块电路的工作原理简介如下。

1) 时钟的产生

芯片使用外部晶振获得 4 MHz 时钟,通过其内部的压控振荡器(VCO)和相应的分频器来分别产生所需的各种时钟。芯片也可使用外部时钟,此时内部的 VCO 旁路,外部时钟直接接到 MCLK 发生器的输入端。

所产生的主时钟(M_CLK),用于对信号的取样;所产生的 22 kHz 辅助时钟,用于对室外接收单元(LNB)的高低本振的切换和天线的控制。

2) AGC 控制

主控 AGC1(粗控 AGC)的产生:将 I、Q 输入信号与内部一个可编程的阈值进行比较,其差值经积分后形成一个脉冲宽度调制信号(PWM),作为 AGC 控制输出。该输出的 PWM 信号,经外部简单的低通滤波器滤波后,可用于控制前端调谐解调器的放大器增益,以保证输入信号幅度不变。

辅控 AGC2(细控 AGC)的产生:和主控 AGC1 一样,把 I、Q 输入信号的有效值与一个可编程阀值进行对比,获得误差信号,再分别加到 I 和 Q 通道放大器上,对 I、Q 两路信号进行增益控制。芯片内部有一个相应的寄存器与该 AGC 值相对应,可用于指示频段内信号功率的大小。

3) 定时控制

该模块根据不同的符号率寻找相应的定时信号,以得到最佳的抽样值。与定时环有关的寄存器有:符号率寄存器、计时常数寄存器和计时频率寄存器。其中,符号率寄存器与所需的符号率相对应;计时常数寄存器是控制定时二阶环的自然频率和阻尼因子;计时频率寄存器在定时锁定时,其锁存的数值即为频率偏移的对应值。

4) 载波跟踪环

该模块不仅可以纠正标称频率与实际频率的差别,而且可以校正 LNB 的随机频率偏移,使有用信号的频谱集中于解调频率两侧。与载波跟踪环有关的寄存器有:载波环控制寄存器和载波频率寄存器。前者寄存控制载波环的自然频率和阻尼因子的数值;后者则是在搜索时,寄存载波的偏移量值。

5) 信噪比指示器

该指示器用于指示接收信号的质量。无论天线是否正确对准,还是前端电路性能是否良好(包括天线、高频头、电缆、调谐器等),均可在此得以体现。此外,它还可以指示 RF 信号质量是否符合接收要求。事实上,它就是体现与 E_b/N_0 相关的数值。

6) Viterbi 解码器

Viterbi 解码器计算出四种可能路径中的每个符号,它们是以接收到的 I、Q 输入信号的欧几里德(Euclidian)距离的平方值为度量的。在误差率的基础上测定出收缩率(Puncture Rate)和相位。DVB-S 的收缩率有五种,除了 $1/2$ 外,其他四种都是基于 $1/2$ 收缩率。当选择自动识别收缩率时,对于每一个可能的收缩率,将其当前的误差率与一个可编程阀值比较,若误差较大,则要尝试其他收缩率或相位,直到获得最小误差为止。

Viterbi 解码器也可以根据已知的收缩率进行设定,这样,整个同步的时间会短一些。

7) 去交织模块

该模块基于 Froney 方案,对交织深度为 12 的数据流进行去交织,该部分只要通过相应的寄存器进行使能设定即可自动进行。

8) R-S 解码器

该模块对(188,204,8)的 R - S 码进行解码,以纠正传输中出现的误码。对这一部分的操作,也是只要通过相应的寄存器进行使能设定和某些初始设置即可自动进行。

9）去能量扩散

对 R-S 解码后的数据进行去扰。对这一部分有关的操作基本上也是芯片内部自动完成的，用户只要对相应的寄存器进行使能和某些初始设置即可。

6. DVB-S2 信道处理芯片简介

与 DVB-S 信道处理芯片类似，DVB-S2 的信道处理芯片也是以数字信号处理电路来实现数字解调与信道解码的算法，不同的是，DVB-S2 的算法更复杂，故其实现的集成电路芯片规模更大。同时，考虑到能够兼容已经被广泛应用的上一代 DVB-S 标准系统，往往在 DVB-S2 芯片内还必须集成 DVB-S 标准的信道处理相关的模块，并通过内部的自动检测和判决电路来实现对两种信道传输标准的自适应切换，以方便整机的设计和用户的使用。图 7.11 给出了一种 DVB-S2 标准的信道处理芯片的例子。

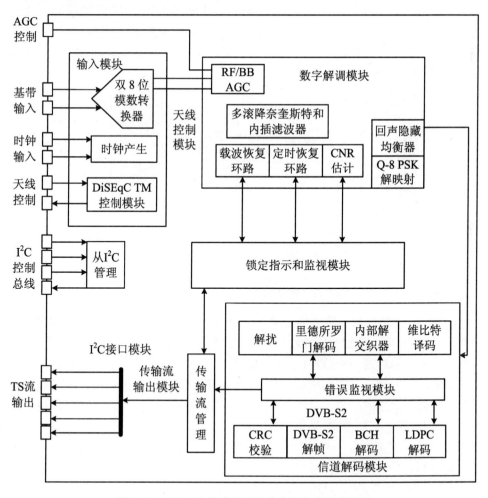

图 7.11　DVB-S2 信道处理芯片内部电路组成框图

由图 7.11 可以看到,该芯片主要由 8 个模块电路构成:① 输入 AD 转换模块,② 数字解调模块,③ 信道解码模块,④ 锁定监视与指示模块,⑤ 错误监视模块,⑥ I²C 接口管理模块,⑦ 天线控制管理模块,⑧ 输出传输流管理模块。与 DVB-S 信道处理芯片相比较,该芯片的差别主要体现在以下几个方面:

(1) 由于 DVB-S2 标准采用了 8PSK 调制方式,对输入基带信号的幅度分辨率要求更高。因此,在输入 A/D 转换模块中,采用了一个精度更高的双路 8 位 ADC 变换器,采样率达 96 MHz;输入的参考时钟取自于前端调谐器的晶振时钟(频率为 4～30 MHz),经过本芯片内部的频率合成器,生成芯片内部解码所需的各种时钟,并产生 27 MHz 时钟输出,用于后端的信源解码等电路使用。

(2) 考虑到要兼容 DVB-S 标准的 QPSK 和 DVB-S2 标准的 8PSK 两种数字调制方式,芯片内部集成了两种标准的数字解调模块。其中的 DVB-S 解调模块结构与前面举例的 DVB-S 信道处理芯片相同,DVB-S2 标准的数字解调模块结构如图 7.12 所示。数字解调模块包含了中频和基带两级 AGC 控制环路、载波恢复环路、定时恢复环路、均衡器、载噪比估计以及物理层去扰和去映射等电路。

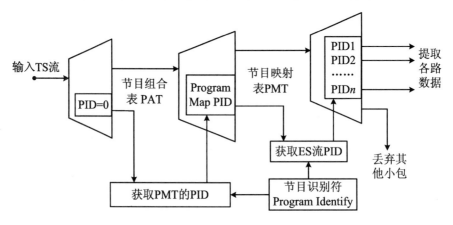

图 7.12 DVB-S2 数字解调模块组成框图

① AGC 控制模块。输入经过 A/D 变换后的 I、Q 信号经过直流相位和幅度补偿后,与内部的可编程阀值比较获得差值,输入到中频 AGC 模块,经 AGC 模块中积分器积分后形成一个脉冲信号,再经过 D/A 转换产生一个模拟信号电平,用以控制前端的中频放大器的增益。基带 AGC 模块用于调整进入唯一字处理器的信号幅度处于最佳的数值。其中,唯一字处理器(UWP)用来估计载波频率偏差,决定帧定时,确定调制模式、码率和帧结构等。

② 定时恢复模块。I、Q 信号由采样器取值后,经定时恢复匹配滤波器和唯一字处理器,与寄存器中的预设值进行比较取差值。信号分两路:一路进入基带 AGC 环路控制时差,另一路进入载波恢复模块。该模块根据不同的符号率,寻找相应的定时信号,以得到最佳取样值。该循环中的各个值由内部寄存器控制。

③ 载频恢复模块。载波恢复由相位跟踪环路和唯一字处理器组成，UWP 完成大频偏的捕获，相位环路完成剩余频偏、相偏的跟踪，两路信号形成一个循环环路。该模块不仅可以纠正标称频率与实际频率的差值，而且还可以校正 LNB 的随机频率偏移，使有用信号的频率集中于频率两侧。相关寄存器寄存载频环的自然频率、阻尼系数和在搜索时的载频偏移量。

（3）信道解码模块同样也包含了 DVB-S 和 DVB-S2 两种标准的前向纠错解码通道。上通道为 DVB-S 信道解码器，包含维特比解码器、去交织器、R-S 解码器和能量去扩散等子模块（其工作原理前面已经介绍过）；下通道为 DVB-S2 解码器，包含 LDPC 解码器、BCH 解码器、DVB-S2 解帧和 CRC 校验器等子模块。

在 DVB-S2 FEC 通道中，首先要对输入信号进行信噪比（SNR）估计、去映射和解交织处理。去映射器支持 QPSK、8PSK、16APSK 和 32APSK 的星座图去映射；解交织器将信号帧内的码元映射回帧内的原始位置，并将解交织后的数据送入 LDPC 解码器进行下一步处理。LDPC 解码器支持帧长度为 64 800 的软解码，解码器同时记录正确和出错的 LDPC 帧数，用于误码监控。随后的 BCH 外码解码器支持纠错位数为 8、10、12 的三种编码方案，具备自动检测编码方案和编码收缩率的功能，也能够进行误码监控，对不正确的 BCH 帧进行计数，用于进行误码估计。数据经过 BCH 解码后，再经解帧和 CRC 校验之后，送到输出传输流模块，按照 MPEG 格式形成输出传输码流。

该芯片处理的输入符号率范围可达 2～90 Mbps；内部数字 Nyquist 滤波器的滚降系数有 0.2、0.25 和 0.35 三个可选；在 DVB-S2 工作模式时，可支持的编码收缩率为 1/2、3/5、2/3、3/4、4/5、5/6、8/9 和 9/10；工作在 DVB-S 模式时，可支持的编码收缩率为 1/2、2/3、3/4、5/6、6/7 和 7/8；支持 DiSEqC 2.0 标准的室外接收高频头与天线控制功能，控制信号载波为 22～100 KHz 可变；可支持的输出 TS 流码率高达 81 Mbps，并可为后端解码器提供精确的 27 MHz 参考时钟信号。

7.4　多路解复用器

信道解码后的数据是一种多路复用的码流，它不仅是含有多个节目的码流，而且每个节目流中的视频、音频和数据也是通过多路复用的形式合成在一起的。因此，该信息码流必须先经过多路解复用器，才能提取出所需的各个单独的信号流，并对其进行进一步的处理。

7.4.1　多路解复用的工作过程

要对信息码流进行多路解复用，首先应获取与码流多路复用相关的信息。TS

流中 PAT 和 PMT 表就包含着这些信息。利用码流中 PAT 表和节目识别符可以找到所需接收的节目传输码流相应的 PMT 表的 PID，再从与该 PID 对应的 PMT中找到组成该节目的各个基本码流的 PID，根据这些基本流 PID 就可过滤出感兴趣的基本码流。图 7.13 给出了多路解复用的过程示意图。

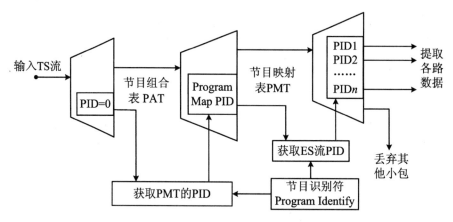

图 7.13　节目传输流的解复用过程

　　下面用一个实例来说明多路解复用过程中各个表的调用的具体流程，如图 7.14 所示。首先找到 PAT 表(PID＝0)，从中得到相应节目的 PMT 表的 PID，再根据该 PID 找到对应的 PMT 表；然后在该 PMT 表中找到该节目流所包含的视、音频和数据流的 PID；最后再根据这些 PID 提取所需的各路数据。

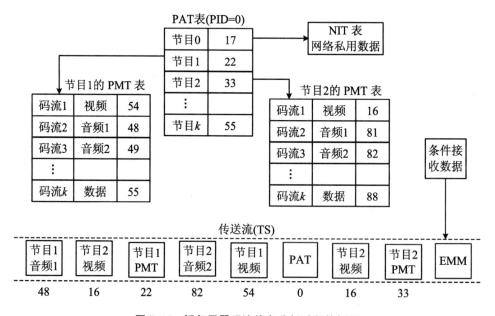

图 7.14　解复用器码流信息分析过程的例子

在图 7.14 中,假设要对节目 1 进行解码,首先要找到 PAT,在 PAT 表中列出了若干节目的 PMT 表的 PID。由节目识别符知道,节目 1 的 PMT 表的 PID 是22,由此可以找到 PID 为 22 的 PMT 表。在这个 PMT 中有若干个码流的 PID,如码流 1、码流 2、…的 PID 分别为 54、48、…,它们分别为某个节目(如节目 2)的视频、音频和数据。根据各码流 PID 就可以在传送流中分别找到对应的码流。

7.4.2　多路解复用器电路结构

在实际系统中,为了实现实时解复用,多路解复用器通常由硬件电路来构成,并且还需在微处理器(CPU)的控制下工作,故通常将解复用电路与 CPU 集成在一起,形成专用的多路解复用器芯片。图 7.15 给出了一种多路解复用器结构和CPU 控制电路结构。

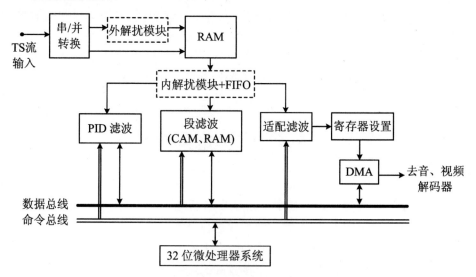

图 7.15　一种多路解复用器内部结构框图

图 7.15 中,来自信道解码器的 TS 数据流为串行流,而芯片内部的处理方式是并行的,故要进行串并转换,使之成为 TP Bytes 形式,再进入 RAM 缓存。

外解扰模块是符合 PCMCIA 规范的 CA 硬件模块,包括解密和解扰两项功能,无需经过内解扰模块;内解扰模块符合 DVB 规范(64 bits 控制字通用加扰算法),FIFO 提供 20 Bytes 缓冲。图中,虚线框为可被旁路部分。当不接收加密节目时,无需解扰模块。

PID 滤波(PID Filtering)用以滤出该 PID 所对应的所有 TP 包;段滤波(Sections Filtering)是解多工复用的核心单元之一,它分析 PSI 和 SI 的各类表的 Sections,并通过 DMA 引擎送至内部数据总线;适配滤波(Adaptation Filtering)用以滤出承载用户所需节目的音、视频基本流(ES)的 TP 包中的自适应字段,并分析其信息,主要是 PCR。

接着,将本地 27 MHz 时钟的采样值锁存到相应的寄存器中,启动硬件解复用器与音视频解码单元间数据传送的 DMA 引擎。音视频解码器接收到 DMA 的请求后,开始进行数据传送,进行音视频解码。

以上操作都是在 32 位微处理器(CPU)的控制和协调下进行的。微处理器是一个 32 位处理器内核,它含有结构处理逻辑单元、结构与数据指示器和一个运算寄存器。在这里,存储器需要有较大的容量,微处理器经外部存储器接口 EMI 控制外部存储器。存储器系统包含 SRAM 和外部存储器接口 EMI,其中在芯片内部的 SRAM 有 8KB,用于缓存对时间要求很高的程序代码,例如中断子程序、软件核或器件的驱动以及频繁使用的数据等。EMI 控制 CPU 和外部存储器的数据交换,包括 CPU 与音视频解码器的数据接口和 DMA 数据端口。

这里的微处理器实际上不仅仅用于码流解复用控制,它同时还要承担整台接收机的协调、控制等任务。因此,在其控制软件方面应包括:采用嵌入式实时操作系统(OS)的微内核,在微内核中提供包括存储管理、进程管理、中断管理以及设备管理等必要功能。在此基础上,还应提供支持特定任务的应用程序接口(API);应用程序将基于 OS 内核和特定 API,采用模块化设计,以便于功能扩展。

7.5 视音频解码器

解多工复用的过程不仅把各个节目从多节目的 TS 流中分离出来,而且还可以将所需接收节目中的视频、多路音频和数据都分离出来。因此,在接下来的信源解码部分的主要任务,就是按照所接收的数字电视节目所采用的信源编码标准,采用相应的视频和音频解码器,分别对所接收的码流进行解压缩处理,恢复出视频和音频信号。目前,视频压缩编码主要采用 MPEG-2 或 H.264 两大视频压缩编码标准,音频压缩编码主要采用 MPEG 音频压缩编码标准。

7.5.1 MPEG-2 视频解码流程

以下以 MPEG-2 视频解码器为例子,说明视频解码器的系统构成和工作原理。图 7.16 给出了 MPEG-2 视频解码器的解码流程框图。由图可以看到,视频解码过程主要包括五个步骤:

(1)读入视频码流,通过可变长解码器提取有关参数。首先提取的是 DCT 直流系数,按照两个码表(一个是亮度码表,另一个是色度码表)进行解码。因为 DCT 直流系数是经过差分编码后传送的,所以需要通过预测器来恢复原来的 DCT 直流系数。除此以外,其他的 DCT 系数都要按另外三个码表来解码。运动矢量等若干个其他参数也应按照相应的码表来解码。

（2）将解出的 DCT 系数作"逆 Z 扫描"进行重新排序。这一方面使得接收数据可以按同样的次序恢复出来，另一方面是将进来的一维量化后的数据 $QFS[n]$ 重新恢复成二维 DCT 数组 $QF[u][v]$，以便用于对二维数据进行反量化。

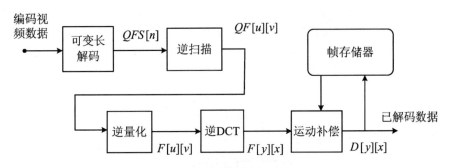

图 7.16　MPEG-2 视频解码流程框图

（3）对 DCT 系数矩阵实行"逆量化"，重建 DCT 系数 $F^n[u][v]$。这个过程就是对 $QF[u][v]$ 乘上步长。步长的大小受两方面因素的控制：一是加权矩阵 $W[w][u][v]$，二是量化放大因子（quant_scale_value）。加权矩阵 $W[w][u][v]$ 是依据人眼的视觉灵敏度确定的，其中的 w 可以有四种可能 $0\sim3$，对应四种不同的情况，不同的情况选用不同的加权矩阵，具体矩阵可在 13818－2 标准内查到。四种情况如表 7.1 所示。量化放大因子被编码成固定长度的码。

表 7.1　各种亮色比对应的 w 取值情况

亮度色度比	4：2：0		4：2：2 和 4：4：4	
项目	亮度	色度	亮度	色度
帧内块	0	0	0	2
非帧内块	1	1	1	3

通过以上的分析，可以得到由 $QF[u][v]$ 重建 $F^n[u][v]$ 的计算表达式（不包括直流系数）：

$$F^m[v][u]= \text{int} \frac{(2QF[v][u]+k)\times W[w][v][u]\times quant\_scale\_value}{32}$$

式中，$k=\begin{cases} 0, & I \text{ 帧} \\ \text{sign}(QF[v][u]), & \text{非 } I \text{ 帧} \end{cases}$。

（4）进行 DCT 逆变换，生成数据 $f(x,y)$。逆变换的公式如下：

$$f(x,y)=\frac{2}{N}\sum_{u=0}^{N-1}\sum_{v=0}^{N-1}C(u)C(v)F(u,v)\cos\frac{(2x+1)u\pi}{2N}\cos\frac{(2y+1)v\pi}{2N}$$

其中，$C(u),C(v)=\begin{cases} \dfrac{1}{\sqrt{2}}, & u,v=0 \\ 1, & \text{其他} \end{cases}$。

（5）根据解出的运动矢量 $d(x,y)$，从帧存中提取相应的图像块数据，并加上 $f(x,y)$，生成重建的图像数据，从而完成运动补偿过程。

从图 7.16 可以看出，解码后的数据还应存入帧存储器中，用于在下一次运动补偿时作为基准帧进行运算。可见，运动补偿所使用的帧数越多，需要的帧存储器也越多，相应的编码和解码电路也就越复杂。

7.5.2　H.264 视频解码流程

H.264 的编码结构与之前的标准类似，但是在细节上引入新的编码工具，以提高编码效率。H.264/AVC 解码器的处理流程如图 7.17 所示，从右到左，解码过程主要包括以下几个步骤：

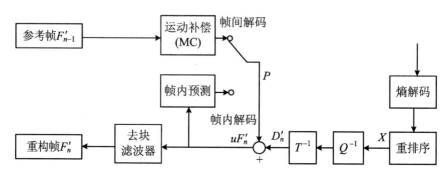

图 7.17　H.264/AVC 视频解码流程框图

（1）与编码过程相反，解码器在网络提取层 NAL 接收 H.264 码流，在进行熵解码和重排序之后，得到一组残差系数 X。H.264 标准规定的熵编码包括基于上下文的自适应变长编码（CAVLC）和基于上下文的自适应二进制算术编码（CABAC）。其中，指数哥伦布（Exp-Golomb）解码可以分为无符号指数哥伦布（ue）、有符号指数哥伦布（se）、映射指数哥伦布（me）和舍位指数哥伦布（te）。基于上下文的自适应变长编码（CAVLC）解码时，从 coeff_token 中解析出非零变换系数幅值的总数（Total Coeff）和拖尾系数幅值的数量（Trailing Ones）；从 trailing_one_sign、level_prefix 和 level_suffix 中得到非零变换系数的幅值；通过解析 run_before 和非零系数前零的总数 Zeros Left 得到非零变换系数之间 0 的个数。CABAC 常规解码模式解码主要包括上下文模型及其初始化、查找上下文模型、查找概率模型与大概率值、二进制解码与归一化以及反二进制化等过程。

（2）熵解码后的数据再经反量化 Q^{-1} 和反变换 T^{-1} 后得到 D'_n。反量化公式如下所示：

$$Y_{DQ}(i,j) = (Y_Q(i,j) \times DQ(QP,i,j) + 2^{5-QP/6})/2^{6-QP/6}, \quad i,j = 0,1,2,3$$

其中，$DQ(QP,i,j)$ 是解码端每个 QP 对应的反量化表，如表 7.2 所示。

表 7.2　H.264/AVC 反量化表 $DQ(QP, i, j)$

$QP\%6$	(i, j) $(0,0), (2,0), (2,2), (0,2)$	(i, j) $(1,1), (1,3), (3,1), (3,3)$	其他
0	10	16	13
1	11	18	14
2	13	20	16
3	14	23	18
4	16	25	20
5	18	29	23

（3）根据从码流解析出的预测模式、量化参数等信息，解码器重建预测宏块 P（与编码器中的原始预测宏块 P 一致）；预测宏块 P 与残差 D_n' 相加，得到 uF_n'；最后经过去块滤波后，得到解码图像 F_n'。去块滤波器在处理时以 4×4 块为单位，通过去块滤波器能达到去块效应的目的。在块边界进行滤波的过程，主要包括边界强度判断和像素滤波处理两个步骤。边界强度取决于宏块类型、边界位置、运动矢量等因素。滤波强度不同，进行像素处理时参与的像素个数和滤波器类型也不同。对于 H.264 High Profile，若该块采用 8×8 变换，则在 8×8 块边界进行滤波。此外，需要注意的是，编码器中用到参考帧和解码器中的参考帧必须是一样的。如果参考帧不同，解码后的图像与原图像相比，有可能产生误差扩大或漂移的现象。

7.5.3　MPEG 音频解码流程

MPEG 音频编码标准分为三层，在卫星数字电视广播中采用的是层二（Layer2）。基于编码算法的解码算法不需要进行动态比特分配，所以音频的解码比音频编码简单很多，主要的计算量是合成各子带信号，也称合成子带滤波。数字音频解码算法的解码流程如图 7.18 所示。

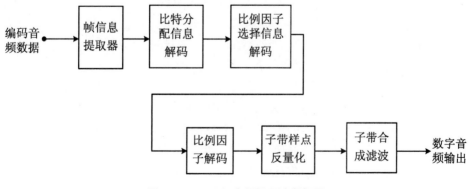

图 7.18　MPEG 音频解码流程框图

在图 7.18 中,输入的音频编码数据为音频 ES 流,MPEG 音频解码器对其处理过程如下:

(1) 首先,从接收到的成帧信号数据流中找到帧同步字,将各部分信息拆开,得到控制及服务信息、比特分配信息、比例选择因子、比例因子信息、量化的样值信息和附加信息,接着开始进行解码。

(2) 比特分配信息解码。接收到比特分配信息后,根据其值及子带号决定此子带样点在编码时的量化级数。

(3) 比例因子选择信息解码。根据编码器的规则,若收到 0,则恰好收到 3 个因子;若收到 1,则把第一个收到的因子作为前两个因子,第二个收到的因子作为第三个;若收到 2,则只接收到一个比例因子,用作三个因子;若收到 3,收到第一个因子用作第一个,收到的第二个比例因子用作后两个。

(4) 比例因子的解码。对于每个非零比特分配的子频带,根据比例因子选择信息及接收到的比例因子,可查表求出相应于子带样点的比例因子的具体值,它将与反量化后的样点值相乘,以便恢复出原声音的样值。

(5) 子带样点的反量化。根据比特分配解码得到的量化级数,判断接收到的量化样点数据在编码时是否进行了成组操作(即量化级为 3、5、9)。若是,则要进行反操作,即把一组中的三个样点拆成三个独立的样点,反量化过程为乘加两个系数完成,然后与比例因子相乘得到反量化后的样值数据。

(6) 最后,反量化后的数据经合成子带滤波器输出原采样的声音数据。

7.5.4　MPEG-2 信源解码器电路简介

在卫星数字电视接收系统中,为了能够实现对数字视、音频编码信号的实时解码,通常采用硬件电路来设计视频解码器,采用 DSP 来设计音频解码器。此外,为了减小体积和方便设计,通常又将视频解码器、音频解码器、多路解复用器、微处理控制控器及其相关电路等都集成在同一个集成电路芯片内。在视、音频解码器和解复用器工作时,都在 CPU 的控制下,与芯片外的存储器相互配合,来实现对输入 TS 流的多路解复用和视、音频实时解码功能。图 7.19 给出了一种 MPEG-2 信源解码器集成电路芯片的内部电路组成框图。解复用器的工作原理前面已经介绍过了,下面分别介绍其中的视频解码器和音频解码器的工作原理。

1. 视频解码器工作原理

视频解码器的工作流程是:对来自解复用单元的位流先进行缓冲寄存,并对位流中的起始码进行搜索;然后按照 MPEG-2 标准对位流进行解码,并显示已解码后的画面帧。在每一帧的处理过程中,CPU 都要进行参数的设置,并运用中断进行监视。视频解码器的工作原理框图如图 7.20 所示,具体的工作过程如下:

(1) 位流缓冲寄存。解复用后的视频位流通过 8 位数据总线输出给外部存储器 DRAM。在芯片内部,位流数据经过一个 1 KB 的 FIFO 缓存器,当 FIFO 装满时,则输出一个中断信号作为指示。内部数据传送采用 DMA 机制,最大位流输入率与实际视频格式有关。对于 MPEG-2 标准的 MP@ML 序列,其最大输入数据速率达到 15 MB/s。

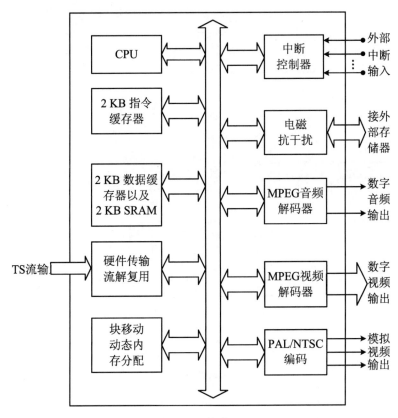

图 7.19　MPEG-2 信源解码器芯片内部电路框图

（2）起始码的搜索。起始码检测器搜索码流缓冲器,当定位到图像头及以上各层的起始码后,读取起始码之后的供解码用的各种头信息,并产生中断通知 CPU。起始码检测器与解码流水线并行工作,但在时序上有一定的同步互锁关系。当解码流水线解码当前图像时,起始码检测器可以检测下一幅图像的图像头。检测到后,如果解码流水线还未完成当前图像的解码,则起始码检测器停止工作,直到解码流水线完成当前图像的解码,起始码检测器才能开始下一幅图像的检测。

（3）解码流水线。从位缓冲寄存器读出的位流进入可变长解码器（VLD）,随后开始复原图像。由于运动补偿的基准图像必须从与外部存储有关的相应区域取出,因此,需要把已复原的画面重新写入原已确定解码该画面的存储器的同一区域。解码流水线是以图像为单位解码,图像头及以上各层头信息由起始码检测器搜索并提供。解码流水线可根据起始码检测器检测提供的头信息和微处理器的相应指令,完成对图像层以下各层数据的自动检测及解码处理,这些处理包括变长码解码、反扫描、反量化、逆 DCT 变换、运动补偿等。解码流水线是视频解码的核心部分,其内部按照严格的时序进行解码工作,可以完成对一幅图像的自动解码。

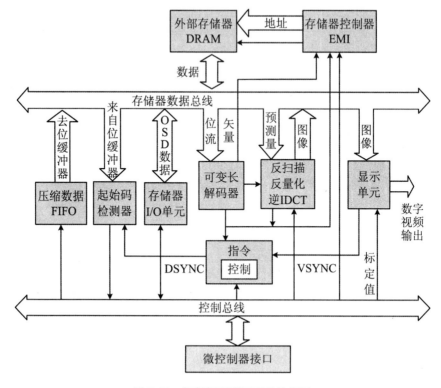

图 7.20　视频解码器原理结构框图

　　(4) 显示单元。显示单元模块从已解码的帧图像缓冲区中读取用于显示的解码数据。为了适于隔行扫描显示,应优化视频解码器。此时,使用标准的 27 MHz 视频时钟,对应于位率为 13.5 MHz 的像素率。为了使已解码画面的水平尺寸与显示行的长度相协调,应该对其进行亮度和色度的水平上采样和下采样,以解决解码图像和显示样点数之间的差距。

　　2. 音频解码器工作原理

　　图 7.21 是芯片内部的音频解码器组成框图。它由四个基本部分组成:微处理器接口与控制寄存器、输入处理器、DSP 内核以及 PCM 输出。

　　(1) 微处理器接口和控制寄存器。这是一个 8 位接口,通过它与 CPU 连接,实现所有的控制和信息存取功能。

　　(2) 输入处理器。该处理器模块实现 TP 包层次上的位流搜索,在 DRAM 存储前,实施同步算法,进行时标解码及与 PTS 相适应的音频位流的跟踪,在音频解码器内部还有一个 256 B 的 FIFO 缓冲寄存器。

　　(3) DSP 内核。DSP 负责进行音频位流的解码,并遵照 MPEG-2 层 Ⅰ 和层 Ⅱ 标准执行综合子带滤波。

（4）PCM 输出。以串行方式输出 PCM 格式音频数据信号,并产生所有 DAC 所需的控制信号。

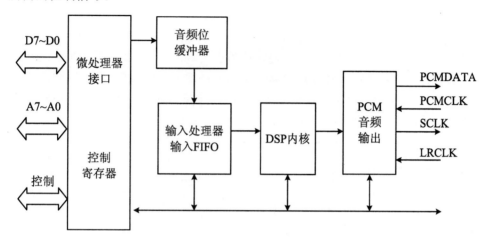

图 7.21　音频解码器原理结构框图

7.6　模拟视频编码器与音频数模转换器

经过 MPEG-2 视频和音频解码后的数据都是数字信号,而普通的电视机只有模拟视音频接口,因此需要先进行数模转换后才能送给电视机进行显示。模拟视频编码器的作用是把 4∶2∶2 或 4∶4∶4 等格式的数字视频码流进行编码,并产生模拟的 PAL 或 NTSC 电视制式的复合视频信号,或者 RGB 视频分量信号,以便提供给具有不同接口的电视机或监视器。音频数模转换器则是对解码输出的多通道数字音频信号进行数模转换,产生多通道的模拟音频信号,以送给电视机或音频功放设备等。

7.6.1　模拟视频编码器

模拟视频编码器的输入信号是 4∶2∶2 格式的数字视频码流,输出的是 PAL 或 NTSC 电视制式的模拟复合视频信号,或 RGB 模拟分量信号。图 7.22 是一种模拟视频编码器专用集成电路的内部组成框图。由图可知,该芯片内部包括了输入解复用器、色度处理器、亮度处理器、RGB 编码器、图文处理器、多路 DAC,以及定时、同步信号产生等电路模块。

由图可见,输入的 8 位并行视频数据,经色度、亮度分离后,得到一个亮度分量（Y）和两个色度分量（CRCB）信号。Y 信号先经过亮度处理单元,并与 CRCB 数据一起送入 RGB 编码器,经编码后输出三基色数据信号 RGB。CRCB 数据同时还加到色度处理单元,来形成色度信号 C,并与经过色度陷波后的亮度信号相叠加,输出复合视频信号 CVBS。所获得的 RGB 基色信号和 Y、C、CVBS 同时送到视频输出切换开关,从而可以有选择地输出某一组视频信号。输出的信号分三路分别送到三个数模变换器(DAC)进行数模转换,并分别输出 B/CVBS、R/C、G/Y 两类模拟信号中的一种。另一路复合模拟视频信号由另一路 DAC 变换器输出。芯片内部还有自动测试彩条单元和处理图文电视信号的单元。同步信号是双向的,它既可以由芯片内部产生,也可以由前端的 MPEG-2 解码器产生。整个内部电路的工作都通过 I²C 总线来进行设置和控制。

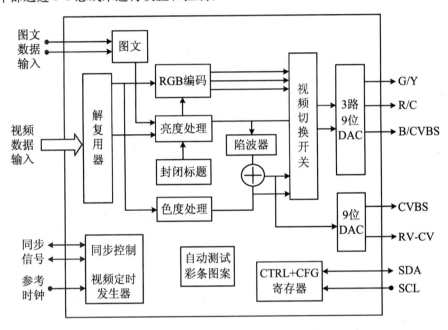

图 7.22 模拟视频编码器内部电路框图

7.6.2 音频数模转换器电路

音频解码器通过数字音频接口传送以下几种信号给音频数模转换电路:位时钟信号 BCLK、左右声道时钟信号 LRCK 和声音数字信号 ADATA。音频数模转换电路在时钟信号的控制下,将上述声音数字信号 ADATA 转换成两路模拟音频信号输出。同时,还输出一个与取样频率有关的系统时钟信号。常用的音频数模转换电路有多种。图 7.23 给出了一种双声道音频数模转换器芯片的内部结构框图。

该双声道音频 DAC 电路是具有可编程锁相环(PLL)的立体声数模变换器,可支持 16、20 和 24 位的音频输入数据,可支持 16 kHz、22.05 kHz、24 kHz、32 kHz、44.1 kHz、48 kHz、64 kHz、88.2 kHz 和 96 kHz 的音频采样频率,输出动态范围达到 94 dB;内设可编程 PLL 电路,可以从 27 MHz 主时钟信号合成得到 256 fs 或

384 fs 的时钟频率;具有软件静音、数字衰减、数字去加重等功能;输出模式包括
左、右、单声道和静音等。

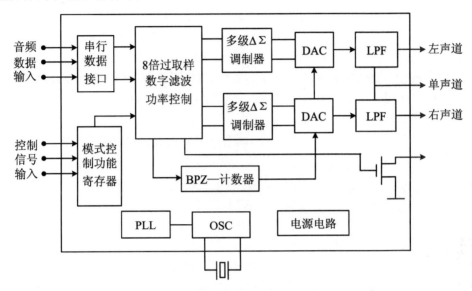

图 7.23　双声道音频数模转换器芯片内部电路框图

各功能模块的工作原理简介如下:

(1) PLL 电路。可编程的 PLL 电路可以产生芯片工作所需的所有时钟信号,
为数字滤波器和 ΔΣ 调制器提供所需的 256 fs 或 384 fs 的频率。可编程 PLL 所产
生的系统时钟的频率误差低于 10^{-4}。

(2) 模式控制功能寄存器。这几项特殊功能包括数字衰减、数字去加重、软件
静音、数据格式选择以及输入值分辨率选择等。这些功能是通过四个程序寄存器
来控制的,其字长为 16 位。

(3) 内插滤波器。数字内插滤波器能完成 8 倍过取样的内插功能,它的功能
是对输入的数字音频滤波,并进行模数转换。

(4) ΔΣ 调制器。该调制器基于 5 级振幅量化和 3 级噪声整形,把取样输入的
数据变化成 5 级的 ΔΣ 格式。理论上,5 级的 ΔΣ 调制器量化噪声是极低的,通常
低于 −110 dB。调制器的输出是数字信号。

(5) DAC 模块和输出滤波器。DAC 对 ΔΣ 输出的数字信号进行转换,输出模
拟信号;输出滤波器的截止频率为 20 kHz,它的作用是去除带外干扰。虽然这些
声音不能被听到,但它会影响整个动态范围。

7.7　智能卡及其通信接口

对于进行了加扰和加密处理的数字电视节目,卫星数字电视接收机需要完成相应的控制字解密与数据流解扰过程。接收机中,与解扰和解密处理相关的核心硬件是解扰器和智能卡。通常,解扰硬件作为一种通用解扰器集成于接收机主芯片之中,或集成于专用的 CA 模块之中;而智能卡则通过接收机或 CA 模块上的专用智能卡接口与主机进行通信。

7.7.1　智能卡构成

接收机上使用的智能卡芯片是一种内嵌有微处理器、存储器的高保密性的可编程集成电路。智能卡内含嵌入式卡操作系统,用于管理卡内的程序、数据和安全保护机制。智能卡与外部主机的通信通过异步总线连接,输入的数据须经卡内系统鉴定核实后才能送给专门的解密电路。卡内存储器不能直接被外部访问;卡内具有简单实现的逻辑加密功能,具有对数据内容读取、修改进行安全控制的逻辑电路。智能卡内部的硬件结构框图如图 7.24 所示。

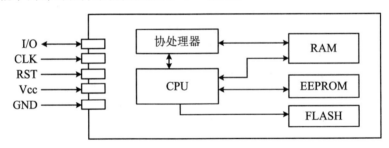

图 7.24　智能卡硬件结构框图

ISO7816 协议定义了智能卡内文件和数据的组织、管理方式和物理接口规范。在图 7.24 中,智能卡接口的各个引脚的定义如下:① I/O 为串行数据通信端口,② CLK 为时钟信号输入端口,③ RST 为卡复位端口,④ Vcc 为卡电源供电端口,⑤ GND为卡接地端口。

7.7.2　智能卡通信协议

ISO7816 协议还进一步定义了智能卡与主机之间的通信方式,包含异步传输和同步传输两种类型。常用的是 $T=0$ 的异步半双工传输方式,即协议所处理的最小单位是单个字节。

通信首先由主机发起,主机发出一个 5 个字节的指令报头,通知智能卡它要发送的数据类型、长度或它要从卡中取的数据类型、长度等。卡在接收到操作指令后,返回一个状态控制字,或根据实际情况返回接口设备所需的数据。指令报头由 5 个字节组成,分别指定为 CLA、INS、P1、P2、P3。其中,CLA 为指令类别,INS 为指令类别中的指令代码,P1、P2 为一个完成指令代码的参考符号(如地址),P3 由一个可变长度的条件体组成。条件体包括命令数据域长度字节、命令数据域和响应返回的最大长度字节。根据不同的命令,条件体的组成也不相同。

　　一个 5 B 命令报头传输后,主机等待一个或者两个过程字节。过程字节的值将指明主机请求的动作。如果过程字节的值与 INS 字节相同,则表示主机向卡发送或者从卡接收所有数据;如果与 INS 字节的补码相同,则表示主机向卡发送或者从卡接收下一个字节;如果为 0x60,则表示延长等待时间;如果为 0x61,则表示主机等待第二个过程字节,并根据第二个过程字节发送命令取回数据;如果为 0x6c,则表示主机等待第二个过程字节,并根据第二个过程字节重发上一条命令;如果是 0x90、0x00,则表示通信成功完成。

7.7.3　智能卡通信接口的配置

　　接收机通常选取主芯片上的一组可编程 I/O 口作为与智能卡的通信接口,并通过对这些 I/O 口的软件编程,将其分别设置成与智能卡接口相对应的 Vcc、I/O、RST 和 CLK 端口。另外,再选取一个 I/O 口作为智能卡插拔检测端口,并向主机申请一个 I/O 口中断,检测脚的电平跳变指向此中断。在中断处理程序中,智能卡软件控制模块将根据智能卡的拔插情况来确定关断 I/O 或启动智能卡复位程序。在智能卡复位操作中,软件程序获取一套 UART 资源并根据智能卡来配置其通信参数,再启动 I/O 口对智能卡的电源、时钟的供应,并保持复位脚低电平 40 000 个时钟周期以上。之后,主机开始监听 UART 设备,看是否有数据从 I/O 口输入。若通信正常,则智能卡正确,此时可获取智能卡与主机之间的第一次数据交换(ATR)。分析 ATR 数据,得到智能卡的工作参数,如工作电压、工作时钟、接口通信参数(如保护带间隔)等,根据这些参数来重新配置 I/O 口和 UART,以完成通信接口的配置。

7.7.4　智能卡复位流程

　　在异步传输模式中,每个传输字符包含 8 bits 的数据信息,1 bit 的起始位,1～2 bit 的停止位,0～1 bit 的奇偶校验位。智能卡与外部物理电路的连接只有在电路达到稳定状态以后才开始通信,以避免可能对卡造成的损坏。稳定状态的标志是智能卡与主机电路接口稳定接通、卡供电电源稳定、时钟正确、复位端口处于低电平以及主机的 I/O 端口处于等待接收方式。

　　在稳定状态下,智能卡在 40 000 个时钟周期内发出不超过 33 B 的复位应答序列 ATR,主机以此来认证智能卡的身份。ISO/IEC 7816-3 协议定义了此序列的语法。如果智能卡在40 000个时钟周期内没有复位应答,主机将电源和时钟信号撤销,复位端口设置为低电平状态,I/O置成空闲状态。

7.8 卫星数字电视接收机整机方案介绍

卫星数字电视接收系统的信号处理是一个硬件结构十分复杂、软件运算量很大的系统。它不仅包括许多不同的功能模块,而且还要求这些功能模块能够在统一控制下协调工作。以上介绍的整个接收系统各个模块的工作过程和原理,在实际的接收机中,这些模块都由相应的集成电路来实现,并通过功能强大的 32 位 CPU 和其多任务处理操作系统对整个系统的硬件系统和软件系统进行协调和控制。图 7.25 给出了卫星数字电视接收机的完整硬件电路的组成框图。

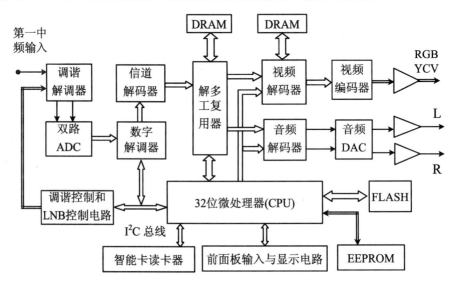

图 7.25 卫星数字电视接收机整机电路组成框图

7.8.1 整机方案的发展演变

随着集成电路技术、微处理器控制技术和软件无线电技术等方面的不断发展,构成卫星数字电视接收机主要功能模块的集成电路芯片的集成度在不断地提高,从而带动了卫星数字电视接收机的硬件结构也在不断地发展和变化。从 20 世纪 90 年代中期开始至今,卫星数字电视接收机的硬件电路构成方案经历了从七片、五片、四片、三片到目前流行的两片和单片解决方案(不包括存储器等外围辅助芯片),如图 7.26 所示。接收机所用的芯片数越来越少,意味着整机的集成度越来越高、体积越来越小、成本越来越低,同时系统的性能则越来越好,功能也越来越强。

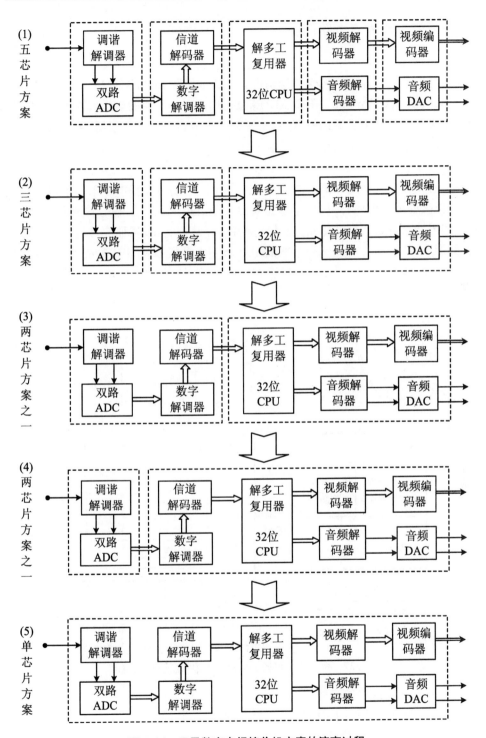

图 7.26　卫星数字电视接收机方案的演变过程

7.8.2 两芯片方案电路简介

目前,在国内外市场上,主流的卫星数字电视接收机构成方案基本上都采用前端模块与后端主芯片分离的系统结构方案。比如国际知名的 STMicroelectronics、Philips、Conexant、Fujitsu、NEC、ALI 等公司均推出了类似的整机解决方案。前端模块集成了包括零中频调谐解调器、本振频率合成器、AGC 控制器、数字解调与信道解码器等电路。由于电路的工作频率较高,为了防止外部干扰和内部辐射,芯片与外围电路安装于一块高频印刷电路板上,并用一个金属外壳进行屏蔽。故前端模块通常又称为一体化调谐解调器或前端模组。后端芯片基本上采用了以高性能的 32 位微处理器为核心,包含了多路解复用器、通用解扰器、视音频解码器、模拟视频编码器和音频数模转换器,以及外围各种存储控制器、各种信号通信接口等电路,如图 7.27 所示。采用这种结构的卫星数字电视接收机具有集成度高、性能稳定、功能强、体积小、成本低等特点,已在国内外的卫星直播数字电视市场中得到广泛应用。

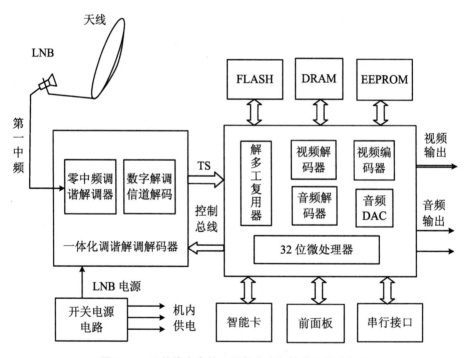

图 7.27 两芯片方案的卫星数字电视接收机构成框图

1. 一体化调谐解调解码器

本方案前端模块采用一体化的零中频调谐解调解码器,输入信号频率范围为950~2 150 MHz,输出为已经过纠错的 TS 码流,码流为八位并行输出或串行输出(可编程设置)。该一体化调谐器内部采用了一个几乎包含所有功能的单片式集成电路芯片,其内部电路组成框图如图 7.28 所示。

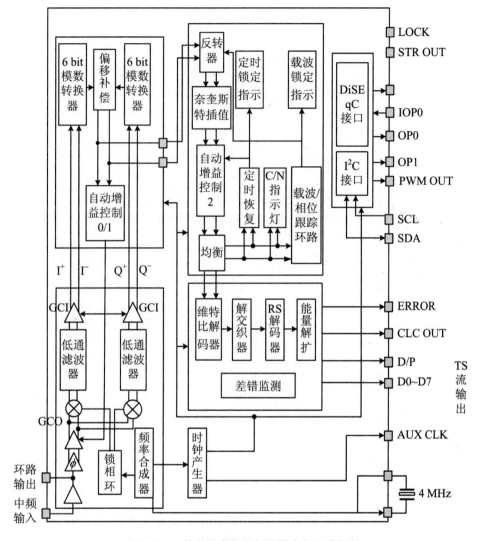

图 7.28　一体化调谐解调解码器内部组成框图

该一体化调谐解调器的工作过程是:从室外接收单元送来的第一中频信号送入一体化调谐解调器的 F 头输入端,主机 CPU 根据输入的第一中频频率计算出控制频率合成器内部的可编程分频器的分频系数,通过 I²C 总线把该值写入频率合成器,使频率合成器输出相应的同相和正交的本振信号,与第一中频信号进行正交解调,产生模拟基带信号。模拟基带信号经放大和低通滤波后送入数字解调与信道解码器,先进行时钟恢复、载波恢复,得到最佳的抽样值,再进行信道解码,依次进行内码解码、去交织、外码解码和去能量扩散处理,最后得到已纠错的 TS 流输出。同时,数字解调与信道解码器产生一个 AGC 电压,经过一个低通滤波器后,用以控制输入端的中频放大器电压增益,以保证系统处于最佳的工作状态。

一体化调谐解调器输出有四组信号,分别是数据线 D0~D7,数据时钟信号 BCLK,数据/奇偶校样时钟 D/P,错误信号 ERROR。其中,前两者与输出是并行方式或是串行方式有关。若是串行方式,数据从 D7 输出送给解多工,相应的 BCLK 为位时钟。这四组信号经缓冲后,送给后续的解多工复用模块。

CPU 对一体化调谐解调器的控制是通过 I²C 总线实现的。尽管芯片内部完成调谐、解调、时钟与载波恢复,以及信道解码等处理算法十分复杂,但大量的数据处理都是在芯片内部进行的,因此,它与 CPU 通信的只是一些读写寄存器的命令,故数据量不大。一般情况下,一体化调谐解调器应该与其后续的信号处理模块互相协调,这些协调与控制都是通过后端的 32 位 CPU 进行的。

整个调谐解调解码器电路安装于一块高频双面印刷电路板上,并采用金属外壳进行屏蔽,输入中频接口和环路输出接口采用 FL10 射频接头,其他数据和控制端口采用普通的排线引出,以便于直接插接于整机的主板上,如图 7.29 所示。表 7.3 给出了该一体化调谐解调解码器各引脚的功能说明。

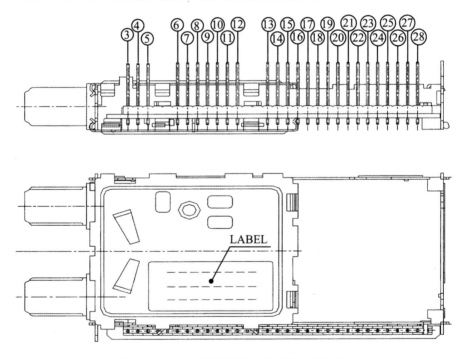

图 7.29　一体化调谐解调解码器的外形结构

表 7.3　一体化调谐解调解码器 30321IMT 的引脚排列及其功能

引脚号	引脚名称	引脚功能
1	RF INPUT	LNBA 电源输入
2	RF OUT	LNB 的环路输出
3	LNB POWER B	LNB 供电电源 B
4	LNB POWER A	LNB 供电电源 A
5	B2 (5 V)	射频放大器电源
6	AGC	AGC 控制
7	I OUT	I 模拟基带输出
8	Q OUT	Q 模拟基带输出
9	B3 (3.3 V)	芯片供电电源
10	NC	无连接
11	B4 (5 V)	射频电路供电
12	F22	22K 输出
13	SCL	I^2C 时钟线
14	SDA	I^2C 数据线
15	VDD (2.5 V)	芯片供电电源
16~23	D0~D7	TS 数据输出
24	BOCK	位同步
25	D/P	数据奇偶指示
26	STR_OUT	帧同步
27	ERROR	错误指示
28	RES	复位端

2. 主芯片及其主板电路结构

后端主芯片采用了以高性能的 32 位微处理器为核心,包含了多路解复用器、通用解扰器、视音频解码器、模拟视频编码器和音频数模转化器,以及外围各种存储控制器、各种信号通信接口等电路。主芯片的内部电路组成框图如图 7.30 所示。该主芯片是一个高度集成的单片后端信源解码器芯片,其内部包含了七个子系统,即 CPU 子系统、存储器控制子系统、传输解复用子系统、音视频解码子系统、图形处理子系统、混合器/编码器子系统、外围设备接口子系统。以下简要介绍各个子系统的主要性能和配置。

1) 微处理器子系统

微处理器子系统包含一个增强型 32 位 RISC CPU,主频达到 200 MHz 以上,一个诊断控制单元,4 K 指令 cache,4 K 数据 cache,2 K SDRAM,一个 16 优先级的中断控制器。

2) 存储控制子系统

DDR SDRAM 的接口,位宽 16 bit,刷新频率 133 MHz;可编程 FLASH 存储

器接口,4 区块可独立配置,8 bit 或 16 bit 位宽,支持 SRAM、同步或异步 FLASH,支持低成本 DVB 通用解扰器接口(CI)等。

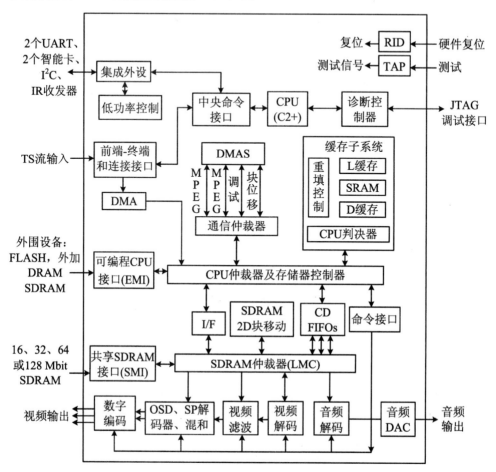

图 7.30 接收机主芯片内部结构框图

3) 可编程传输流接口

单 TS 流输入接口,支持 DVB 传输流,集成 DVB、ICAM 解扰器。

4) 视音频子系统

支持符合 MPEG-2(MP@ML)视频格式,支持 MPEG Layer1/2 音频格式解码和杜比音频流同时输出,提供 IEC958/IEC1937 数字音频输出接口;内部集成立体声 DAC 系统。

5) 图形/显示子系统

基于内部显示合成器,允许灵活的多层视频合成与 OSD 显示;8 bit 查色表图形,256×30 bit 查色表入口,16 bpp 真彩色图形,支持 RGB565、ARGB1555、ARGB4444 格式;防闪烁、防跳动和防混淆滤波器;全功能的 2D 硬件快传送引擎。

6) 混合器/视频编码子系统

多制式(PAL/NTSC/SECAM)视频编码器;4×10 位视频 DAC 支持多种输出格式(RGB,CVBS,Y/C 和 YUV 等);支持 Teletext(图文电视)编码、宽屏信号格式和静态字幕编码等。

7) 外围外设子系统

两个带有收发 FIFO 的 ASC(UART)接口,两个智能卡接口(其中一个为可选)及时钟发生器,两个主/从 I²C/SPI 接口,红外发射/接收器接口,集成的 VCXO,低功率/RTC/看门狗控制器。此外,提供四组 8 bit 通用 PIO 口,每个端口的每一位可独立编程为输入、输出或双向端口,输出端可以配置为推拉输出或开漏极输出;PIO 还可通过编程连接到内部外设的信号线上(如 UART 或 SSC 等),进一步提高应用的灵活性,减少引脚数量。

此外,主芯片内部还带有中心 DMA 控制器,以及提供用于进行软件开发调试的 JTAG/TAP 接口等。主芯片采用 LQFP216 封装。

以该主芯片为核心,外围配备所需的 SDRAM、FLASH 和 EEPROM 存储器,加上带有输入键盘、红外遥控接收头和 LED 显示器的前面板,以及智能卡读卡器、射频调制器、视音频和数据通信接口等,再配上前端一体化调谐解调器和用于整机供电的开关电源,就构成了卫星数字电视接收机的整机。整机硬件系统的电路组成框图如图 7.31 所示,图 7.32 给出了卫星数字电视接收机的实物照片。

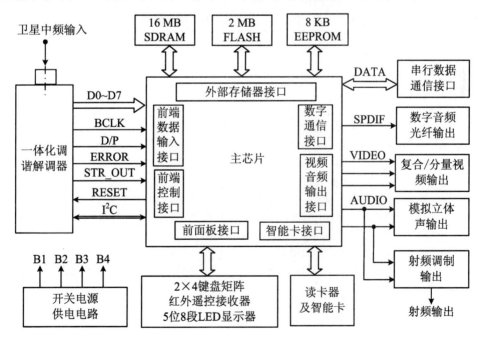

图 7.31　主芯片与外围电路的连接示意图

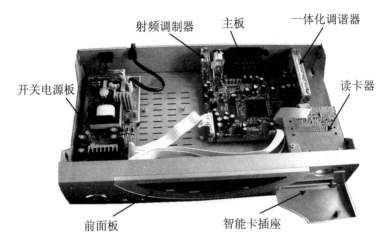

图 7.32　卫星数字电视接收机实物照片

3. 接收机主要功能

从使用者的角度看,一台卫星数字电视接收机是否符合使用要求,主要是看该接收机的主要使用功能是否满足其实际接收卫星电视节目的使用要求。一般来说,接收机的主要功能在其产品说明书中都会列出来。表 7.4 列出了一种卫星数字电视接收机的主要功能。

表 7.4　一种卫星数字电视接收机的主要功能

序号	功　能
1	可按卫星、按参数或全自动快速节目搜索
2	天线控制和高频头频段选择
3	可预置多达 3000 个节目
4	PAL/NTSC/SECAM 电视制式转换输出
5	画中画电视节目预浏览
6	电子节目指南(EPG)
7	中文和英文菜单可选
8	PID 码直接输入设置节目功能
9	电视节目和广播节目自动分离列表、快速切换
10	频道、节目分别编辑与删除功能
11	节目播放与暂停功能
12	喜好节目设置/列表
13	童锁节目设置/列表
14	多事件定时功能
15	信号强度和质量实时指示
16	多声道伴音选择功能
17	全功能红外遥控与面板操作
18	图文电视接收
19	支持 CAS(条件接收系统)

4. 主要技术参数

除了必需的各种接收功能外,对于卫星数字电视接收机质量的衡量,主要是通过对其主要技术指标的考察来进行。卫星数字电视接收机的主要技术参数分为信源、信道两个方面。信源参数主要是说明本接收机支持的音视频压缩编码格式的相关参数,信道参数主要是说明本接收机所支持的信道传输标准的相关参数。与这些标准相对应的技术指标主要有以下几个方面:

1) 信道的主要性能指标

(1) 输入信号频率范围:950~2 150 MHz(或 950~1 750 MHz)。

(2) 捕捉信号的频率范围:±2.5 MHz。

(3) 输入信号电平范围:−65~−30 dBm。

(4) 输入反射损耗:≥7 dB。

(5) 二本振泄漏:≤−65 dBm。

(6) 可同时用于 SCPC 和 MCPC 方式。

(7) 输入符号率:2~30 MS/s 或 2~45 MS/s。

(8) LNB 极化切换电压:12~24 V 可调,电流≥350 mA。

(9) E_b/N_o 门限值:≤5.5 dB(FEC=3/4 时)。

2) 输出音视频的主要性能指标

输出音视频的主要性能指标如表 7.5 所示。

表 7.5　卫星数字电视接收机的音视频主要技术参数

序号	技术参数	单位	要求	备注
1	数据输出误码率		1.0E−11	
2	视频幅频特性	dB	±0.5 ≤+0.5,≥−1.0 ≤+0.5,≥−4	4.8 MHz 4.8~5.0 MHz 5.5 MHz
3	视频信噪比(S/N)	dB	≥56	
4	K 因子	%	±3	
5	色度/亮度增益差(K)	%	±5	
6	色度/亮度时延差	ns	±30	
7	亮度非线性失真	%	≤5	
8	微分增益失真(DG)	%	±5	
9	微分相位失真(DP)	°	±5	
10	行同步前沿抖动	ns	≤20	P−P
11	视频输出反射损耗	dB	≥26	
12	带外寄生输出	dBm	≤−40	

序号	技术参数	单位	要求	备注
13	音频频率响应	dB	≤+1.0,≥-2.0 ±0.5 ≤+1.0,≥-3.0	20 Hz～60 Hz 60 Hz～18 kHz 18 kHz～20 kHz
14	音频信噪比	dB	≥70	
15	音频总谐波失真	%	1	
16	左右声道电平差	dB	≤0.5	60 Hz～18 kHz
17	左右声道相位差	°	≤5	60 Hz～18 kHz
18	左右声道串扰	dB	≤-70	

第 8 章　卫星数字电视接收机软件系统

卫星数字电视接收机软件系统是建立于硬件系统平台之上的,通过对硬件系统的协调、控制以及对数据的各种处理,实现卫星数字电视接收机的多种复杂的应用功能。因此,接收机的软件系统实际上是一种依赖于其硬件平台的复杂专用嵌入式软件。通常,接收机硬件系统决定了接收机的主要技术性能,而软件系统则决定了接收机的各种应用功能。随着超大规模集成电路技术的不断发展,硬件系统的性能得到不断的提高,为各种新功能、新业务的开发和应用创造了有利的条件,也使得接收机软件系统越来越庞大,复杂度越来越高。从发展的眼光看,接收机的软件系统正逐渐成为新型卫星数字电视接收机设计与开发的最重要内容。

8.1　卫星数字电视接收机软件基本架构

从软件角度看,卫星数字电视接收机可以看成是一台以 32 位微处理器为核心的高性能嵌入式计算机系统,它还同时带有许多具有特殊功能的专用处理模块和多种通信接口,需要并发进行各种复杂的运算、处理和控制任务。因此,与其他计算机系统一样,其软件系统也需要在操作系统(OS)的协调下有条不紊地工作,包括提供存储管理、进程管理、中断管理以及设备管理等必要的功能。在此基础上,根据接收机实际应用的要求,提供支持各种特定任务应用程序接口(API),并将应用软件建立在微内核和解码 API 的基础上。图 8.1 给出了卫星数字电视接收机软

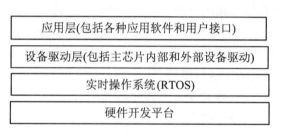

图 8.1　数字卫星电视接收机的软件系统结构

件系统的典型架构图。由图可见,卫星数字电视接收机的软件系统通常包含四个层次,从下到上分别为硬件开发平台、实时操作系统、设备驱动层和应用层。

图 8.2 给出了卫星数字电视接收机软件控制流程图。当用户接口模块收到用户输入的新指令后,首先向数据库控制模块发消息,通知其启动一个分析码流、提取节目信息、构建频道节目信息库的工作进程。接着,通知控制调谐控制模块,使调谐器调谐到相应的频道上,控制解调解码器启动信号的信道解调解码工作,并输出包含所接收频道的 TS 流。

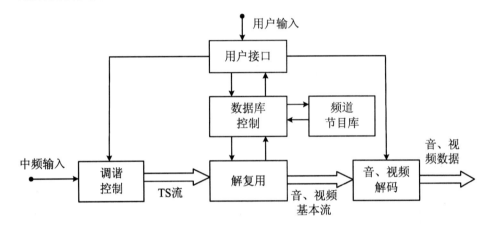

图 8.2　卫星数字电视接收机软件系统工作流程

数据库控制模块收到用户接口模块发来的启动消息后,首先向解复用模块申请得到 PAT 信息,解复用模块响应数据库控制模块的请求,从 TS 流中提取 PAT 表信息并发送给数据库控制模块。数据库控制模块为 PAT 中给出的每个节目在节目数据库中添加一项;接着,数据库控制模块依次向解复用模块申请 PAT 表中给出的所有 PMT 表,并根据解复用模块送来的 PMT 表数据为每一个节目添加该节目的音频、视频、PCR 的 PID;当所有的 PMT 都分析完后,数据库控制模块向解复用模块申请 NIT 表、SDT 表,从中提取有关网络和节目提供商的信息。当这些都分析完后,数据库控制模块向用户接口模块发消息,通知它节目信息已经建好,可以开始解码工作。

用户接口模块收到数据库控制模块发来的信息后,从频道、节目信息库中获取节目的有关信息,根据这些信息控制音视频解码模块完成解码工作,音视频解码模块输出解码后的音、视频数据,经过视频编码和音频 DAC 后就得到模拟的音、视频信号,从而可以在电视机上进行播放。

随着卫星数字电视接收机朝着功能多样化的方向发展,交互业务、Web 浏览等功能的出现不仅需要硬件的支持,同时也需要大量软件的增加。可以说,软件的完善性在很大程度上影响着卫星数字电视接收机在市场上的竞争力。因此,今后卫星数字电视接收机的开发将对软件提出更多、更高的要求。

作为一种专用的嵌入式软件系统,卫星数字电视接收机软件系统与其所运行的特定的硬件平台密切相关,而硬件平台中最核心的部分是带有信源解码器和微处理器(CPU)的主芯片。随着集成电路技术的发展,以 32 位 CPU 为核心的单片式接收机硬件方案,具备技术、性能、成本、体积等方面的优势,已经成为近年来市场应用的主流。国内外各大芯片供应商根据不同的应用市场、不同用户群体的需求,纷纷推出了各具特色的专用芯片方案。由于目前国内外的嵌入式软件系统尚没有统一的标准,因此,基于各自专用芯片平台设计的软件系统差别很大,互不兼容。

鉴于目前卫星数字电视接收机种类繁多、软件方案各不相同的状况,经过对国内外多种主流的卫星数字电视接收机硬件平台及其软件系统的综合比较,我们选择了一种具有一定代表性,在性能、价格、使用操作系统以及技术成熟性等方面具有一定优势,并被国内外厂商广泛应用的卫星数字电视接收机硬件平台系统作为基础,介绍其相应的软件系统的结构,以及其各个主要功能模块的工作原理,以期达到举一反三的目的。

图 8.3 给出了基于某一主流硬件平台的卫星数字电视接收机的软件系统结构模型。按照从下往上的顺序可以分为四个层次,即平台硬件层、实时操作系统层、设备驱动层和应用层,各层的组成与作用简要介绍如下。

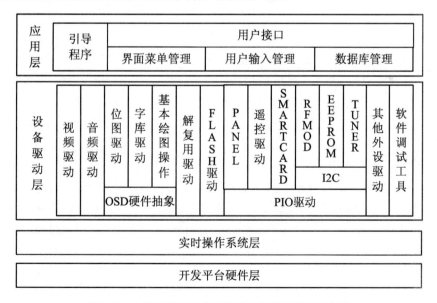

图 8.3　一种卫星数字电视接收机软件系统结构框图

1. 平台硬件层

一旦硬件平台系统确定,则硬件层的结构也就确定,它主要包括硬件平台所采用的主芯片(包括内部的 32 位 CPU、解复用器、条件接收解扰器、视音频解码器等核心模块)及其外围的调谐解调器、信道解码器、存储器(包括 SDRAM、FLASH、

EEPROM 等)、智能卡接口、控制面板、红外遥控接收器,以及其他各种通信接口等硬件。

2. 实时操作系统层

实时多任务操作系统层主要取决于所选择的操作系统类型,常用的嵌入式操作系统有 uCOS、VxWorks、Nucleus、ST20、pSOS、Linux 和 Windows CE 等。其主要作用包括内核的初始化和启动、进程调度、存储分配、信号量、消息队列、中断管理和事件管理函数,并且进行操作系统中与 CPU 有关的硬件配置。

3. 设备驱动层

设备驱动层建立在实时操作系统层之上,主要针对各硬件模块提供相应的驱动程序。设备驱动层通过操作系统层提供的工具,实现对硬件设备和接口模块的控制和管理等。卫星数字电视接收机重要的设备驱动主要包括:

1) 视频驱动和音频驱动

视频驱动和音频驱动主要用于管理音视频解码和播放设备(包括视频解码器、音频解码器、视频播放控制器、音频播放控制器、模拟视频编码器和音频数模转换器等)。视频驱动和音频驱动的主要功能包括:解码参数设置、解码器中断处理、音视频同步控制、音频解码模式设置、软件音量控制,并提供设置图像显示尺寸和比例,设置 PAL 或 NTSC 制式,控制 MPEG 解码器和 SDRAM 之间高速、可靠的数据传输等。

2) 位图驱动、字库驱动、基本绘图操作

图形引擎的底层驱动,将 OSD(屏上显示)硬件抽象成逻辑的 API 控制接口,在此基础上提供一组绘图函数接口,使硬件对程序员不可见,以便于兼容各种OSD 硬件。该模块负责提供各种图形以及字符的绘制功能、色彩的管理,包括:在指定的坐标显示指定的字符、位图,绘制点、线、面、矩形、圆,设置菜单的背景色、前景色等。

3) 解复用驱动

控制可编程传输接口和传输解复用器完成传输流解复用,包括为输入的传输流分配缓冲区和 DMA 通道,分离出视频、音频、数据等不同类型的基本流和 PSI信息等,以便系统建立数据库,设置传输解复用器的分段过滤参数和过滤后的接收缓冲区等。

4) 面板驱动

面板驱动模块负责控制面板上的数码管的显示信息和按键输入命令的接收与转发。该模块使用一个进程进行控制,首先将要显示信息的 BCD 码转换为 LED段码,而后采用动态循环扫描点亮的办法驱动四位数码管,以中断方式实时检测键盘矩阵的状态,及时识别和转发用户随时按下的键盘操作命令。

5) 调谐解调驱动

调谐解调驱动用于实现卫星数字电视接收机的前端频率调谐、信道解调与解码控制等,包括设备初始化、创建并启动调谐进程、接收用户接口模块的接口命令、采用灵活的搜索策略来实现固定参数搜索或给定参数范围的盲搜索,并提供信号强度、信噪比、误码率、误包率信息等输出。

6) 其他设备驱动

其他的设备驱动包括外部存储器接口(如 EEPROM、SDRAM、FLASH 等)、多种通信接口(如 UART、PIO、I²C、USB、SmartCard 等),以及其他外围设备硬件驱动(如 PWM、时钟、红外遥控接收器等)。

7) 软件调试工具

软件调试工具模块的主要功能是在应用程序开发时提供所需的信息输出等。用户在开发应用软件和连机调试时,往往希望程序在运行过程中能反馈出一些信息,以方便程序的调试。通过执行软件调试函数,能够在屏幕上显示出相应的反馈信息,反映程序的执行状况,这是软件开发中的一个重要环节。当然,这部分函数在实际产品中是不需要的,通常通过条件编译的方式管理,仅在软件调试的时候打开编译开关,而在最终产品中这些代码是不参与编译和链接的。

4. 应用层

应用层是即时系统应用功能实现的主体,也是软件系统与用户实现人机交互的接口,因而也是软件设计开发的主要内容之一。与卫星数字电视接收机相关的所有上层功能的组织和实现都在这层完成,主要包括以下功能模块:

1) 界面菜单管理

界面菜单管理利用底层图形引擎驱动提供的基本功能,绘制各种菜单,并且将系统的各种菜单功能有机地组织起来,给用户提供一个美观、方便、快捷、友好的人机交互接口。该模块还负责根据用户的按键信息调用设备驱动层及数据库管理模块的相应函数来实现用户所需要的操作。

2) 用户输入管理

用户输入管理模块提供人机交互界面的数据输入管理。在需要用户输入信息的菜单中通过该模块提供的函数可以获取用户的输入信息并且传送给其他模块,进行控制或者存储操作。

3) 数据库管理

负责系统中节目数据库的创建和管理,包括两个方面:一是根据用户接口模块发来的控制消息启动或停止数据库的分析、创建工作。当处于分析建库状态时,通过滤波操作向解复用模块发出指令要求相应的服务信息,收到解复用模块送回的服务信息后,分析并提取相关内容,然后添加到数据库中相应的字段,完成建库操作。二是提供数据库索引操作,能够根据不同字段利用快速排序算法对数据库进行排序,还提供对数据库节点的创建、移动、删除功能;访问和更新数据库中的各种变量供其他模块调用。

4) 引导程序

引导程序存储在 FLASH 中,在正常使用时,开机后 CPU 从 FLASH 中取指令运行,在必要的初始化后,就运行这一段代码。所有的系统程序和用户应用程序都存放在 FLASH 中,但是 FLASH 能够支持的访问速度很慢,CPU 直接从 FLASH 取指令运行会使处理速度显著降低,而 SDRAM 的存取速度比 FLASH 快得多。因此,需要通过引导程序将全部的代码复制到 SDRAM 中,复制完成后,软件代码就跳到 SDRAM 中的相应地址开始执行。

8.2　实时操作系统内核

早期的卫星接收机并不使用操作系统,因为当时软件在整个系统中所占的比例很小。随着用户对于系统功能的需求越来越多,软件所占的比例越来越大,使得卫星接收机开始大量使用实时嵌入式操作系统。操作系统既是一个加快系统软件开发的开发工具,同时也是最终产品的一部分。操作系统能够提供多种系统服务,如任务的调度以及任务间的通信、中断和时钟管理等,这些服务能为开发复杂的应用程序提供极大的方便。

8.2.1　实时内核的特点

实时操作系统内核通常具有如下特点:

(1) 高度的硬件集成性。因实时内核是专门为特定系列的微处理器编写的,所以它充分利用了该系列处理器的特性,使得内核得到充分优化,并且在该系列所有的处理器上都是通用的。

(2) 基于多优先级抢先式调度策略。实时内核通常可以提供多达 16 个以上的任务优先级,允许为不同的任务定义不同的优先级,调度程序根据任务的优先级别来调度。同优先级采用时间片轮转调度策略。

(3) 提供信号量机制。信号量机制可以用来同步多个任务进程,可以实现系统资源控制。

(4) 提供消息队列。消息队列提供了一种任务间缓冲通信的机制。

(5) 实时时钟。实时时钟为用户控制延时和定时提供了方便。

(6) 中断处理。能够处理多个中断请求。

(7) 占用内存小。实时内核只需要很少的内存就可以运行,有利于节省内存空间,降低成本。

(8) 现场切换时间很少,运行效率高。

8.2.2　实时内核工作原理

实时内核通常使用面向对象的编程风格,采用 C 语言来实现,能够提供多种内核服务,这些服务为嵌入式系统的开发提供了极大的方便。提供的内核服务通常包括任务、分区、信号量、消息队列、中断处理和实时时钟管理等。任务、分区、信号量、消息队列等服务称为对象,每个对象对应一个或多个数据结构,对这些对象的操作就是对这些对象的数据结构进行操作,用户并不需要了解内部的数据是如何管理的。

1. 任务调度

一个任务描述了应用程序中的一个离散的、独立的代码段的行为。任务除了能与其他任务通信外,其他行为与独立的程序差不多,新的任务可以由已存在的任务动态创建。应用程序可以被分成多个任务,创建和调度任务所需的处理器和内存开销很小。任务由数据结构、堆栈和代码组成。一个任务的数据结构称作它的状态,堆栈用作函数的局部变量和参数空间,而代码就是任务运行的程序主体。

任务是基于优先级的,优先级分为多个(如 16 个,0 是最低,15 是最高)。一个任务的初始优先级是在任务创建的时候定义的,任务的优先级可以更改。如果更改任务的优先级使得当前任务的优先级比某个等待运行的任务的优先级低,或者使得另外一个任务的优先级高于当前运行任务的优先级,那么就会引起任务的重新调度。在微处理器上有一个时钟寄存器是专门用于时间分片计时的,当该时钟超过一个设定数量的时钟周期后,系统就认为一个时间片结束。当一个任务的连续执行超过两个时间片,那么操作系统就要试图剥夺该任务的 CPU 控制权,如果这种情况发生,该任务的控制权被剥夺,下一个等待运行的同等优先级的任务就被调度。

任务的调度是根据优先级来进行的,如果有多个任务准备好运行,调度程序将选择具有最高优先级的任务运行;如果有多个相同优先级的任务,则采用时间分片方式来运行。

2. 内存与分区

在嵌入式系统中,可用的内存通常是非常有限的,必须对它们进行有效的使用。通常提供三种不同风格的内存管理方式,分别是堆分区、固定分区和简单分区。这为用户控制如何分配内存,在空间/时间平衡的选择方面提供了方便。

堆分区使用与传统 C 语言提供的分区库函数使用相同的内存分配方法,可以分配不同大小的块,已分配的内存块可以释放回分区中,又可以重用。当内存块释放时,如果在该块的前面或(和)后面有空闲块,那么该块将与它们合并,以形成更大的块。堆分区的缺点是分配和释放内存所需的时间是不确定的,而且每次分配都需要好几个字节的额外内存。在固定分区中,每次可分配的内存块的大小是固定的,大小是在分区创建时指定的。在固定分区中分配和释放一个块所花的时间是一个常量(即确定的),并且只需要很小的内存开销。简单分区的内存分配只是简单地将指针增加到下一个可用的内存块。这意味着分配的内存不可能释放回分区中,但在进行内存分配时没有内存的浪费。

3. 信号量

信号量提供了一种多任务同步的简单而有效的方法。信号量也可以用来同步多个任务,保证互斥、控制对共享资源的访问,实现中断处理与任务间的同步化,同步高、低优先级任务间的执行。有四种不同的信号量:① 先进先出不带超时的信号量;② 先进先出带超时的信号量;③ 基于优先级不带超时的信号量;④ 基于优先级带超时的信号量。

几种信号量的不同之处在于:等待信号量的任务的排队方式和是否有超时限制。任务通常是以它们调用等待信号量函数的顺序来排队的,在这种情况下,信号量就称为先进先出的信号量。然而,有时允许高优先级的任务插到队列的前面,这样可以使其等待最短的时间,此时可以使用基于优先级的信号量。对于基于优先级的信号量,任务先是按照它们的优先级,再按它们调用等待信号量函数的顺序来排序。带超时方式的信号量在任务等待信号量时可以给定一个等待时间,如果超过等待时间信号量还没有到来,则认为函数调用失败。而对于不带超时的信号量,任务在等待信号量时会发生阻塞,任务一直要等到信号量到来时才返回。

4. 消息队列

消息队列提供了一种任务间缓冲通信的方法,也提供了不用数据拷贝的通信方法,这种方法可以节省时间。一个消息队列包含有两种队列:一种是当前没有被使用的消息缓冲区,称为空闲队列;另一种是保存已经发送了但还没有被接收消息的缓冲区,称为发送队列。消息队列是由多个消息块组成的,每个消息块的大小和结构是由用户定义的。用户调用不同的消息函数使消息缓冲区在空闲队列和发送队列中移动。在消息队列初始化时,所有的块都属于空闲队列,而发送队列为空,消息缓冲区在两个队列中的移动情况如图 8.4 所示。

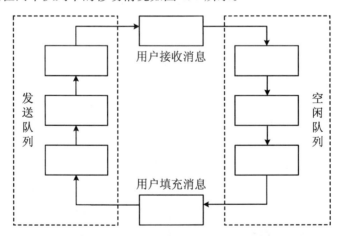

图 8.4　消息缓冲区在队列中移动状况示意图

在系统中,所有的消息队列链接在一个消息队列链表中,每个消息队列由各自的消息队列结构来控制。对于消息队列链表的访问控制以及各消息队列中两个队列的控制,都是通过信号量来实现的。

5. 中断与实时时钟

中断提供了一个外部事件控制 CPU 的途径。通常只要有一个中断发生,CPU将立即停止执行当前的任务,转而执行该中断的中断处理程序。从当前任务切换到中断处理程序的过程全部是由硬件完成的,其速度是很快的。当中断处理程序完成后,CPU 将恢复被中断任务的运行,因此被中断的任务本身感觉不到它曾被中断过。

实时内核提供了丰富的中断处理函数,使外部事件可以中断当前任务并获取CPU 控制权;实时内核还提供了基于中断的事件处理机制。事件注册后,当注册事件引发中断,系统将通过事件控制块找到注册该事件的任务,并完成相应的处理。

时间对于实时系统来说非常重要。实时内核提供了一组功能完善的基本时间操作函数,包括获取当前时钟、延迟指定时间、定时结束任务的特定操作、定时结束任务间通信等。

8.2.3　实时内核的应用

1. 实时内核的启动

内核和应用程序是编译在一起的。为了完成系统初始化,需要连接器配置文件和运行时启动代码之间的相互配合。内核的启动是通过在应用程序的MAIN 函数中调用相应的函数来完成的。与内核启动相关的有两个调用,分别是 KERNEL_INIT 和 KERNEL_START。

KERNEL_INIT 主要完成的工作包括硬件的初始化、任务初始化、初始化各种服务访问控制信号量。硬件初始化完成初始化任务队列、初始化硬件定时器、开中断、启动实时时钟运行等操作;任务初始化完成创建根任务的数据结构、将根任务控制结构添加到任务链表的表头、初始化任务链表访问控制信号量等操作;服务访问信号量初始化完成系统中各种服务访问控制信号量的创建。

这个时候,系统中没有任何任务存在,因为调度程序还没有安装。调度程序的启动是通过 KERNEL_START 调用来完成的。KERNEL_START 主要是创建调度程序,并将调度程序作为一个陷入处理程序安装,然后允许调度陷入。从这个函数返回后,抢先式调度程序开始运行,而调用该函数的函数即应用程序的主函数被安装成内核的第一个任务。从 KERNEL_START 函数返回后,用户就可以创建自己的任务。

2. 任务堆栈的计算

每个任务都需要一个堆栈,堆栈用作任务函数的局部变量和函数调用的堆栈,堆栈的大小需要由设计者自己来指定。根据内核及编译器的规定,每个函数使用的空间为:① 任务返回时移走该任务需要 4 个字;② 用户初始化堆栈需要 4 个字;

③ 硬件调度程序需要 6 个字,以保存工作空间的状态;④ 在某些情况下,所有的 CPU 现场内容需要保存到任务的堆栈上;⑤ 在函数中定义的局部变量所需的空间和以递归方式调用其他函数所需的空间,对于一个库函数,在最坏的情况下需要 150 字。

根据这个参考的值,用户应该根据每个任务的不同情况确定堆栈的大小。当然,很难精确地算出一个任务应该使用多大的堆栈。为了保证系统的正常运行,应该在系统内存中为每个任务定义稍大的堆栈。同时,还要对任务进行调试,看在所有的任务都运行的情况下是否有堆栈溢出的情况。如果有,则要重新调整有堆栈溢出情况的任务的堆栈大小。

3. 任务优先级的定义

对于任务的优先级定义,主要是考虑该任务完成的操作对于时间的敏感程度。例如,EEPROM 读写任务就对时间较敏感。如果该任务正在往 EEPROM 里写数据时用户关掉电源,就可能丢失一些数据,造成不必要的损失。通过提高该任务的优先级,可以大大减少这种情况的发生。

4. 任务的同步与通信

作为一个完整的系统,其中有很多任务,任务之间可能存在种种相互联系。如何很好地组织这些任务,处理好它们之间的同步和通信是非常重要的。对于多个任务都需要访问的资源,采用信号量来进行控制。某些任务和中断处理程序之间的同步也是通过信号量来实现的。任务间数据的传递一般是通过消息队列实现的。

5. 信号量的使用

信号量提供了一种任务同步的方法,在中断服务程序和任务间的同步以及控制共享资源的访问和互斥方面起到了极为重要的作用。用作任务和中断服务程序之间的同步时,信号量的计数值初值为 0;当任务第一次等待该信号量时,该任务就被阻塞;此后,中断处理程序释放信号量,这将重新调度等待该信号量的任务。

信号量可以让一定数量的任务共享某种资源,能同时访问该资源的任务个数是在信号量初始化时决定的。在规定数量的任务获得了对资源的访问权后,下一个请求访问该资源的任务要等到那些取得资源的任务中的某一个释放资源。只有当所有希望使用某个资源的任务都使用同一个信号量时,信号量才能起到保护资源的作用。如果某个任务不使用该信号量而直接访问资源,那么信号量就不能保护资源。

通常,信号量设置成允许最多一个任务在给定的时间内访问某个资源,这就是所谓的以二进制模式使用信号量。在这种模式下,信号量的计数不是 1 就是 0,这在互斥或同步共享数据的访问时是很有用的。当用作互斥信号量时,信号量的计数值的初值是 1,表明目前没有任何任务进入"临界区",但最多只有一个任务可以进入"临界区"。"临界区"以等待信号量开始,并以释放信号量结束。因此,第一个试图进入"临界区"的任务将成功获得进入,而所有其他的任务就必须等待。

在基于优先级的调度策略下,"临界区"中的任务离开"临界区"时,它将释放信号量,并允许正在等待的最高优先级任务进入"临界区";在基于 FIFO 的调度策略下,"临界区"中的任务释放 CPU 的控制权时,它将释放信号量,并允许第一个进入等待的任务获得 CPU 的控制权。

如果一个任务希望在某个规定的时间内取得对某个共享资源或设备的访问权限,即取得控制共享资源或设备的信号量,若在给定的时间内没有等到该信号量,则任务继续执行,这可以通过带超时设定的信号量来实现。在创建信号量时,创建带超时设定的信号量,在任务调用时可以给定一个时间值,规定任务的最长等待时间。带超时的信号量可以很好地实现系统的实时性,它可以限定任务的等待时间,在规定的时间内给出任务运行的结果。

另外一种可以提供实时性能的方法是创建基于优先级的信号量。对于这种信号量,等待信号量的任务将按照任务的优先级进行排队,相同优先级的任务按照到达的时间来排队。这种信号量赋予时间紧迫的任务以优先访问的权限,也可以提高系统的实时性。

6. 消息队列的使用

消息队列为操作系统内核提供了任务间数据交换的一种方法。由于传送的消息是由用户来定义的,所以收发双方都应该知道消息的格式和大小,否则无法进行消息的传递。对于多个模块共用一个消息队列的情况,由于传递的消息内容和格式不一样,在消息的定义中除了包括消息的内容外,还必须包括该消息是哪个模块传递来的信息,否则不能正确提取消息的内容。如果消息的大小是可变的,用户就应该指定消息的大小为可变,然后使用指向消息的指针作为传给消息函数的参数。在这种情况下,实际的消息内存块的分配和释放由用户来控制。

消息队列中最终存放消息的是消息缓冲区,它被分成若干个大小相等的块,消息就是存放在这些块中,所有的消息块连接起来构成队列。消息块的大小由具体的消息内容决定,消息块的大小是消息内容的大小加上一个消息头。如果消息缓冲区是由实时内核来分配的,系统会在分配空间时自动加上消息头的大小。如果是用户控制消息缓冲区的分配和释放,在分配空间时应该加上消息头的大小。消息个数的定义也应该充分考虑实际的应用情况。如果消息队列中所能容纳的消息个数太少,任务在申请消息缓冲区时会经常发生阻塞;如果消息队列太大,空间就得不到充分的利用。

消息队列也提供带超时的消息队列。消息队列的超时机制是通过信号量的超时机制来实现的,一个消息队列被分成空闲队列和待发送队列,每一个队列的访问都是由一个信号量来控制的,信号量的初始值就是可访问的消息块的个数。使用带超时的消息队列同样可以增强系统的实时性,它可以限定任务等待消息的时间。

7. 中断的使用

中断作为外部设备控制 CPU 的一种途径,在嵌入式系统中十分重要。实时内核支持带中断级控制器和不带中断级控制器两种中断控制模式。中断级控制器可以同时支持多个(如 21 个)外部中断,每个产生外部中断的设备都对应一个中断号。中断级控制器接收外部中断,然后将它们映射到不同的中断级上,每一个中断级可能对应多个中断源。从中断级到中断源的映射是可编程的,用户可以在程序中进行控制。中断控制器将中断信号送往 CPU,以便可以运行相应的中断服务程序。

在可以处理中断之前,必须为每一个中断级安装一个中断服务程序,即将对应的中断服务例程的工作空间指针写到中断向量表中。这些工作可以通过中断初始化功能来完成,这个函数需要传递中断源的中断号、对应的中断级别和指向中断服务程序的指针。一旦一个中断服务程序与中断源联系起来了,就应该立刻开放该中断。只有这样,CPU 才能在发生中断时及时响应中断,调用相应的中断服务程序。

在系统中,每个中断级上所有的中断服务例程共享一个堆栈,所以堆栈必须足够大,以便每个中断服务程序都能够在其中运行。堆栈必须能够容纳中断服务例程中定义的所有局部变量,并要将中断处理程序可能调用的函数考虑进去。通常,一个中断处理程序需要如下的工作空间:① 8 个字用来保存状态;② 5 个字用来保存内部指令指针等;③ 4 个字用于用户初始化堆栈结构;④ 在函数中定义的局部变量所需的空间和以递归方式调用其他函数所需的空间,对于一个库函数,最坏的情况下需要 150 字。

8.3　调谐解调控制模块

卫星数字电视接收机中通常将对接收信号的调谐、解调和信道解码等部分集成于一个模块或一个芯片之中,简称为 Tuner。Tuner 处于接收机信号接收的最前端,因而是准确、快速接收所需节目的关键部件。根据实际应用要求,接收机在进行信号搜索、调谐和解调过程中,通常必须做到以下几点:

(1) 一旦有信号线接入,接收机必须能够立即检测到信号,并启动 Tuner 开始工作。如果信号突然丢失,机器同样要立刻做出反应,并提示用户检查信号线是否接好。

(2) 用户切换节目时,如果前后切换的节目不在同一个频率点上,需要 Tuner 进行新的一个调谐解调操作,并迅速地锁定在新的频点上。

8.3.1　软件控制流程

由于接收机采用了嵌入式实时操作系统,它能支持程序的多进程工作。即在程序的运行中,可以同时有几个独立的程序进程分别在运行,进程间通过一些互发的消息和定义的信号量来控制运行。因此,需要在内存中划分出一块资源,单独用于运行一个对信号进行实时调谐,并可实时接收用户调谐命令的进程。该进程的软件工作流程如图 8.5 所示。

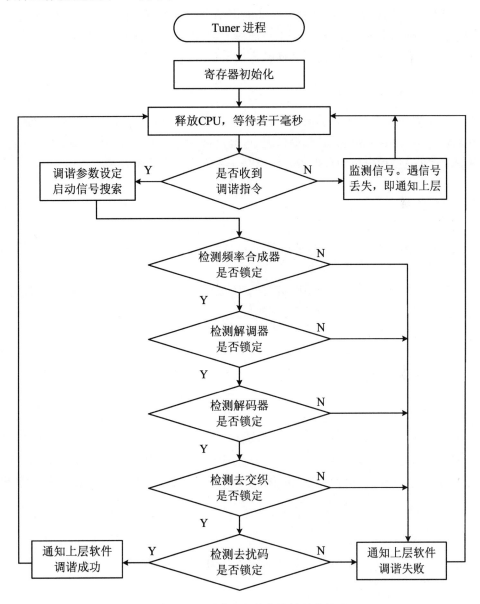

图 8.5　实时调谐进程的软件控制流程图

由图 8.5 可见,调谐进程只根据本模块的状态来控制调谐解调器、信道解调和信源解码器的工作,与外部模块的交互少,独立性强,可以提高工作效率,并保证调谐的速度和可靠性。同时,把对调谐影响大的外设控制操作封装在单独的函数中执行,保证与调谐控制进程之间没有寄存器访问的冲突。Tuner 进程是一个从开机就运行的进程,需要实时监视信号的状态,自动更新进程运行状态,因而需要频繁通过 I²C 操作对硬件读写,需注意可能引起 I²C 冲突问题。

接收机开机启动后,初始化一个实时调谐进程,该进程将 Tuner 的调谐状态分为七种,分别为空闲状态、检测频率合成器锁定、检测解调器锁定、检测信道解码器锁定、检测去交织锁定、检测去扰码锁定以及信号监控状态。

8.3.2　自动搜索算法

为了方便非专业用户的使用,通常要求接收机具备对未知信号的搜索功能,即在对信号的各项参数毫无了解的情况下,自动搜索存在的信号,并且获取信号的相关参数,这一过程也称为盲搜索。以下是一种常用的盲搜索算法的具体步骤:

1. 频率搜索

(1) 按照固定带宽间隔,对频率从 950 MHz 到 2 150 MHz 范围内的信号进行等间隔采样,并且记录每个采样点的信号强度。

(2) 利用全部采样点的信号强度记录对频率从 950 MHz 到 2 150 MHz 范围内信号的频谱分布状况进行分析。

(3) 查找并计算出频谱中的信号峰值,并且记录这些峰值点的频率。可以认为,这些峰值点上极有可能存在有用的信号。

2. 参数搜索

(1) 将信道解码器中的编码收缩率搜索模式设置为自动识别模式,该模式下Tuner 能够快速地获取信号的收缩率信息。

(2) 使用目前常用的符号率参数逐一进行信号搜索尝试。如果信号能够正常锁定,则记录信号的频率、符号率和收缩率等参数;如果信号无法锁定,则说明该频率上不存在有用信号。由于参数搜索时间对于整个搜索的速度影响极大,为了提高搜索的速度,可以在软件设计中对常用的符号率进行统计,按照其概率分布的情况进行排序,这样大部分的频率都能够很快地找到符号率,从而节省大量的搜索时间。

8.4　多路解复用控制模块

如前所述,为了实现高速码流的实时解复用,多路解复用器通常由硬件电路来构成。硬件解复用器最重要的功能就是实现各种滤波操作(包括 PID 滤波、段滤波和自适应滤波等),从传输流中提取 PSI/SI 等服务信息,分离视频、音频、数据等业务信息,恢复接收端的系统时钟等。解复用软件控制模块则主要是根据接收机的指令或工作状态的改变,启动解复用进程,配置相关寄存器,及时控制解复用器工作,使解复用器能够根据系统的要求正确地提取所需的视、音频码流,通过 DMA 方式送往视、音频解码器,并通过对定时信息的处理,保持系统时钟的同步。

因此,当接收机得到接收某个节目的用户指令(如开机后的默认频道、切换频道、节目自动搜索等),解复用控制模块就必须从前端输入码流中提取并设置 PID,对硬件解复用器重新进行初始化,提取和分析码流中的 PSI 信息,再从码流中滤取所需的节目数据。从码流中提取和分析 PSI 信息是本模块最重要的工作内容,其工作过程如图 8.6 所示。

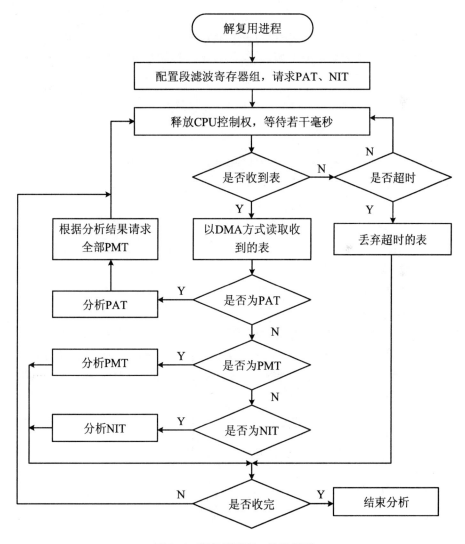

图 8.6　解复用进程工作流程图

其次,解复用控制模块还需从传输流中提取节目时钟信息 PCR,并与时钟恢复模块、PWM 控制模块等一起工作,共同完成对接收机解码器系统时钟 STC 的校准任务,以保证音频与视频之间、收端与发端之间的时间同步。具体的处理过程如下:

(1) 通过自适应字段滤波(Adaptation Field Filtering),从输入的传输流中获取当前的 PCR 值,并且将此 PCR 与系统时钟值 STC 进行差值比较,从而产生一个数字化误差值。

(2) 该误差值被送往 PWM 模块,PWM 模块据此产生相应的脉宽调制信号。该 PWM 脉冲信号经过外部的低通滤波器进行平滑滤波之后,转化成一个直流控制电压。

(3) 直流控制电压被送到接收机的系统时钟电路,用于调整系统时钟发生器(VXCO 振荡器)的振荡频率。通过这样一个闭环控制系统使系统时钟到达锁定状态。在系统时钟处于锁定状态时,PCR 与系统时钟值 STC 的差值将为一个恒定值,这样就使得解码器系统时钟值 STC 同步于前端编码器的系统时间时钟。

8.5　视频解码控制模块

视频解码软件控制模块主要完成对视频解码硬件的直接驱动控制,完成视频解码及其显示功能。从前面的介绍可知,视频解码器是一个压缩图像的解码器,可以独立完成一幅图像的解码。所以,软件的主要工作在于图像层及以上的分析处理,分析序列头和图像头中的解码和显示参数,使其与时间标签同步,并实时监测系统的工作状态,保证系统的稳定性。

图 8.7 为视频解码软件控制模块的结构框图。在解码器启动之前,需要进行初始化设置,设置关于 Bit Buffer、视频图层显示窗口和解码中断等的寄存器,配置外部存储器和视频接口,分配解码和显示图像存储空间及图像类型等。初始化完

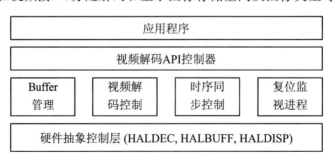

图 8.7　视频解码软件控制模块的结构框图

成后,解码器暂时处于停止状态,没有显示输出,但必须使能自动同步,并将错误恢复模式默认为完全模式。

　　用户通过应用程序操作视频解码的 API 控制器来完成视频解码的任务,实现视频的播放。API 层为上层提供了函数接口,分配 VID 命令,如 Start、Stop、Pause、Resume 等,并进行错误检测及响应外部命令。它由 Buffer 管理模块、视频解码控制模块、同步模块和复位监视模块组成,每个模块都有相应的硬件抽象控制层模块。

8.5.1　解码器初始化

　　视频驱动 API 提供相关的命令函数来控制视频解码器实现视频解码的整个过程。这些命令函数包括初始化、打开、启动、设置存储空间、播放、使能输出等函数。VID 初始化参数的设置内容包括设备名、设备类型和设备基地址等。初始化完成后,调用 API 函数进行视频解码。视频解码器的软件控制流程如图 8.8所示。

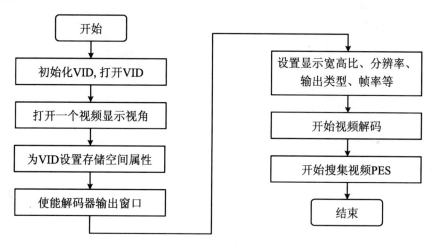

图 8.8　视频解码器软件控制流程

8.5.2　解码中断处理

　　解码中断处理程序是整个视频解码控制软件的核心,解码中断处理的流程如图 8.9 所示。当视频解码器硬件产生中断后,操作系统自动调用该中断处理程序。中断处理程序首先检查是否为“严重错误中断”。若是,则中断计数加 1。当严重错误中断计数超过一定值时,执行软件复位。其次,检查中断处理程序是否为“流水线空闲中断”。若是,则在合适的条件下停止解码器工作。再次,检查是否为“场同步中断”。若是,则将当前解码场设置为相应的顶场或底场,执行场同步处理。场同步处理主要根据缓冲、同步、解码图像的显示情况来决定是开始新的解码还是进入等待。接下来,检查是否为"解码同步中断",执行解码同步处理。再下来,检查是否为"缓冲区满中断"。若是,则检查系统是否正在获取序列头后的第一幅图像,若是,则设置开始解码。最后,检查是否为"检测到起始码中断"。若是,则获取起始码的值,判断起始码的类型,执行相应的起始码处理程序。

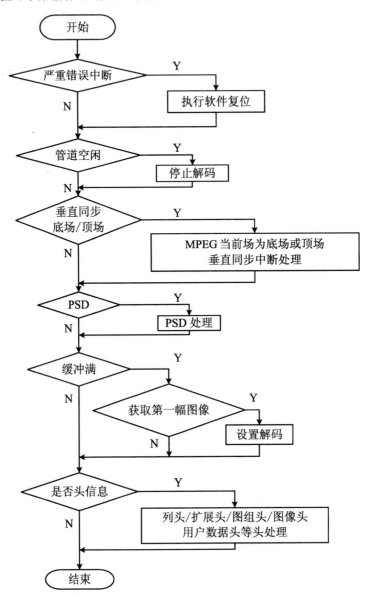

图 8.9 视频解码中断处理的流程图

整个软件的工作主要在于系统控制,完成图像层及以上的分析处理,分析序列头和图像头中的信息,设定相应的解码和显示参数,将解码和显示同步于时间标签。并能实时检测系统的工作状态,当错误积累到一定的程度后进行复位,以保证系统的稳定性。

8.5.3　同步处理流程

同步处理流程如图 8.10 所示。同步处理程序通过检查系统解码时间与码流中的时间标签的偏差来决定同步纠正的类型,并对同步偏差进行计数。当不同步太多次时,要进行复位。当系统解码时间超前于码流中的时间标签时,执行显示扩展纠正;当系统解码时间落后于码流中的时间标签时,执行解码跳过纠正。在这里只是设置纠正的类型,实际的显示扩展纠正是在解码同步处理中执行,解码跳过纠正在图像头分析中执行。

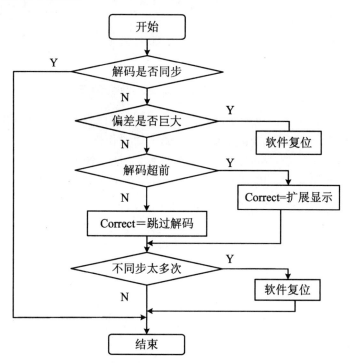

图 8.10　视频解码的同步处理流程

8.6　条件接收控制模块

在前面的解复用模块对码流 PMT 表的信息进行分析过程中,如果所接收的节目是被加扰的,则需要从 PMT 表中取得相应的 ECM_PID,并据此找到相应的 ECM 数据包;从 CAT 表中滤取相应的 CA 描述符,得到 EMM_PID,并据此找到相应的 EMM 数据包；再将获得的 EMM 和 ECM 数据发送给智能卡模块，进行信息匹配。在智能卡内，利用唯一的卡内个人分配密钥 K_D 对 EMM 数据解密，可得到业务密钥 K_S；再用 K_S 对 ECM 数据解密，可得到控制字 CW。将智能卡模块解出的控制字 CW 发送至解扰器，就可对加扰的数据流进行解扰，从而恢复出视音频数据流。图 8.11 给出了接收机 CA 解密、解扰处理过程示意图。

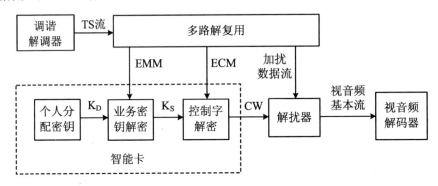

图 8.11　CA 解密、解扰处理过程示意图

根据以上的 CA 处理过程要求，相应的 CA 软件控制模块应完成的功能包括 PSI 信息监控、CA 表滤波、智能卡监控、控制字处理和相关信息显示等功能。这些功能子模块需要在一个 CA 管理进程（CA 进程）的统一管理、调度之下协调、配合，共同完成码流的解密和解扰工作。图 8.12 给出了 CA 软件控制模块的组成示意图，并显示了 CA 进程与各个子模块之间的关系。

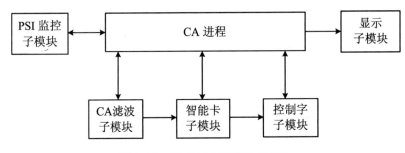

图 8.12　CA 软件控制模块的组成

8.6.1　PSI 监控子模块

PSI 监控子模块用于滤波 CAT 和 PMT，并对其内容进行监控。一般情况下，被加扰的节目 PMT 表中必含有 CA 描述符，而未被加扰的节目 PMT 表不含有 CA 描述符（或其中的 CA_PID 为无效）。当节目由加扰到非加扰变化时，PMT 表必将发生变化。因此，对 CAT 表和 PMT 表的实时监控，是及时、正确地获取用户授权信息和节目加扰信息的前提。图 8.13 给出了 PSI 监控子模块的工作流程。

　　CAT 和 PMT 表的 CA 描述符中的 CA_system_id 是判断 CA_PID 有效的标志。当智能卡插入时,CA 进程发送命令给智能卡子模块,读取卡中的 CA_system_id,并将其与 PSI 监控子模块从码流中提取的 CA_system_id 进行比较。如果码流中提取的 CA_system_id 与智能卡的不相符,则 PSI 发送特殊消息给 CA 进程表示其当前状态。

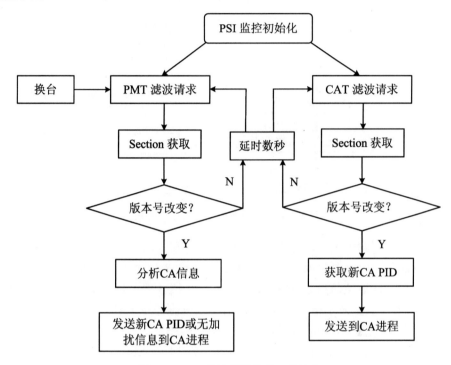

图 8.13　PSI 监控子模块的工作流程

　　当 CAT 变化时,PSI 监控模块分析新的 CAT 表以获取新的 EMM_PID,并将 CAT 表更新信息发送到 CA 进程。CA 进程将信息反馈到 CA 滤波子模块,使其设置新的 PID 到 EMM 滤波器中,以滤取新的 EMM,再由智能卡子模块将其发送到智能卡中进行新的授权。

　　PMT 表变化操作与 CAT 表类似。当节目由加扰变成非加扰而引起 PMT 变化时,PSI 监控模块发送 ECM_PID 无效信息给 CA 进程,CA 进程得到此信息后将 ECM 滤波和控制字子模块进程挂起。反之,如果节目从非加扰到加扰,这两个进程将被激活。由于每个节目都含有 PMT 表,所以每次换台都要滤取相应节目的 PMT 表,以获取正确的节目加扰信息。

8.6.2　CA 滤波子模块

　　CA 滤波子模块用于滤取输入码流中的 EMM 和 ECM 数据,以判断数据的有效性,并将其发送给智能卡模块进行解密处理。图 8.14 给出了 CA 滤波子模块的工作流程。

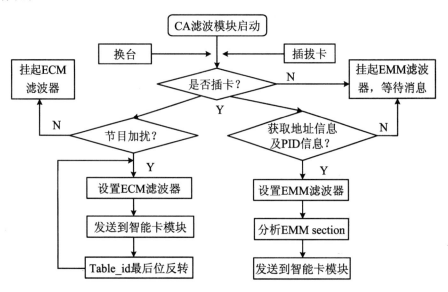

图 8.14 CA 滤波子模块的工作流程

从正确的智能卡被插入开始直到智能卡被拔出期间,EMM 滤波处于激活状态。当智能卡插入并复位成功后,CA 进程发送命令给智能卡模块,读取智能卡中的地址信息。此地址信息为智能卡的唯一寻址信息。CA 进程获取智能卡地址信息后,通知 CA 表滤波子模块,将此地址信息设置到滤取 EMM 的滤波器中。滤取 EMM 后判断 EMM section 是否与前次有异,若是,则发送到智能卡模块,否则放弃。

ECM 滤波只有当节目被加扰时才启动。ECM 的 table_id 按 0x80 和 0x81 交替变化,所以每次滤取到 ECM section 后,将这个 section 的 table_id 最后一位反转,设置 ECM 滤波器用于滤取下一个 ECM section,并将 ECM 数据发送给智能卡子模块,用于智能卡的解密处理。

在 CA 滤波子模块中,智能卡是否存在的信息将决定整个模块的运行状态。如果没有插入智能卡,则 EMM 和 ECM 滤波都将被挂起。当节目被加扰而智能卡没有插入,或者插入的智能卡所提供的 CA_system_id 与 CAT、PMT 表中的不相符时,则 CA 进程发送信息到显示模块,显示提示信息给用户。

8.6.3 智能卡子模块

智能卡子模块用于处理与智能卡相关的所有操作,包括智能卡通信接口(包括 I/O 口和 UART 设备)的配置、智能卡的插拔监控以及智能卡与主机间的数据通信等。

1. 通信接口配置

接收机通常选用解码主芯片上的一组可编程 I/O 口作为智能卡通信接口,并定义了各个接口引脚的输入、输出特性。其中,一个 I/O 口被定义为智能卡插拔检测引脚,用于向主机申请一个 I/O 口中断,检测脚的电平跳变指向此中断,在中断处理程序中,智能卡模块根据卡的拔插情况来关断或启动智能卡复位程序。在智能卡复位操作中,程序获取一套 UART 资源,并配置其通信参数,再启动 I/O 口对智能卡的电源、时钟供应,并保持复位脚低电平 40 000 个时钟周期以上。之后,主机开始监听 UART 设备,看是否有数据从 I/O 口过来。若通信正常,智能卡正确,此时可获取 ATR 数据。分析 ATR 数据,得到智能卡的工作参数(包括工作电压、工作时钟、接口通信参数等)。根据这些参数,重新配置 I/O 口和 UART,通信接口配置完成。

2. 智能卡接口配置和复位流程

智能卡接口初始化和智能卡复位流程如图 8.15 所示。当智能卡状态确定时,

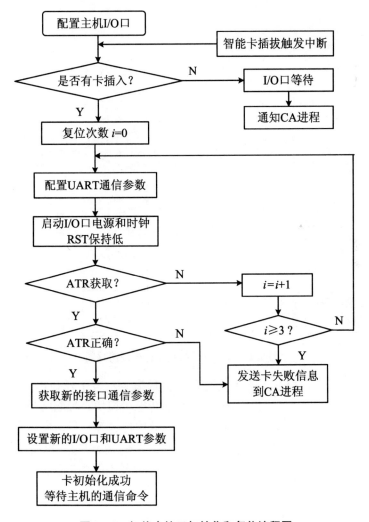

图 8.15　智能卡接口初始化和复位流程图

智能卡子模块发送其状态到 CA 进程,CA 进程据此来协调其他模块(包括激活或挂起某个模块进程,发送相应的信息到某个进程等)。例如当智能卡复位失败时,CA 进程发信息给显示模块,显示模块将信息显示于屏幕上通知用户,并挂起 CA 滤波进程和控制字模块等。

8.6.4　CA 进程模块

　　CA 进程是接收机条件接收软件模块中的管理进程,它负责各个 CA 任务的初始化,协调各个 CA 子模块之间的通信,控制各子模块的激活和挂起。CA 进程首先初始化以上的各个模块,并使各个模块的进程处于待激活状态;再根据节目是否加扰、智能卡是否正确插入的状态,将相应的操作应用于每个模块。初始化流程如图 8.16 所示。

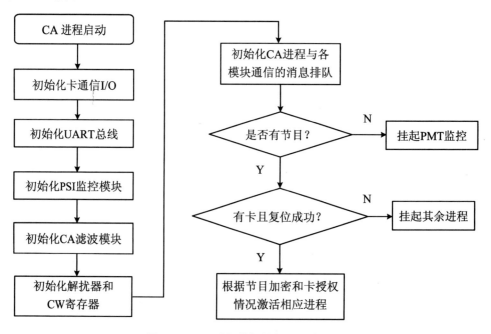

图 8.16　CA 进程的初始化处理流程图

　　为避免大量数据反复传输,CA 进程只传送命令给各个模块,各个模块在获得 CA 进程的许可命令后相互传递数据处理,如智能卡模块与控制字模块之间的 CW 传送,与 CA 表滤波模块之间的 ECM、EMM 数据传送等。显示模块是与其他系统共用的,CA 进程中用到显示模块来显示一些必要的状态信息,以提示用户作出反应。显示模块处于 CA 系统的末端,它不反馈信息给 CA 中的任何模块。

8.7 用户接口模块

接收机的用户接口为用户与机器之间提供一个人机交互的途径,使用户能够根据其需要,方便、灵活地控制和使用接收机。因此,用户接口首先必须为用户的操控提供输入设备,用户操作输入设备时将产生相应的输入信号。而用户接口软件模块首先必须能够正确识别输入信号,并将输入信号转换成系统可以识别的键值;其次,将输入信号的控制含义以某种文字或图形显示于屏幕上,同时将输入的指令传送给接收机其他相关模块进行相应的处理;最后,还要接收来自其他相关模块的处理结果,并将该结果以文字或图形的方式显示于屏幕之上,以此方式将处理结果反馈给用户。

对于一台功能较为完善的卫星数字电视接收机,用户对机器的操作内容丰富多样,几乎涉及接收机的每一个部分,如果针对每一个操作分别进行设计,势必会使软件设计变得十分复杂。为此,在用户接口模块的设计上,通常将其划分成若干个功能相对独立的小模块,以简化系统的设计。用户接口模块的软件组成如图 8.17 所示,它主要由三个子模块组成,即输入接收子模块、用户界面控制子模块和屏上显示(OSD)图形库子模块。其中,输入接收子模块主要负责接收输入设备的输入信号及其解码,用户界面控制子模块主要根据输入信息进行相应的处理并传送给节目管理模块,而 OSD 图形库子模块主要产生显示信息所需的文字和图形。

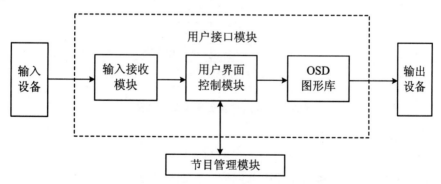

图 8.17 用户接口模块的组成示意图

为使各个模块能够更好地实现其功能,模块之间必须相互协调工作。模块之间的协调是通过相互之间的通信来进行的,通信的方式一般采用消息队列。用户接口模块创建了一个消息队列,模块内部以及模块与外部其他各模块的通信都通过这一个消息队列进行。

8.7.1　输入接收模块

接收机的输入设备包括红外遥控器和接收机前面板的一组按键。两个设备输入信号的接收都采用中断的方式进行。中断服务例程负责输入信号的接收,并将接收的脉冲信号翻译成对应的码值。中断服务例程在接收到一个输入后都要设置一个信号量,以通知键码处理进程。键码处理进程从前面板寄存器或遥控器输入缓冲区中读取键码的值,并释放该信号量,然后将键码值发送到消息队列中。输入接收模块的工作流程如图 8.18 所示,具体工作原理说明如下。

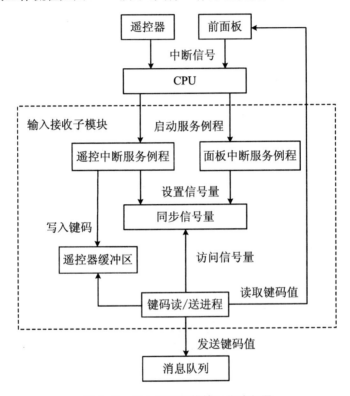

图 8.18　输入接收子模块工作流程图

1. 前面板中断服务例程

当有前面板按钮被按下时,前面板控制芯片就向 CPU 发一个中断信号,CPU接到该中断信号后,就启动中断服务例程。前面板中断服务例程完成的主要工作是将按钮被按下的计数值加 1,同时设置信号量,通知发送任务有按钮按下,然后返回。前面板控制芯片已经将接收的信号解析成键盘码值存放在控制芯片的寄存器中。

2. 遥控器中断服务例程

当遥控器上有按钮被按下时,遥控器接收芯片就向 CPU 发一个中断信号,

CPU 按到该中断信号后,就启动遥控器中断服务例程。这个中断服务例程完成的主要工作就是将接收芯片接收到的脉冲信号解析成键盘码值,这其中包括去掉脉冲启动和终止信号,同时还要过滤掉那些非法的脉冲信号。经过解析后的键盘码值要存放在用户定义的缓冲区中,该缓冲区是一个循环缓冲区,有一个读指针和一个写指针,中断服务例程在写指针位置写入解析后的键盘码值,同时设置信号量,通知发送任务有按钮按下,然后返回。

3. 键盘码读取和发送任务

前面板和遥控器中断服务例程只负责接收输入,读取并发送键盘码值到 queue_usif 的工作由一个任务来完成。这个任务从前面板的寄存器或者从遥控器的缓冲区中读取当前的键盘码值,并将其发送到消息队列中。

由图 8.18 可见,在输入接收模块中,最重要的进程是键码的读/送进程,该进程需完成的主要功能是:① 实时访问同步信号量,决定是否有键码要读取;② 从前面板控制芯片或遥控器缓冲区中读取键码的值;③ 向消息队列发送键码的值。

8.7.2　OSD 图形库子模块

用于屏幕显示的 OSD 图形库子模块,以电视机显示屏为显示平面,故需要建立与之相对应的两个基本概念:一是虚拟屏幕的概念,二是区域的概念。这里的屏幕实际上是内存中将要在电视屏幕上显示的一个矩形区域。区域则是一个有特定模式的 OSD 矩形,不同区域不相互重叠。图形库中区域的坐标是相对于虚拟屏幕而言的。屏幕和区域的水平大小以像素为单位,垂直大小以帧线数为单位。

OSD 图形库子模块提供从 OSD 初始化、OSD 屏幕与区域的管理、文字处理到 OSD 图形输出的全部 API 函数。应用程序可以利用这些 API 函数来设计各式各样的用户界面。

OSD 图形库提供的 API 函数可分成以下六个部分。

1. OSD 初始化

主要完成 OSD 初始值的设置,包括 OSD 相关寄存器的设置、屏幕缓冲池和区域缓冲池的初始化等。

2. 显示模式设置

负责设置 OSD 的显示模式,显示模式分为隔行扫描模式和逐行扫描模式两种。

3. 屏幕管理

提供与屏幕相关的操作,包括屏幕的创建、向屏幕中添加区域、从屏幕中移走区域、屏幕显示和屏幕删除等操作。

4. 区域管理

提供与区域相关的操作,包括区域的创建、区域调色板、混合加权因子与透明度的设定以及区域的删除等。

5. 文字处理

提供与文字处理相关的操作。文字的输出是将一个字符串转换成一个位图，然后将该位图输出到区域的相应位置，从而使字符显示在显示器屏幕上。

6. 图形绘制函数

提供各种基本图形的绘制功能，包括点和线的绘制、区域的填充、位图的输出等。

在实际设计中，区域管理中的混合加权因子的设定和透明色的设定这两个功能经常被用于产生特殊的屏上显示效果。混合加权可以将 OSD 调色板的颜色与相对应的视频像素融合起来。加权因子可以有 16 个等级，从透明到完全不透明。OSD 图像的某些部分可以设置成透明色，这样视频图像就完全可见，从而可以达到较好的叠加效果。例如，透明色可以用在一个非透明的显示图形区域中，挖出一小块区域作为视频播放区域，以达到节目浏览的目的。

8.7.3 用户界面控制子模块

用户界面控制子模块主要负责从消息队列中接收消息，分析消息的内容，然后根据消息进行相应的操作。该模块对节目管理模块的交互、对 OSD 图形库子模块的调用十分频繁，因为与后台的节目和系统有关的操作都是通过节目管理模块来间接完成的，而与用户界面输出有关的操作都是由 OSD 图形库子模块来完成的。

1. 用户交互菜单

用户界面控制子模块的另一个重要任务就是用户交互界面的显示菜单的组织。显示菜单首先需要按照接收机的功能进行组织，同时还要从使用者易懂与方便的角度出发进行设计。由于绝大部分的用户是非专业人士，这就要求用户界面菜单既要做到简单明了，又要符合使用习惯，还要兼顾设备的功能以及产品的美观与特色。因此，不同厂商的卫星数字电视接收机产品，在用户交互菜单的组织和显示方式上各不相同。图 8.19 给出了一种较为典型的接收机用户交互菜单的组织方式。

由图 8.19 可以看到，该用户交互菜单分为三级。主菜单下的一级菜单有五个类别选项，分别为频道搜索、节目管理、系统设置、游戏娱乐和附件。其中，频道搜索下的二级菜单项目有三个，分别为自动搜索、手动搜索和频点删除；节目管理下的二级菜单有两项，分别为节目编辑和喜好管理，这两个项目之下还有三级菜单，分别为节目编辑的具体操作内容和喜好管理的具体分类；系统设置下的二级菜单项目有五个，分别为系统设置、系统恢复、加锁设置、系统时间和系统定时；游戏娱乐下的二级菜单项目有两个，分别为俄罗斯方块和贪吃蛇；附件下的二级菜单项目有五个，分别为系统信息、CA 信息、智能卡设置、授权信息和软件升级。

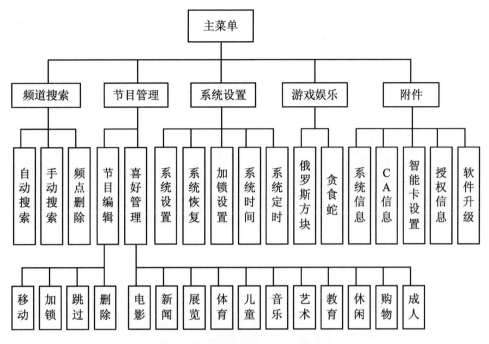

图 8.19　接收机用户交互界面菜单

　　通过以上菜单系统的组织和设计,可以把整个用户接口界面分解为一个个基本组成单元,每个基本组成单元由一个用户接口菜单单元和五个基本组成元素构成。这五个基本元素分别为:文本框、按钮、对话框、列表和表格。每一个菜单界面都是一个用户接口菜单单元,只是各个菜单项目的具体组成元素和实现的功能不同;所有的非菜单操作界面也都是由基本组成元素组成的,只是具体的形式和实现的功能不同而已。

　　2. 用户界面控制模块的实现

　　根据所设计的用户接口界面菜单的总体结构,用户界面控制模块的主程序处理流程如图 8.20 所示。根据用户的选择,从主菜单可以进入各级子菜单,或直接进入显示当前的业务信息,或直接进入音量显示条。

　　每一级菜单都要先设定自己的数据,通过依次调用菜单的各组成元素的显示函数来显示菜单,读取输入部分程序发送给消息队列的按键值,再根据相应的回调函数来实现菜单功能。整个菜单部分的程序就是一个从主程序到子程序逐级嵌套的过程。其中,设置菜单参量,就是设置特殊图形控件菜单类的一个具体实例的数据结构,按照已设计好的菜单的形式设置菜单的数据和具体的回调函数,以决定菜单的形式和完成的功能。

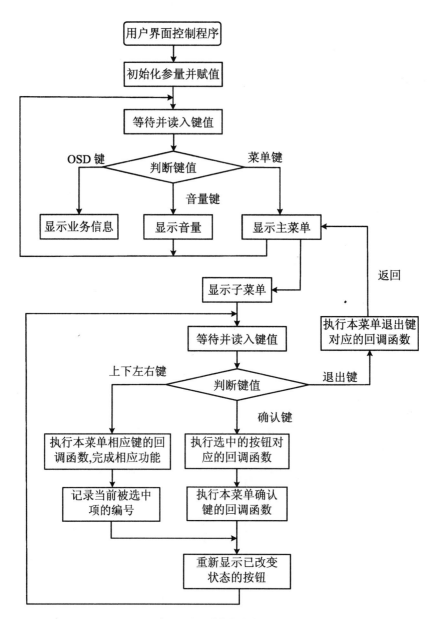

图 8.20 用户界面控制模块的主程序处理流程图

第9章 卫星直播电视室外接收单元

卫星直播数字电视接收系统主要由卫星接收天线、卫星接收高频头和卫星数字电视接收机三大部分组成。为了减小微波信号的传输损耗,通常将卫星接收高频头直接安装在卫星接收天线之上,并一同放置于室外,故二者统称为卫星直播电视室外接收单元。卫星接收室外单元处于整个卫星接收系统的最前端,其作用是通过卫星接收天线将来自卫星的高频电磁波进行聚集并转换成高频电流,送到卫星接收高频头进行低噪声放大并转换成频率较低的中频信号,该中频信号通过射频同轴电缆送到置于室内的卫星数字电视接收机。因此,卫星室外接收单元技术性能的高低对整个系统的接收效果将产生重要的影响。

9.1 卫星接收天线的结构原理

无线电通信用的天线种类繁多,按天线的几何形状进行分类,可以把天线分为线天线与面天线两大类。

线天线是由导线组成的,导线的长度比导线的截面积大得多。为了使天线呈现出更好的特性,往往所截取的导线的长度与无线电信号的波长呈一定的关系(如半波长等)。其工作原理是利用空中电磁波能在与其电场方向相切的导线上感应出最大高频电流这一机理来构成的。线天线一般用在长波、中波和短波等工作频率比较低的波段上,如收音机和对讲机用的拉杆天线、电视机室外接的八木天线等都属于线天线范畴。

面天线通常是由整块金属板(或微带电路板)组成的,天线的面积比无线电信号的波长的平方大得多,其工作原理则是利用高频电磁波的似光传播特性来构成的。通过增大面天线的面积,可以提高所截获的电磁波的能量,从而可达到获得足够强的接收信号的目的。面天线一般用在超短波、微波和毫米波等频率较高的波段。卫星直播电视的特点是工作频率高、距离远,由于接收信号十分微弱,要求接收天线具有很高的增益,才能正常接收到卫星信号。因此,卫星直播电视接收系统必须采用面天线才能接收到足够强度的信号。

面天线一般由反射面、馈源和支架等部分组成。反射面可采用金属板、金属镀膜玻璃钢板等材料经过机械成型而成;馈源一般采用各种形式的渐变波导段来构成。若按照反射面与馈源所处的相对位置的不同,可分为前馈天线、后馈天线和偏馈天线三种;若按照天线工作原理的不同,又分为普通抛物面天线、卡塞格伦天线和平面天线等多种。对于个体使用的卫星直播电视接收系统而言,一般采用小型高效率天线,故最常用的是偏馈结构的普通抛物面天线。

9.1.1　普通抛物面天线

普通抛物面天线的结构如图 9.1(a)所示。馈源是一种弱方向性天线,安装在抛物面前方的焦点位置上,故普通抛物面天线又称为前馈天线。来自卫星的高频电磁波是一种平面波,经过旋转抛物面结构的主反射面反射后,被聚集到安装在焦点上的馈源输入端口,被馈源接收后进入馈源后部的波导中。

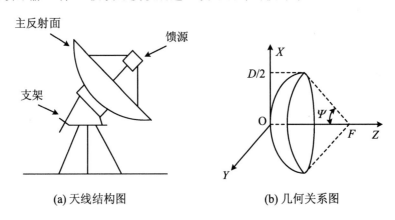

(a) 天线结构图　　　　　　　　(b) 几何关系图

图 9.1　普通抛物面天线结构原理

1. 主反射面的几何结构

主反射面是由抛物线绕其轴线(Z 轴)旋转而成的,几何关系如图 9.1(b)所示。在直角坐标系上,其立体坐标方程为

$$x^2 + y^2 = 4fz$$

其中,f 为焦距。为了便于分析,也可引入极坐标系。令极坐标系(ρ, ψ)的原点与焦点 F 重合,则相应的旋转抛物面的方程可表示为

$$\rho = \frac{2f}{1 + \cos\psi}$$

设 D 为抛物面口径的直径,$2\psi_0$ 为口径对焦点所张的角(简称口径张角),由上述关系式可导出决定抛物面口径张角的抛物面焦径比:

$$\frac{f}{D} = \frac{1}{4}\cot\frac{\psi_0}{2}$$

焦径比的大小表征了抛物面的结构特征,f/D 越大,口径张角越小,抛物面越浅,馈源离主反射面越远,反之亦然。

抛物面具有如下重要的几何光学特性：由焦点发出的球面光线经抛物面反射后，其反射线都平行于 Z 轴；反之，当平行光线沿 Z 轴入射时，被抛物面反射后形成球面波，并聚焦于焦点上。其原因是：由焦点发出的各光线经抛物面反射后到达口径面的行程相等。微波的传播特性与光相似，因此，位于焦点 F 的馈源所辐射的电磁波经抛物面反射后，在抛物面口径上得到同相波阵面，使电磁波沿天线轴向传播，反之亦然。

馈源是反射面天线的心脏，它的性能对整个天线的性能有很大的影响。反射面天线要求馈源有确定的相位中心、轴对称的方向图、低的交叉极化、良好的驻波比、足够的带宽以及较小的遮挡等。

2. 平面波纹馈源

在圆波导口上套上一个开有环形槽的法兰盘，就构成平面波纹馈源。图 9.2 给出了一种 Ku 波段平面波纹馈源的结构示意图。

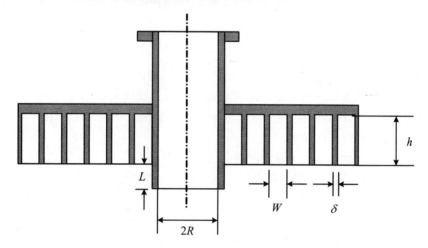

图 9.2　Ku 波段平面波纹馈源

平面波纹馈源的环形槽数通常为 2～6 个，齿厚 δ 远小于工作波长 λ，槽宽 $W \leqslant \lambda/4$，槽深 h 约为 $\lambda/4$。中心波导一般工作于 TE11 主模，若天线工作频段内最大、最小波长分别为 λ_{max}、λ_{min}，则要求波导半径 R 应满足

$$0.293\lambda_{max} < R < 0.61\lambda_{min}$$

从工作模式上看，平面波纹馈源是由中心波导激励平面波纹波导而得到混合模。平面波纹馈源的理论计算十分复杂，常见的平面波纹馈源基本上是采用理论分析与实验调试相结合的办法研制出来的。图 9.3 给出了一种 Ku 波段平面波纹馈源的归一化方向图，被测馈源的尺寸为 $W = 2.3$ mm，$\delta = 1$ mm，$L = 2.3$ mm，$R = 8.15$ mm。由图可见，在所测的工作频率上，该馈源的照射口径张角 2θ 可达 $90°$。

平面波纹馈源具有旋转对称的波瓣、相位中心固定、旁瓣电平低、交叉极化小、结构简单、成本低等优点,因而被广泛应用于普通抛物面天线中。

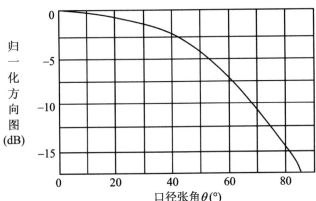

图9.3　一种 Ku 波段平面波纹馈源的辐射方向图

9.1.2　偏馈天线

前馈抛物面天线的馈源位于天线的主波束内,因而对所接收的电磁波形成了遮挡,其结果降低了天线的增益。如果将馈源移出天线反射面的口径,就可消除馈源及其支撑物对电磁波的遮挡。图9.4(a)给出了偏馈反射面天线的结构示意图。

1. 主反射面的几何结构

实际上,偏馈反射面是在旋转抛物反射面上截取一部分而构成的。它同样可将焦点发出的球面波转换成沿轴向传播的平面波。馈源的相位中心仍放在原抛物面的焦点上,但馈源的最大辐射须指向偏馈反射面的中心。尽管反射面的轮廓呈椭圆型,但它的口径仍是一个圆。此外,对于偏馈天线而言,电磁波的最大辐射方向并不在偏馈反射面的法向,而是与法向成一定的夹角。这一特点也是偏馈天线的另一特色,如图9.4(b)所示。

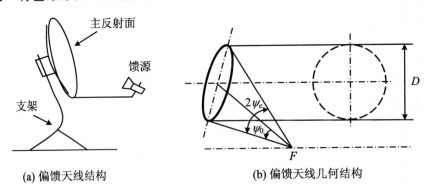

(a) 偏馈天线结构　　　　　　　(b) 偏馈天线几何结构

图9.4　偏馈天线的结构原理

偏馈天线的焦径比由以下公式给出:

$$\frac{f}{D} = \frac{\cos \psi_e + \cos \psi_0}{4 \sin \psi_e}$$

其中，ψ_0 是抛物面轴线与焦点到反面中心连线的夹角，$2\psi_e$ 为反射面在此中心线两旁形成的张角。

偏馈天线的最大特点是旁瓣小。同时，由于馈源避开了来自反射面的回波，因而也改善了天线的驻波比。此外，在纬度较高的地区接收卫星电视，偏馈天线的反射面与地面几乎垂直，不易积聚雨雪，这也是很有特色的，因此在小口径卫星直播电视接收系统中被广泛采用。但偏馈天线的结构的不对称会产生较高的交叉极化辐射，且随着天线的口径增大，馈源与反射面的距离也变得很大，反射面的非对称性也给加工带来困难，故在大天线中较少采用。

2. **圆锥波纹喇叭馈源**

将波导辐射器的开口端做成逐渐张开的形状，则成为喇叭天线。普通圆锥喇叭的场是 TE11 模的扩展变形，其 E 面方向图和 H 面方向图的波瓣不等化，相位中心不重合，交叉极化大。引入适当的高次模，使口径场在两个面内的分布规律近似相同，可使两个主平面方向图近似相等，从而改善其性能。

高次模的激励方法是在喇叭的适当位置造成台阶、张角变化或加介质环等。控制变化量的大小，就可控制高次模相对幅度的模比或模转换系数，控制喇叭段的长度可控制高次模的相位，从而得到所需的口径场分布。在圆锥喇叭的内壁开出许多环形槽，便得到圆锥波纹喇叭，如图 9.5 所示。当每个波长内有 5 个或更多

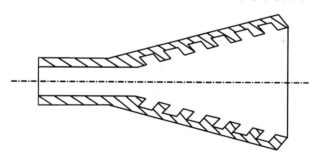

图 9.5　圆锥波纹喇叭馈源结构示意图

槽，且槽深为 $\lambda/4 \sim \lambda/2$ 时，波纹壁对电场和磁场的边界条件是相同的，这时喇叭内传输的是 HE11 混合模。适当地选择槽的深度，可使得 HE11 模在圆锥喇叭的口径场分布为

$$E_\rho = J_0 \left(\frac{X_{01}\rho}{a} \right) \cos \psi_0$$

$$E_\psi = -J_0 \left(\frac{X_{01}\rho}{a} \right) \sin \psi_0$$

式中，$X_{01} = 2.405$ 是贝塞尔函数 $J_0(x) = 0$ 的第一个根。在喇叭上场强为零，因此，抑制了产生旁瓣和后瓣的边缘绕射。由于口径场的振幅分布是轴对称的，因而

波纹喇叭的辐射方向图有良好的旋转对称性和极低的交叉极化辐射。圆锥波纹喇叭有极佳的照射性能，采用波纹喇叭作为主焦点馈源，口径效率高达80%以上。圆锥波纹喇叭的缺点是加工复杂，成本较高。张角较大的波纹喇叭波纹槽通常加工成与喇叭内壁面垂直。

9.1.3　极化转换器

1. 电波的极化特性

由天线辐射原理可知，自由空间电磁波通常以电场 $\vec{E}$ 的取向作为电波极化方向。$\vec{E}$ 是随时间的变化而变化的。如果 $\vec{E}$ 的矢量端点随时间变化的轨迹是一条直线，则称此电波为线极化波。若 $\vec{E}$ 的大小不变而方向随时间而变，在观察点处与传播方向垂直的平面内，矢量端点的变化轨迹是一个圆，称为圆极化波。$\vec{E}$ 的大小和方向都随时间而变化，矢量端点的轨迹为椭圆的波则叫椭圆极化波。

1) 线极化

在三维空间，沿 Z 轴方向传播的电磁波，其瞬时电场可写为 $\vec{E}=\vec{E}_x+\vec{E}_y$。

若 $\vec{E}_x=E_{xm}\cos(wt+\theta x)$，$\vec{E}_y=E_{ym}\cos(wt+\theta y)$，且 $\vec{E}_x$ 与 $\vec{E}_y$ 的相位差为 $n\pi$ （$n=1,2,3,\cdots$），则合成矢量的模为

$$|\vec{E}|=(\vec{E}_x^2+\vec{E}_y^2)^{1/2}=(E_{xm}^2+E_{ym}^2)^{1/2}\cos wt$$

是一个随时间变化而变化的量；

$$\theta=\arctan^{-1}(E_y/E_x)=\arctan^{-1}(E_{ym}/E_{xm})$$

合成矢量的相位为常数。可见合成矢量 $\vec{E}$ 的端点的轨迹为一条直线。

$\vec{E}$ 与传播方向构成的平面称为极化面。当极化面与地面平行时，为水平极化，如图 9.6(a)所示；当极化面与地面垂直时，为垂直极化，如图 9.6(b)所示。

2) 圆极化

若 $\vec{E}_x$ 与 $\vec{E}_y$ 的幅度相等，且相位差为 $(2n+1)\pi/2$ 时，则

$$|\vec{E}|=(\vec{E}_x^2+\vec{E}_y^2)^{1/2}=(E_{xm}^2+E_{ym}^2)$$

是常数；而

$$\theta=\arctan^{-1}(E_y/E_x)=wt$$

随时间 t 而变化，故合成矢量端点的轨迹为一个圆。

根据电场旋转方向不同，圆极化可分为右旋和左旋两种。观察者沿波的传播方向看去，电场矢量在截面内顺时针方向旋转（满足右手定则）称右旋极化，如图 9.6(c)所示；逆时针方向旋转（满足左手定则）称左旋转化，如图 9.6(d)所示。

因此，若 $\vec{E}_x$ 超前 $\vec{E}_y$ $\pi/2$，则为右旋极化波；若 $\vec{E}_x$ 落后 $\vec{E}_y$ $\pi/2$，则为左旋极化波。

3) 椭圆极化

若 $\vec{E}_x$ 与 $\vec{E}_y$ 的幅度和相位差均不满足上述条件时,合成矢量端点的轨迹为一个椭圆,如图 9.6(e)、(f)所示。椭圆极化波的椭圆长短轴之比,称为轴比。当椭圆的轴比等于 1 时,椭圆极化波即是圆极化波;当轴比为∞时,电波的极化为线极化。

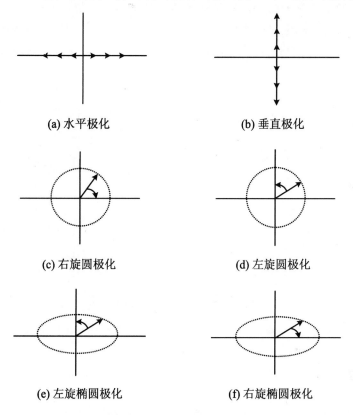

(a) 水平极化   (b) 垂直极化

(c) 右旋圆极化   (d) 左旋圆极化

(e) 左旋椭圆极化   (f) 右旋椭圆极化

图 9.6 电波的各种极化状态

根据电场旋转方向的不同,椭圆极化也可分为右旋和左旋两种。观察者沿波的传播方向看去,电场矢量在截面内顺时针方向旋转称右旋极化,逆时针方向旋转称左旋转化。

电波的极化特性是由发射天线决定的。反过来,不同极化的电波则要求天线与之极化特性匹配,即线极化天线只能辐射或接收线极化波,并且水平极化天线只能接收由水平极化天线辐射的水平极化波,不能接收由垂直极化天线辐射的垂直极化波,反之亦然;圆极化天线只能发射或接收圆极化波,并且,右旋圆极化天线只能接收右旋圆极化天线发射的右旋圆极化波,而不能接收左旋圆极化波,反之亦然。卫星直播电视有的用线极化波,有的用圆极化波。一般卫星电视接收天线都设计成既能工作于接收线极化波又能工作于接收圆极化波这两种状态。

值得注意的是,若卫星电视广播的电磁波为右旋圆极化波,则右旋圆极化波经反射面一次反射会变为左旋圆极化,所以,进入前馈天线馈源的圆极化是左旋的。对于后馈天线而言,入射波经主、副反射面二次反射后,仍然为右旋圆极化波。

2. 极化转换器原理

由于天线馈源输出端通常要与带有矩形接口的卫星接收高频头连接,所以反射面天线的馈源通常需要一段极化转换器和矩圆过渡波导,如图 9.7 所示。对于接收采用圆极化波的卫星广播信号,装在接收天线馈源后的极化器先将圆极化波转换为线极化波,再通过矩圆过渡波导将圆波导中的波型变换为矩形波导中的波型。

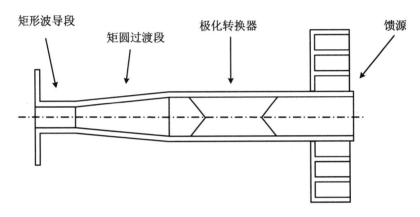

图 9.7　极化转换器和矩圆过渡波导

由于圆极化波可以看成是由 2 个正交、等幅、相位差 90° 的线极化波分量合成的,所以,极化器的工作原理就是用一个分量移相器使其中一个线极化波改变相位,经一段传输路程后,两个分量的相位变成相同,其合成场变成了线极化波。反射面天线中常采用 45° 介质片分量移相器。

45° 介质片分量移相器如图 9.8 所示。在圆波导内与矩形波导宽边 45° 角方向上安装一个介质片。假设进入馈源的来波是左旋圆极化波,则可将圆极化波分解

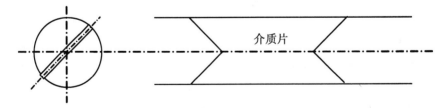

图 9.8　45° 介质片分量移相器结构示意图

为与介质片平行的分量 $E_{||}$ 及与介质片垂直的分量 $E_\perp$。由于是左旋,所以 $E_{||}$ 超前 $E_\perp$ 90°。但 $E_{||}$ 在介质片上传输的速度比垂直于介质片的 $E_\perp$ 慢,$E_{||}$ 的相位逐渐被延迟。选择合适的介质片长度,可使 $E_{||}$ 的相位恰好延迟 90°,$E_{||}$ 变成了与 $E_\perp$ 同相位,于是合成场变为与介质片成 45° 夹角的线极化波。由于矩形波导的极化方向

与宽边垂直,所以该极化波能进入矩形波导传输。用作分量移相器的介质片,一般由微波损耗小的聚四氟乙烯板或聚四氟乙烯纤维板制作而成,片长通过实验确定,二头成凹状是为了减少波的反射。

接收各种极化波时,极化器与波导宽边的安置方向如图 9.9 所示,这是从高频头的矩形波导口向馈源方向看去的。圆形波导由于结构对称,对波的极化形式没有选择性,而矩形波导只允许与其宽边垂直的电场通过。

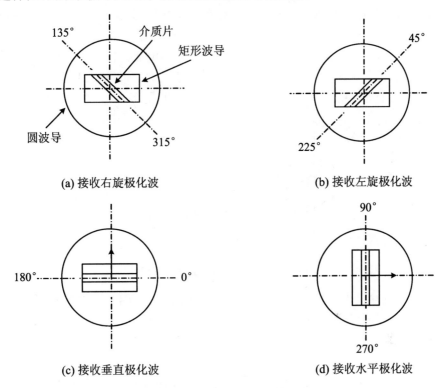

(a) 接收右旋极化波　　　　　　　　　　(b) 接收左旋极化波

(c) 接收垂直极化波　　　　　　　　　　(d) 接收水平极化波

图 9.9　接收极化波与移相器介质片角度的关系

9.2　天线的技术参数

卫星接收天线最重要的应用要求就是它的接收卫星电波的能力和抵御其他无用电波的干扰能力。而天线这些能力的强弱,或者说天线的性能高低,是由其若干技术参数来体现的。常用的天线技术参数主要包括天线方向图、副瓣电平、天线增益、效率、品质因数、噪声温度、阻抗和驻波比等。其中,天线方向图和增益是天线实际使用中经常用到的两个重要参数。前者给出了天线接收(或发射)电波的方向性分布状况,并给出天线最强的接收(或发射)的主要方向;后者则给出了在最强方向上天线接收(或发射)电波信号能力的大小。天线的噪声温度和驻波则更多地体现出该天线的结构设计和实际加工的质量高低。以下分别给出天线主要技术参数的定义、物理意义以及计算方法等。

9.2.1 天线方向图

天线辐射的电场强度在空间各点的分布各不相同,为了形象地描述天线辐射强度的分布情况,可以用矢量来表示电场。把天线放置于坐标原点,并使其轴向与 Z 轴方向重合,所有的矢量从原点出发,其长度代表电场强度。用连线将各矢量端点连成包络,就是天线的方向图。显然,方向图是三维的,但通常取其水平和垂直两个切面,故有水平方向图和垂直方向图,如图 9.10 所示。

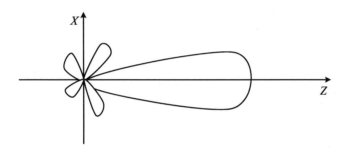

图 9.10　天线的方向图(垂直切面)

方向图反映了天线集中辐射能的情况。通常的方向图有许多叶瓣,最大辐射方向的叶瓣称为主瓣,其他叶瓣称为副瓣。主瓣宽度定义为当信号功率下降到最大辐射方向功率值的一半处,两点之间的夹角宽度。对于口径为 D 的抛物面天线,其主瓣宽度可用下式估算:

$$\Phi_{3\text{dB}} = 70\frac{\lambda}{D} \quad (\lambda \text{ 为工作波长})$$

由上式可见,天线的口径越大,波长越短,则天线的主瓣宽度越小,意味着天线对电波的聚集能力越强,接收效果越好。当然,这也要求天线要对得更准确,否则反而收不到所需要的电波信号。

副瓣电平定义为

副瓣电平 $= 10\lg$(副瓣最大功率 / 主瓣最大功率) (单位:dB)

不同的天线,副瓣的分布和大小也不一样,通常需要通过实际测试才能准确获得。对于发射天线而言,高的副瓣电平将在天线的副瓣方向上对其他同频无线通信系统造成干扰;对于接收天线而言,高的副瓣电平意味着本系统容易受到其他同频无线电波的干扰。因此,副瓣电平越小越好。

9.2.2　天线增益

在相同的输入功率条件下,天线在最强辐射方向上的远处某一点所产生的电场强度的平方 E^2(或功率 P),与无耗理想点源天线在该点所产生的电场强度的平方 E_0^2(或功率 P_0)之比,定义为该天线的增益 G。

假设理想面天线的主反射面的等效开口面积为 S_0,且在 S_0 上的电场为同相均匀分布,则该理想面天线的等效开口面积 S_0 与理想点源天线的等效开口面积 $\lambda^2/4\pi$ 之比,即为理想面天线的增益:

$$G_0 = \frac{E^2}{E_0} = \frac{P}{P_0} = \frac{S_0}{\lambda^2/4\pi} = \left(\frac{\pi D_0}{\lambda}\right)^2$$

其中,D_0 为理想面天线的等效开口直径。

对于实际使用的天线而言,由于设计、加工、安装等过程中的各种误差造成了实际天线的开口面积 S 并不等于理想天线的等效开口面积,因此引入了天线效率的概念。将实际天线的开口面积 S 与理想天线的等效开口面积 S_0 之比,定义为该天线的效率,即 $S_0=\eta S$,则非理想面天线的增益为

$$G = \eta \frac{4\pi S}{\lambda^2} = \eta \left(\frac{\pi D}{\lambda}\right)^2 = \eta G_0$$

若用分贝数表示,则有

$$G = 10\lg \eta + 20\lg \frac{\pi D}{\lambda} \quad (\text{单位:dB})$$

由于天线的效率与天线设计的形状、结构和加工工艺等因素有关,故不同类型的天线,其效率也各不相同。相比较而言,用于卫星通信等大型后馈抛物面天线(即卡塞格伦天线)的效率比较高,通常可以达到 70% 左右;用于卫星直播电视接收的小型前馈型抛物面天线的效率比较低,通常为 50% 左右;小型偏馈天线的效率为 60% 左右。

从天线增益的计算公式可以看到,天线增益与口径面积成正比。因此,在相同的工作频率条件下,天线的反射面越大,增益就越高。同时还看到,天线增益与波长的平方成反比(也即与工作频率的平方成正比)。因此,在相同的天线口径面积下,工作波长越短(或者工作频率越高),天线的增益就越高。基于这个原因,直播卫星通常都采用较高的工作频段(如 Ku 波段和 Ka 波段),使地面接收系统可以采用面积小、增益高的接收天线。这样不仅可以在保证接收效果的情况下,使接收天线体积减小、成本下降,而且还便于居住于城市中的普通家庭安装使用(可安装于阳台或窗台上)。

9.2.3　天线噪声温度

除了天线增益外,天线的噪声温度对整个接收系统的性能也有着重要的影响,因为它会使系统的载噪比下降。为了全面地衡量天线的综合性能,通常采用天线

的品质因数来表示天线的性能。天线的品质因数 Q 定义为天线的增益与天线的噪声温度之比,即

$$Q = G/T_a$$

其中,G 为天线的增益,T_a 为天线的噪声温度。

天线噪声的概念实际上是天线本身对电波的各种损耗和外部自然界各种噪声对电波的干扰的综合体现。因此,天线噪声的来源可以分为内部噪声和外部噪声。

由天线反射面和馈源本身的损耗引起的噪声为内部噪声,它主要由天线的结构不合理、加工精度的误差和安装的不精确等因素造成。

天线所处的环境中存在各种自然界噪声,其中包括空间大气对电波的吸收、宇宙电磁场背景噪声(包括各种星体的电磁辐射等)和地面热辐射噪声等,这些都是天线的外部噪声来源。当天线的指向仰角较低时,电波通过大气层的距离增大,外部噪声的影响就会比较大。

对于卫星直播电视接收系统来说,通常的地面接收天线仰角都比较大,故外部噪声影响不会太大。因此,对于直播卫星接收天线而言,内部噪声是主要的影响因素。通常,直播卫星接收天线的噪声温度取值在 30~50 K。

9.2.4　阻抗与驻波比

天线阻抗是指从天线输出端口(对于接收天线而言)看向天线的输入阻抗,定义为高频电压与电流之比。但在微波频段,这种高频电压和电流难以实际测量,故很少使用天线阻抗这一概念,而常用反射系数或驻波比来表示天线与馈线的阻抗匹配状况。

电压驻波比 ρ 与电压反射系数 Γ 之间的关系为

$$\rho = \left| \frac{E_{\max}}{E_{\min}} \right| = \frac{1 + |\Gamma|}{1 - |\Gamma|}$$

为了保证天线的使用效果,一般要求天线的驻波比 ρ 应在 1.4 以内。驻波比通常通过天线的回波损耗 Lr 来计算(回波损耗的测量方法很简单)。Lr 与 ρ 的关系为

$$Lr = 20\lg \frac{\rho + 1}{\rho - 1} \quad (\text{单位:dB})$$

9.3　卫星接收高频头

卫星接收高频头,通常安装在室外卫星接收天线的馈源之后。其内部主要包括微波低噪声放大和微波下变频两大部分,故也称为低噪声下变频组件,英文缩写为 LNB(Low Noise Block)。高频头的主要作用是将天线接收到的下行微弱电磁

波信号进行放大,并将它变换成频率为 950～1 450 MHz(或 1 750 MHz,最高可达 2 150 MHz)的第一中频信号,以便通过射频电缆,将它送给室内的卫星电视接收机,进行电视信号的解调。

　　由于从卫星接收天线接收到的卫星信号极其微弱,而高频头又处于整个接收系统电路的最前端,因而高频头性能极大地影响着整个接收系统的接收质量。近年来,随着微波半导体技术的发展,体积小、价格低、性能好的微波场效应晶体管(FET)的出现,使高频头无论在性能上、体积上,还是在成本上,都得到了极大的改善。

9.3.1　高频头的基本组成

　　高频头的基本组成框图如图 9.11 所示。它主要包括波导—微带变换器、微波低噪声放大器、本机振荡器、混频器、前置中频放大器和电源供电电路等部分。整个电路安装于既有电磁波屏蔽作用又有防水防潮功能的密闭的小型铝合金壳体之内。

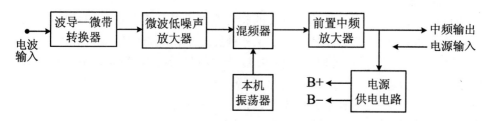

图 9.11　高频头电路组成框图

　　图 9.11 中,输入端的波导—微带转换器的作用是将波导口输入的电磁波信号转换成微带电路上的高频电流,以便对其进行放大和变频;微波低噪声放大器通常是由多级微波场效应管(FET)放大器组成,提供 20～40 dB 的功率增益;本机振荡器一般采用介质谐振器稳频的场效应管振荡器,产生高稳定的固定振荡频率(Ku波段约为 11 GHz),为混频器提供所需的本地振荡信号;混频器通常由微波二级管或场效应管组成,利用其非线性特性来产生输入信号与本振的差频,并通过低通滤波器选出所需的中频信号;前置中频放大器一般由多级晶体管放大器或高频集成电路组成,提供 30～40 dB 的功率增益,将信号放大到足够的强度,再通过射频电缆传送到室内的卫星数字电视接收机上;电源供电电路为高频头内部各部分电路提供所需的低压直流供电电源。

9.3.2　波导—微带转换器

　　高频头常用的波导—微带转换器结构如图 9.12 所示。其输入端是一段矩形波导段,波导输入口为一个连接固定用的法兰盘(与天线的馈源相连),波导的另一端为封闭短路。转换器的输出端是一根探针,探针的一头从矩形波导的宽边插入,并伸入到波导之中,另一端与微带电路连接。

(a)　　　　　　　　　　　　　(b)

图 9.12　　波导—微带转换器结构示意图

　　波导—微带转换器的功能,除了将场信号变换成路信号外,还必须完成一个从波导的高阻抗到微带电路的低阻抗的阻抗变换过程,使得在这一变换过程中,信号能量的损失最小,从而最大限度地将天线送来的场信号转化成微波低噪声放大器输入端的路信号。由于波导—微带转换器处于高频头的输入端,其性能的好坏对高频头的噪声系数指标影响极大。因此,波导—微带转换器结构尺寸的优化设计是非常重要的。

　　为了使波导—微带转换器在较大的频带宽度内都具有很好的阻抗匹配效果,实际使用的波导—微带转换器都采取了各种展宽工作频带的措施。图 9.13(a)中是将探针的末端做成一个圆柱形,图 9.13(b)则将探针的位置略向波导窄边方向偏移一定的距离,图 9.13(c)则采用了阶梯波导结构,图 9.13(d)是在探针伸入到波导的部分套上一个圆柱形介质棒,图 9.13(e)是在探针伸入到波导的部分的顶端连接一个小金属球,图 9.13(f)采用脊波导结构。

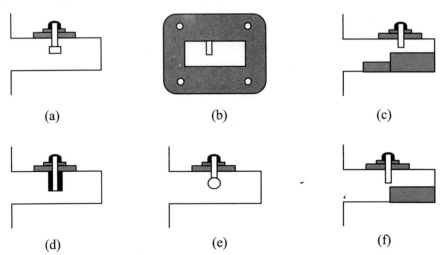

(a)　　　　　　　　　　　(b)　　　　　　　　　　　(c)

(d)　　　　　　　　　　　(e)　　　　　　　　　　　(f)

图 9.13　　常见的几种波导—微带转换器结构

9.3.3 低噪声放大器

微波低噪声放大器主要采用低噪声、高增益的微波场效应管(FET)来构成。由于低噪放的工作频率处于 Ku 频段的高频率,且总增益要求高达 $20\sim40$ dB,所以,通常需要由多级 FET 放大器来组成。为了充分发挥 FET 器件的潜力,保证低噪声、高增益、高稳定的特性,通常需要针对前后各级放大器分别采用不同的设计原则和方法进行设计。

1. 单级 FET 放大器

为了充分发挥 FET 器件的潜力,需要适当设计 FET 放大器的输入匹配网络和输出匹配网络,使 FET 器件分别与信号源和负载实现最佳的匹配。单级放大器的电路构成框图如图 9.14 所示。

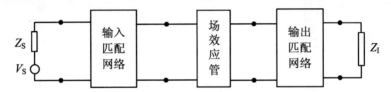

图 9.14 单级微波场效应管放大器的构成框图

匹配网络一般采用微带传输线来实现,主要有串联型、并联型和混合型(或并串联型)三种基本形式。串联型匹配网络的结构有多种,图 9.15 是其中常用的几种。

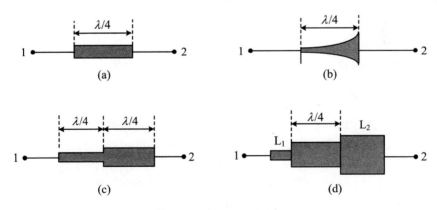

图 9.15 串联型匹配网络

并联型匹配网络如图 9.16 所示。对于并联型匹配网络中的并联支节端口一般为开路端口或短路端口。

混合型匹配网络如图 9.17 所示。其中,图 9.17(a)中的端口 1 和端口 2 的并联支节分别用以抵消输入和输出端口的电抗部分,再用两个 1/4 波长串联支节进行阻抗变换。图 9.17(b)为倒「形变换电路。图 9.17(c)为 T 形阻抗匹配网络。

在实际设计中,通常利用史密特圆图或计算机辅助设计方法进行匹配网络的设计。

图 9.16　并联型匹配网络

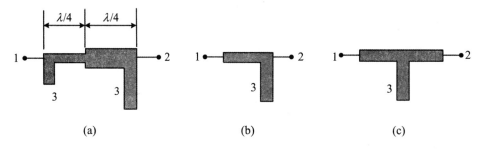

图 9.17　混合型匹配网络

2. 多级 FET 放大器

由于单级放大器的功率增益有限,通常需要采用多级放大器来级联。为了使多级放大器的总体性能达到最佳,就需要对前后级放大器采用不同的设计原则进行设计。对于多级放大器来说,其总增益 G_Σ 与各级放大器的增益 $G_1,G_2,\cdots,G_n$ 之间的关系为

$$G_\Sigma = G_1 \cdot G_2 \cdot \cdots \cdot G_n$$

多级放大器的总噪声系数 F_Σ 与各级放大器噪声系数之间的关系为

$$F_\Sigma = F_1 + \frac{F_2-1}{G_1} + \frac{F_3-1}{G_1 \cdot G_2} + \cdots + \frac{F_{n+1}-1}{G_1 G_2 \cdots G_n}$$

由上式可见,第一级放大器的噪声对放大器总噪声影响最大,其次是第二级,越往后影响就越小。同时,前级的增益越高,对后级的噪声抑制能力越强。而对于总增益的作用,各级均相同。由此可见,前级放大器应采用噪声性能最好的器件,并采用最小噪声系数的设计原则进行设计。而后级放大器对器件的噪声性能要求相对降低些,可采用最大功率增益的设计原则进行设计。

图 9.18 是一个 Ku 频段三级低噪声场效应管放大器的例子。该放大器的第一级采用噪声系数最低的高迁移率场效应管,并按最低噪声系数原则设计,第二级和第三级采用普通微波场效应管,并按最大功率增益原则设计,各级的源阻抗和负载阻抗均取值为 50 Ω,使得电路对器件参数有较强适应性。

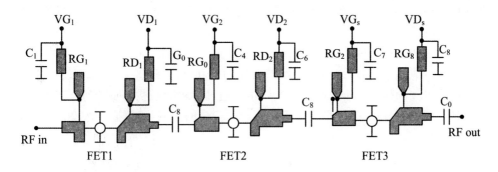

图 9.18　一个 Ku 频段三级低噪声放大器的例子

9.3.4　本机振荡器

卫星直播电视接收高频头中,本机振荡器的工作特点是工作频率高、频率稳定度要求高,因而需要采用具有特殊稳频措施的微波振荡器。综合考虑性能、体积、成本等因素,目前普遍采用介质谐振器稳频的微波振荡器结构。

1. 微波介质谐振器

微波介质谐振器采用低损耗、大相对介电常数(ε_r)的复合陶瓷材料制成。由于 ε_r 很高,使得介质材料中的电磁波在介质和空气的交界面上产生全反射或近似全反射,这种特性使得介质谐振器内部的电磁能量产生振荡,且不会通过介质表面而迅速衰减。

介质谐振器与金属波导谐振类似,存在多种谐振模式。为了使介质谐振器的稳频效果更好,就要选择 Q 值高的模式,而抑制其他模式。通常所选振荡器模式为 $TE01\delta$,此时介质谐振器厚度 L 与介质中的波长的关系应满足 $L < \lambda g/2$。

由于介质谐振器的 ε_r 很大,为 35~45,故介质中的波长很小,所以介质谐振器的体积也很小。介质谐振器的固有谐振频率主要取决于介质的形状和尺寸。目前,常用的介质谐振器形状为圆柱形和圆环形。表 9.1 给出了一种圆柱形介质谐振器的固有谐振频率与其几何尺寸的关系。

表 9.1　一种圆柱形介质谐振器尺寸与频率的关系($\varepsilon_r = 36, Q = 6\,000 \sim 6\,400$)

直径(mm)	厚度(mm)	频率(GHz)
4.56	2.06	11.46~12.45
5.50	2.44	9.69~10.53
6.50	2.88	8.20~8.90

介质谐振器的固有谐振频率是指介质谐振器处于自由空间时的谐振频率。在实际使用中,当它放置于其他介质材料或导体上时,其谐振频率就会发生改变。其原因是有一部分电磁场分布于其外表,当它靠近其他介质或导体时,其外部的电磁场分布规律就会发生变化。如当它靠近金属导体时,谐振频率就会升高;而当它靠

近介质材料时,谐振频率就会下降。这一特性常被用于设计成频率微调机构。微调介质谐振器的谐振频率如图9.19所示。通过调节金属圆盘上的螺钉,可改变金属圆盘与介质谐振器的距离,从而改变介质谐振器的谐振频率。

在实际应用中,还可以利用介质谐振器的外部电磁场的分布特性来实现其与微带电路之间的信号耦合,如图9.20所示。通过介质谐振器的磁场与微带电路上的微带线的交链,可以实现信号能量的耦合。耦合的强弱,可以通过改变二者之间的距离来调节。

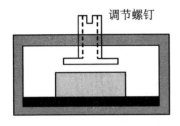

图 9.19 介质谐振器的频率微调机构

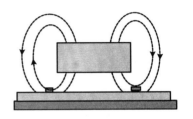

图 9.20 介质谐振器与微带电路的耦合

2. 介质谐振器稳频 FET 振荡器

根据介质谐振器在振荡器中的稳频机理,介质谐振器稳频的 FET 振荡器(简称介质振荡器)可以有多种形式,其中常用的是反射型和反馈型。

反射型介质振荡器中,介质谐振器通常置于 FET 栅极的微带线上,如图9.21所示。介质谐振器 DR 放置在 FET 栅极微带线上,与栅极微带传输线一起构成一个带阻滤波器。当振荡器的振荡频率与介质谐振器的谐振频率相同时,这一带阻滤波器便将信号能量反射到 FET 栅极,使振荡得以维持下去。而对于其他频率,介质谐振器不起作用,振荡信号能量被栅极终端电阻 RG 吸收,无法维持振荡条件。

反馈型介质振荡器将介质谐振器作为 FET 振荡器选频反馈回路,工作原理如图9.22所示。介质谐振器置于 FET 栅极和漏极之间,这样,只有当振荡频率等于 DR 谐振频率时,由 DR 构成的反馈回路才起作用,使之满足振荡条件,振荡器正常工作;否则,不满足振荡条件,电路不起振。这种振荡器结构简单、调试方便,因而应用最广泛。

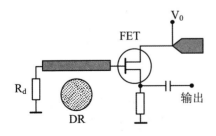

图 9.21 反射型介质振荡器电路

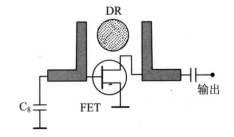

图 9.22 反馈型介质振荡器电路

9.3.5　微波混频器

微波混频器主要采用微波二极管或微波场效应管作为非线性器件。按照电路形式,微波混频器可分为二极管单端混频器、二极管平衡混频器、栅极注入式场效应管混频器和漏极注入式场效应管混频器等。

1. 二极管单端混频器

二极管单端混频器的电路形式如图 9.23 所示。输入端的定向耦合器将输入信号和本振功率混合后加到混频二极管上,并利用定向耦合器良好的隔离作用,将信号源与本振源二者相互隔离,以免互相影响。为了使混频二极管与输入电路匹配,在定向耦合器与二极管之间加入了由串联支节构成的串联型输入匹配网络。在二极管输出端,利用一段 $\lambda g/4$ 的低阻抗并联支节和一段 $\lambda g/4$ 的高阻抗串联支节,构成一个低通滤波器,以阻挡输入信号和本振信号,并让中频信号顺利通过。在二极管输入端与地之间并上一段 $\lambda g/4$ 高阻线,构成中频到地的通路,防止中频信号进入前端高频电路。

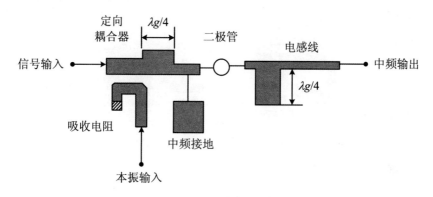

图 9.23　二极管单端混频器

2. 平衡式混频器

平衡式混频器需要用两个二极管,但它提高了变频效率,改善了噪声特性,其电路结构如图 9.24 所示。图中输入端是一个 3 dB 微带电桥,其作用是将输入到

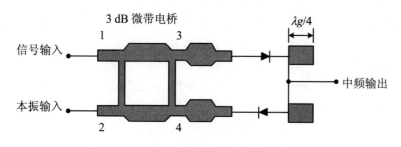

图 9.24　平衡式二极管混频器

端口 1 和端口 2 的信号和本振功率,分别平分到端口 3 和端口 4,并使信号与本振两个输入口相互隔离。微带电桥的另一个作用是使两个二极管输出的中频分量在相位上相同,从而在负载上互相叠加,并使本振噪声的相位相反,在负载上互相抵消,提高了输出信噪比。为了使二极管的阻抗分别与微带电桥的端口 3 和端口 4 阻抗匹配,在两只二极管输入端插入了串联型阻抗匹配网络。在二极管输出端,由 $\lambda g/4$ 低阻抗并联支节和 $\lambda g/4$ 高阻抗串联支节构成低通滤波器,以取出中频分量,并阻挡输入信号与本振功率的通过。

3. 场效应管混频器

栅极注入式场效应管混频器的结构与单端式二极管混频器类似,如图 9.25 所示。不同之处在于 FET 的栅极需要引入直流偏置电路,使 FET 的静态工作点处于非线性区。FET 栅极压 V_G 也是通过由 $\lambda g/4$ 低阻抗并联支节(终端开路)和 $\lambda g/4$ 高阻抗串联支节构成的栅偏压馈入电路送到 FET 栅极,漏极偏压 V_D 则通过一个高频扼流圈合到 FET 漏极上。栅极注入式 FET 混频器的优点是所需本振功率小,灵敏度高,并有一定的变频增益(一般可达 3～10 dB),故可降低对中频放大器增益的要求。

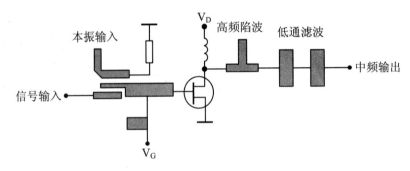

图 9.25　栅极注入式 FET 变频器

9.3.6　前置中频放大器

卫星电视接收系统的中频频率范围为 950～1 450 MHz(或 950～1 750 MHz)。高频头中的前置中频放大器的作用是将混频器输出的微弱的第一中频信号进行放大,使整个高频头的总增益达到技术指标的要求,并补偿中频信号在电缆传输过程中的损耗,使送到室内单元的信号电平达到室内接收机输入电平的要求。

中频放大器的构成形式有分立元件和集成电路两种形式。由于中频放大器增益高,需采用多级放大器,若采用分立元件电路,必然存在所需元件多、体积大、调试麻烦等问题,故目前主要采用射频集成电路来构成。随着微波集成电路技术的发展,已出现了多种适合于前置中放使用的集成电路。这些集成化中频放大器具有体积小、稳定性高、一致性好、电路无需调整等优点,已在卫星接收高频头中广泛使用。表 9.2 给出了一种常用的集成中频放大器芯片的主要性能参数。

表 9.2　μpc1659 系列集成电路主要电参数

型号	测试条件		工作电流(mA)		功率增益(dB)		噪声系数(dB)	工作频率范围(GHz)
	F(GHz)	V_{CC}(V)	最小	最大	最小	最大	最大	
μPC1659A	1.5	10	15	27	17.0	22..0	6.5	0.6～2.3
μPC1659B	1.5	10	15	27	20.5	25.5	6.5	0.6～2.3
μPC1659G	1.5	10	15	27	20.0	26.0	6.5	0.7～1.75

在实际使用中,如果采用一片集成电路达不到需要的增益,就可用两片级联或与分立元件电路混合使用。图 9.26 为一种高频头所采用的前置中放电路,它由一级集成中放与两级三极管分立元件放大器组成,总增益可达 45 dB 左右。

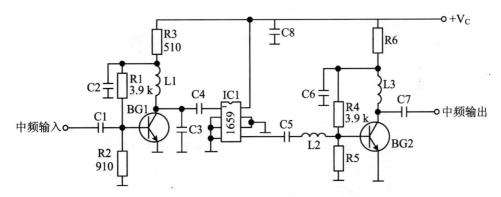

图 9.26　一种前置中频放大器电路例子

9.3.7　电源供电电路

卫星高频头的供电是由室内接收机通过连接二者的射频电缆提供的。虽然高频头的供电电流不大(约 200 mA),但由于电缆较长(达数十米),容易产生电压降,增大供电电源的内阻,不利于高频头的正常工作,为此,在高频头内部还需设置直流稳压电路。同时,为了给低噪声放大器等电路提供负极性偏压,还需要设置一个DC-DC 变换器。电源供电电路组成框图如图 9.27 所示。

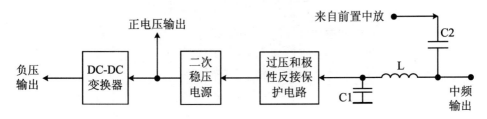

图 9.27　高频头的电源供电电路组成框图

从中频输出口输入的直流电(电压为＋15～＋23 V)经 LC 电路滤除中频分量

后,再经过过压/级性反接保护电路,送入二次稳压电路,得到稳定的正电压输出。输出的正电压同时也送到 DC-DC 变换电路,将它变成固定的负电压输出。由于高频头体积小,内部空间有限,因而要求电源电路紧凑且稳定可靠。

为了防止因输入电源过压或极性反接而损坏高频头,高频头在电源输入端一般都设有电压和极性反接保护电路。典型的电路如图 9.28 所示。图中,D2 为过压保护器,当输入电压超过额定值时(如雷电感应的脉冲高压),D2 就会被迅速击穿而短路,从而使过高电压不至于窜入高频头稳压器内。D1 为极性反接保护二极管,当输入电源极性相反时,D1 截止,使高频头稳压器与输入端隔离,从而保护内部电路。

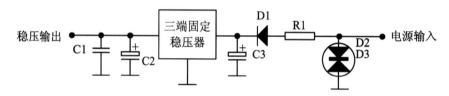

图 9.28   过压/极性反接保护电路

高频头功耗较小,电压较低,普遍采用体积小、性能优越的三端固定式稳压集成电路做二次稳压器。常用的如 7800 系列的三端固定稳压器集成电路 7805(输出 5 V)、7808(输出 8 V)和 7812(输出 12 V)等,其最大输入直流电压达 48 V,最大输出电流为 1 A 左右。这些三端固定稳压器除了具有优良的直流稳压特性外,还具备多种自动保护功能,如输出过流自动保护、输出短路保护、调整管安全工作区保护和过热保护等。

卫星接收高频头中用的场效应管为电荷控制器件,所需的负栅偏置只取电压不取电流,故对 DC-DC 变换器的要求不高。常用的集成 DC-DC 变换器芯片如 ICL7660,其内部采用电荷泵电路结构,可将输入的+1.5～+10 V 的正极性电压变换成−1.5～−10 V 的负极性输出电压。图 9.29 为 ICL7660 的典型应用电路。由图可见,由其构成的 DC-DC 变换器电路十分简单,仅需两个外接滤波电容器即

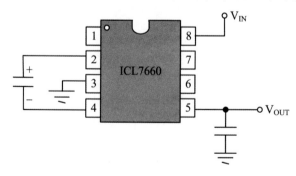

图 9.29   ICL7660 的典型应用电路

可,变换效率可以高达 90% 以上。

9.4　高频头的主要参数

由于高频头处于卫星直播电视接收系统的前端,其性能高低对整个卫星直播电视的接收效果影响重大。同时,高频头又有工作频率高、要求增益大的特点,并放置于恶劣的室外环境,因而对高频头技术性能提出了很高的要求。高频头的技术指标主要包括:噪声系数、功率增益、工作频带、本振频率稳定度和镜像抑制度等。

9.4.1　噪声系数

接收装置的内部噪声是衡量接收系统性能的重要指标之一,噪声系数定义为

$$F = (P_{Si}/P_{Ni}) / (P_{So}/P_{No})$$

式中,(P_{Si}/P_{Ni}) 为输入功率信噪比;(P_{So}/P_{No}) 为输出功率信噪比。可见,噪声系数实际上反映了接收设备(或放大器)对所处理信号信噪比的影响程度。F 值越大,意味着经过接收设备处理后的输出信号中,噪声增大了,信噪比变差了。

当 F 值很小时,常用噪声温度 T_e 来表征接收装置的噪声特性。T_e 定义为将接收装置输出的内部噪声等效为输入端绝对温度为 T_o 的匹配负载电阻所产生噪声时的温度。T_e 用绝对温度表示。噪声系数 F 与噪声温度可以通过下式来换算:

$$F = 1 + \frac{T_e}{T_o} \quad \text{或} \quad T_e = (F-1)T_o$$

式中,T_o 为地面标准噪声温度,一般取 290 K。

对于由多级放大器构成的接收系统来说,总的噪声系数与各级电路的噪声系数之间的关系为

$$F_\Sigma = F_1 + \frac{F_2 - 1}{G_1} + \frac{F_3 - 1}{G_1 G_2} + \cdots + \frac{F_{n+1} - 1}{G_1 G_2 \cdots G_n}$$

式中,$F_1, F_2, \cdots, F_n$ 分别为第 1 级、第 2 级……第 n 级电路的噪声系数,$G_1, G_2, \cdots, G_n$ 分别为第 1 级、第 2 级……第 n 级电路的功率增益。可见,接收系统总的噪声系数主要取决于前级电路噪声性能。同时,尽可能地提高前级放大器的功率增益,可以有效地抑制后级电路产生的噪声对整机的影响。

高频头处于卫星电视接收系统的最前端,其噪声大小对整个系统性能影响最大,故要尽量降低高频头的噪声系数。而高频头的噪声系数主要取决于其最前端的多级微波低噪声放大器的噪声特性。微波低噪声放大器的噪声系数的大小主要取决于放大器中所采用的微波场效应管的噪声性能,以及最前级低噪声放大器的输入匹配电路的设计。

9.4.2 功率增益

功率增益用于衡量接收装置对输入信号功率的放大能力,功率增益的定义为

$$G = P_{so} / P_{si} = V_{so}^2 / V_{si}^2$$

式中,P_{si} 为输入信号功率;P_{so} 为输出信号功率;V_{si} 为输入信号电压;V_{so} 为输出信号电压。功率增益通常采用分贝来表示,即

$$G = 10\log(P_{so} / P_{si}) = 20\log(V_{so} / V_{si}) \quad (单位:dB)$$

由于从同步卫星发送到地面的卫星电视信号需经过大约 35 800 km 的传播损耗,电波信号到达地面时电波强度大约仅为 −100 dBm/M²。该电波信号经过高增益的卫星接收天线的能量聚集并变换成微波信号送到高频头的输入端,微波信号的电平强度大约仅为 −90 dBm。而室内卫星接收机要求的输入信号电平约为 −35 dBm。如果再考虑到中频电缆对信号的传输损耗(可达 20~30 dB),则要求高频头应具有高达 50~65 dB 的功率增益。

在微波频段(如 Ku 频段),由于工作频率高,单级放大器的功率增益通常只能做到 10 dB 左右,因此需要采用多级放大器结构才能达到设计要求。然而,多级高增益微波放大器不仅带来设计上的复杂、加工和调试上的困难等问题,而且还会带来系统的潜在的不稳定因素,从而给整个高频头的设计、加工和批量生产等带来困难。

由前面的介绍可知,高频头电路的功率增益主要由输入端的多级低噪声放大器和输出端的中频放大器来提供。

9.4.3 工作带宽

卫星直播电视的工作频段为 Ku 或 Ka 频段,可用的工作带宽比较宽,一般达到 500 MHz,在某些地区(如欧洲等)则可达到 800 MHz,甚至更宽。为了适应不同地区和多频道接收要求,高频头的工作带宽应能够覆盖到整个频段,否则将会出现在某些地区接收不到某些电视频道等问题。当然,过宽的工作带宽会给高频头的电路设计带来一定的难度,所以在一些全频段宽带高频头设计中,采用了双本振、双频段的设计方案。通过切换本振频率,可以改变接收频率的范围,从而可以成倍地扩展高频头工作频率的范围。

9.4.4 本振频率稳定度

高频头的本机振荡信号与输入信号在混频器中差拍得到中频信号。如果本振频率不稳定或相位噪声大,都会严重地影响整个系统工作的稳定性和接收效果。由于高频头工作频率高,且又放置于室外,环境温度的变化会造成本振频率的偏移。为了保证本振频率的稳定性,就要求本振频率的相对稳定性要很高。如果在 −30~+60 ℃ 的环境温度变化范围内,本振频率的最大偏移量小于 ±2 MHz,相当

于本振的频稳度应达到 $10^{-6}/℃$ 数量级。这样的频稳度必须采用特殊的稳频措施才能达到。在卫星接收高频头设计中,由于要求高频头的体积要很小,故主要采用介质谐振器稳频和锁相环稳频等方法。

9.4.5　镜像抑制度

在变频器中,无论是采用高本振还是采用低本振方案,都存在一个与输入信号成镜像关系(相对于本振频率)的另一个频带频率。这些频率与本振频率差频后,恰好也落在第一中频的频率范围内,从而对有用的输入信号形成干扰,这种干扰称为镜像干扰。为了有效地抑制镜像干扰,要求高频头内的低噪声放大器和下变频器电路对镜像干扰有足够强的抑制能力,一般要求达到 45 dB 以上。因此,通常要在高频头内部的低噪声放大器和下变频器之间插入专门设计的镜像抑制滤波器,才能使其达到要求。

表 9.3 给出了一种 Ku 波段高频头的主要技术指标。

表 9.3　Ku 波段高频头的主要技术指标

项目	参数	项目	参数
输入频率范围(GHz)	11.7~12.2	镜像抑制度(dB)	≥45
功率增益(dB)	60	输出中频频率(MHz)	950~1 450
噪声系数(dB)	≤0.8	供电电压(V)	15~23
本振频率(GHz)	10.75	供电电流(A)	≤200
本振频率稳定度(MHz)	≤±2.0		

第 10 章　卫星直播数字电视
接收系统设计

卫星直播数字电视接收系统包含卫星接收天线、高频头和接收机三大部分。卫星直播数字电视的最后接收效果取决于这三大设备的相关技术指标,其中最关键的技术指标分别为卫星接收天线的增益、高频头的噪声系数和卫星接收机的解调门限。由于卫星接收机都是按照相同的技术标准进行设计和制造的,尽管不同厂商生产的卫星接收机所采用的电路结构各不相同,但对于采用相同信道传输参数的卫星数字电视节目来说,其解调门限基本上相近,可以认为是一个常数。因此,在进行整个直播电视接收系统设计时,实际上主要是设计和选择室外接收天线和高频头。同时,由于天线和高频头处于整个接收系统的最前端,其规格和性能指标对整个系统的接收效果影响巨大。

为了更好地进行卫星直播数字电视接收系统的设计,首先需要了解电视质量与卫星接收系统主要技术指标之间的关系,其次是掌握卫星接收系统各个部分设备主要技术指标的分析计算方法,最后才能进行整个卫星直播数字电视接收系统的设计、设备选择和系统安装与调整。

10.1　卫星电视质量与接收系统参数的关系

10.1.1　电视图像质量的评价方法

电视图像质量的判定方法主要有客观测试和主观评价两种。客观测试主要通过专门仪器设备对电视图像信号进行测量,直接得出相关的性能参数,故是一种快速且十分准确的评价方法。这也是相关管理部门和生产企业对卫星电视接收设备进行质量检验的主要方法。但对于卫星直播电视的个体接收用户来说,并不具备这种测试条件。主观评价也是对电视图像质量进行评价的另一种常用方法,其评价结果具有足够的置信度,因而是一种既实用又直观的评价方法。

电视图像在传输系统中,其质量所受的影响表现为图像杂波的增大或图像"马赛克"现象的出现,这种图像杂波或"马赛克"现象很容易被人觉察出来,因此,可以用图像受杂波或"马赛克"损伤的程度来评定图像质量的等级。常采用的是 5 级记分法,如表 10.1 所示。对于数字电视而言,在正常的接收条件下,电视图像质量等级应达到 4 级以上。

表 10.1　图像质量的主观评价等级

图像等级	主观评价	干扰和杂波的可见度
5	优等	不能觉察
4	良好	能觉察,但不讨厌
3	可以	能明显觉察,尚可容忍
2	差	明显觉察,令人讨厌
1	很差	极其明显,很讨厌

10.1.2　图像质量与接收系统参数的关系

图像杂波或"马赛克"的大小实际上是由于信号在传输过程中受到信道的各种干扰(主要是随机噪声干扰)的影响而造成的。因此,图像质量的好坏与系统相应的性能参数存在必然的联系。国际无线电咨询委员会(CCIR)给出了未加权视频信噪比与图像质量评价等级之间的关系(如表 10.2 所示)。欧洲广播联盟(EBU)也提出了一个标准(EBU 技术文件第 3230 号),根据这个标准得出,图像质量评价等级 Q 与未加权视频信噪比 S/N 之间存在下列关系:

$$S/N = 23 - Q - 1.1Q^2 \quad (单位:dB)$$

由此可以得到与 CCIR 给出的结果相近的结果(见表 10.2)。由于卫星电视接收装置输出的信号未经人眼视觉加权作用,所以用它来对一个设备的质量进行评价时,采用不加权信噪比是合理的。

表 10.2　CCIR 与 EBU 的未加权视频信噪比与图像质量评价等级的关系

图像质量等级	5	4	3	2	1
CCIR 标准的 S/N(dB)值	44.7	34.7	30	27	21
EBU 标准的 S/N(dB)值	45.5	36.6	29.9	25.4	23.1

10.2　卫星数字电视接收系统的性能分析

在数字卫星电视接收系统中,图像质量同样取决于系统输出的视频信噪比,而输出视频信噪比的高低与第一中频的载噪比密切相关。由于数字卫星电视接收系统对数字码流增加了一系列的差错控制编解码措施,使得系统的抗噪声性能得到大大的改善。为了进一步了解数字编解码措施对系统性能的改善作用,首先需要分析一下数字处理系统各个部分对系统性能的贡献。

10.2.1 DVB-S 系统的性能分析

下面以 DVB-S 标准的卫星数字电视接收系统为例进行分析。经卫星室外接收系统接收和变频后输出的带有噪声的第一中频信号,送到室内卫星数字电视接收机后,需经过 QPSK 解调、卷积解码、去交织、R-S 解码和去扰后,才能得到传输流输出。在此处理过程中,去交织和去扰只是误码位置的转移,无纠错功能,在分析中可以不考虑其对系统输出误码率的影响。因此,只要分析 R-S 解码器、卷积解码器和 QPSK 解调器等部分电路对系统抗噪声性能的贡献即可。

1. QPSK 的抗噪声性能

根据数字调制的相关理论,在加性高斯白噪声信道条件下,QPSK 解调器输出的误码率与其输入端的 E_b/N_0 之间的关系为

$$P_o = \frac{1}{2\log 2} erfc\left(\sqrt{\frac{E_b}{N_0}\log 2}\right)$$

其中,E_b 为单位符号平均信号能量;N_0 为噪声功率谱密度;$erfc(x)$ 是互补误差函数。由此式就可确定 P_o 与 E_b/N_0 之间的关系,如图 10.1 所示。

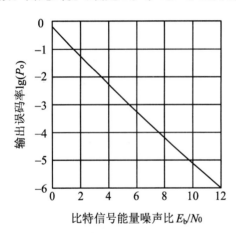

图中纵轴为输出误码率 $\lg(P_o)$,横轴为比特信号能量噪声比 E_b/N_0。

图 10.1 QPSK 解调器特征

2. 卷积码的抗噪声性能

对于自由长度为 d_f 的卷积码(n_0, k_0, m),其输出误比特率 P_o 与输入误比特率 P_i 之间的关系如下(当 P_i 足够小时):

$$P_o \approx \frac{M(d_f)}{k} 2^{d_f} P_i^{\frac{d_f}{2}}$$

其中,$M(d_f)$ 是输出码重为 d_f 的所有非零信息比特的总数;k 为编码效率。DVB-S 系统采用的是($2,1,6$)卷积码,其自由距离 $d_f=10$。K 可能取值为 $1/2$,$2/3, 3/4, 4/5, 5/6, 6/7$ 或 $7/8$。当 $K=3/4$ 时,$d_f=5$,求出 $M(d_f)$ 后,再由上式可得出卷积译码器输出误比特率 P_o 与输入误比特率 P_i 的关系,如图 10.2 所示。

3. R-S 码的抗噪声性能

DVB-S 系统采用 R-S($204,188,t=8$)作为外码,即码长 $n=204$ 字节,纠错能力 $t=8$ 字节的 R-S 码。它是由 R-S($255,239,t=8$)码截短后而得到的。如果假设 R-S 解码器输入端的误比特率为 P_i,则 R-S 译码后的误比特率为

$$P_o = \sum_{i=t+1}^{N} \frac{i}{N} C_N^i P_i (1-P_i)^{N-i}$$

对于 R-S($255,229,t=8$),有 $N=255, t=8$。由上式可得 P_o 和 P_i 之间的关系如

图 10.3 所示。

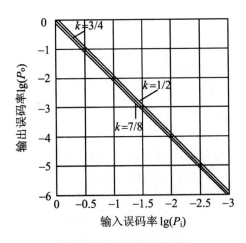

图 10.2　卷积解码器特征　　　　　　图 10.3　R-S 码解码器特征

综合以上分析结果可以看出,若 QPSK 解调器输入端的 E_b/N_0 为 5.5 dB(即为通常所规定的门限值)时,在卷积码解码器输入端的误码率约为 10^{-2},输出端的误码率约为 10^{-4};此时,R-S 码译码的输出误码率可达 10^{-11}(近似无误码),即相当于每小时少于一个不可纠正的误码。

4. E_b/N_0 与接收机输入端载噪比 C/N 的关系

在卫星数字电视系统中,E_b/N_0 与接收机输入端的载噪比(C/N)存在以下关系:

$$(E_b/N_0) = \frac{B}{R_b}(C/N) = \frac{1}{R_b}(C/N_0)$$

或

$$(E_b/N_0)_{dB} = (C/N)_{dB} + 10\lg B - 10\lg (R_b) = (C/N_0)_{dB} - 10\lg (R_b)$$

其中,R_b 是载波上所传送的压缩电视、音视频信号的总码率。若该载波传送 N 路电视节目,每路电视的视音频码率分别为 r_v 和 r_a,则有

$$R_b = N(r_v + r_a)$$

5. 载噪比 C/N 与接收系统品质因数 G/T 的关系

接收机输入端的载噪比 C/N 与接收系统品质因数 G/T 之间的关系,由下式决定(采用分贝表示):

$$(C/N) = (G/T) + (EIRP) - L_d - \Delta L_d - 10\lg K - 10\lg B$$

其中,$(EIRP)$ 为转发器的全向等效辐射功率,其值与传输方式(MCPC 或 SCPC)有关;ΔL_d 为由于雨衰、大气吸收、极化失配等引起的附加损耗;K 为玻尔兹曼常数,其值为 1.38×10^{-23} J/K;B 为接收系统的带宽;L_d 为电波的自由空间传播损耗,其值为

$$L_d = 20\lg \frac{4\pi d}{\lambda}$$

其中,λ 为卫星下行信号的波长,d 为地面站至卫星的距离。若用 $\varphi_星$ 表示卫星的经度,用 $\theta_站$、$\varphi_站$ 分别表示卫星和地面站的经度和经度,则有

$$d \approx 35\,800 \sqrt{1 + 0.42[1 - \cos\theta_站 \cos(\varphi_站 - \varphi_星)]}$$

为简化计算,对于 Ku 频段,L_d 可取 205 dB。

10.2.2　DVB-S2 系统的性能分析

在上节中,给出了 DVB-S 系统的分析过程,而对于 DVB-S2 系统的分析步骤与上节相同。但在 DVB-S2 系统中,由于使用的调制方式和纠错编码与 DVB-S 系统不同,所以在某些分析步骤中的参数有所不同,所获得的结果也不相同。具体来说,就是在上节分析中的第 1、第 2 和第 3 步分析中,主要针对系统所采用的调制方式和纠错编码方式进行分析,故分析计算的公式与 DVB-S 系统不同,所获的性能结果也不一样;而在第 4 和第 5 步骤中,主要涉及卫星传输信道的有关特性,而与具体的传输标准无关,所以 DVB-S2 系统与 DVB-S 系统的分析计算公式是相同的。

DVB-S2 系统采用了 QPSK、8PSK、16APSK 和 32APSK 等四种不同的调制方式。众所周知,对于同样的平均发送功率,高阶调制的抗噪声性能一般都比低阶调制要差。当然,由于采用了 MAPK 调制,所以这种性能的恶化程度相对于单纯的MPSK 来说要小一些。

DVB-S2 系统采用 LDPC 和 BCH 级联的纠错方式。由于 LDPC 码采用软判决译码的性能比采用硬判决译码的性能好,更能体现 LDPC 码的优势,所以在大部分系统中,LDPC 码的译码方案都是采用软判决译码方案。也正因为如此,对于 DVB-S2 系统的性能分析中,不能像 DVB-S 系统一样,把 QPSK 和卷积码的性能独立进行分析,而是要联合起来分析,即分析某个输入信噪比下,经过多进制调制的软解调后,再经过 LDPC 软判决译码后的输出误码率。图 10.4 给出了在高斯信道条件下,采用 BPSK 调制方式时,LDPC 长码(码长为 64 800)的软判决译码(BP 算法)性能。对于 DVB-S2 的其他调制方式,可以按照各调制方式与BPSK 调制的性能差异进行折算,比如 BPSK 与 QPSK 性能相当,比 8PSK 优 2～3 dB 等。

DVB-S2 中的误码平底 LDPC 码不能满足一般数字电视广播的低于 10^{-7} 误帧率的需求,故需要增加 BCH 外码来达到这个要求,当然同时也增加了系统的复杂度。BCH 也是一种循环分组码,所以对 BCH 的分析可以采用与上节中 R-S 码性能分析的类似方法进行。图 10.5 给出了有无采用 BCH 作为外码时的系统性能比较。由图可见,使用了 BCH 码后,误码平台消失,可以满足接收质量的需要。

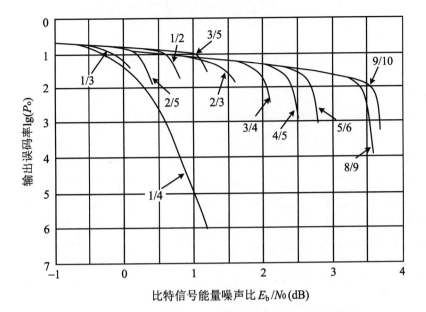

图 10.4　码长为 64 800 的 LDPC 码软判决译码特性

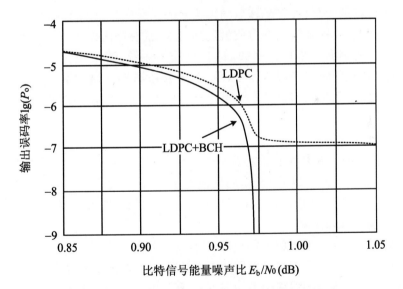

图 10.5　采用与不采用 BCH 作为外码的系统性能比较

10.3　卫星直播数字电视接收系统的设计

　　以上的系统性能分析是卫星数字电视接收系统设计的理论和数值依据,以下以 DVB-S 系统为例,介绍卫星数字电视接收系统的设计过程,并通过一个具体设计实例加以说明。DVB-S2 系统和 ABS-S 系统的设计与 DVB-S 系统的区别仅在于:对于系统所需要的输出误码率(如 10^{-7}),各种标准系统的接收机的解调门限 E_b/N_0 各不相同,输出误码率与解调门限的关系则是来自于图 10.4、图 10.5 和图 10.6 等的数据。其他设计步骤中的参数确定(如输入载噪比 C/N,接收系统品质因数 G/T 和接收天线的口径等)关系式是一样的。

10.3.1　初始参数的确定

1. 设计目标参数

　　由于卫星数字电视信道纠错编码的作用,解调门限十分陡峭。也就是说,当输入载噪比略低于解调门限值时,输出信号的误码就会急剧增大,使系统无法正常工作。因此,要保证输出图像质量达到要求,就要保证输入信号的载噪比高于卫星接收机的解调门限值。例如,对于 DVB-S 系统,若采用 3/4 的信道编码效率,卫星接收机的解调门限为 5.5 dB。只要接收机输入端的信号质量达到此解调门限值之上,系统输出就基本上可达到近似无误码,电视图像质量可达到 5 级左右。

2. 信道传输参数

　　卫星信号的传输参数主要包括传输码流的符号率、纠错码的编码效率(如1/2、2/3、3/4、4/5、5/6、6/7 或 7/8)、多路码流的复用方式(是采用 MCPC 方式还是采用 SCPC 方式)等。这些参数决定了接收机对误码的纠错能力和信号带宽的大小。

3. 卫星转发器参数

　　主要包括卫星转发器的工作频率、全向等效辐射功率(EIRP)和卫星下行波束的覆盖场强等位图等。卫星转发器的工作频段不同,电波的传播损耗也不同;卫星转发器对接收点的全向等效辐射功率不同,所需的天线增益也不同。

10.3.2　设计计算步骤

1. 接收机 (E_b/N_0) 门限值的确定

　　要使系统达到设计目标(5 级图像质量,即误码率小于 10^{-7}),根据卫星信号传输参数,得出卫星接收机的解调门限值 $(E_b/N_0)_{th}$(单位 dB)。表 10.3 给出了 DVB-S 系统(固定采用 QPSK 一种调制方式)在不同的编码效率下的 $(E_b/N_0)_{th}$

值。表 10.4 给出了 DVB-S2 系统在不同调制方式和编码效率下的$(E_b/N_0)_{th}$值。表 10.4 中为取 LDPC 码长为 64 800 时的情况，对于 LDPC 短码的情况，表 10.4 中的数值要相应增加 $0.2\sim0.3$ dB。

表 10.3　不同卷积码编码效率下的(E_b/N_0)门限值

卷积码编码效率	1/2	2/3	3/4	5/6	7/8
$(E_b/N_0)_{th}$(dB)	4.5	5.0	5.5	6.0	6.4

表 10.4　采用不同调制方式时，不同码率方式下的(E_b/N_0)门限值

$(E_b/N_0)_{th}$　码率　调制	1/4	1/3	2/5	1/2	3/5	2/3	3/4	4/5	5/6	8/9	9/10
QPSK	0.75	0.59	0.73	1.05	1.48	1.89	2.31	2.67	2.99	3.73	3.89
8PSK					2.30	3.65	4.43		5.41	6.46	6.70
16APSK						4.76	5.49	6.03	6.42	7.42	7.61
32APSK							7.04	7.67	8.13	9.26	9.56

在实际设计时，所取的(E_b/N_0)值应高于该门限值$(E_b/N_0)_{th}$，即

$$(E_b/N_0) = (E_b/N_0)_{th} + \Delta M$$

其中，ΔM 为链路余量。在实际设计中，对于不同的用户，可留不同大小的余量。对于直播星个体用户，一般可取值为 2 dB 左右。

2. 输入载噪比(C/N)的确定

根据所确定的(E_b/N_0)值，可由下式来计算(C/N)值：

$$(C/N) = (E_b/N_0) + 10\lg m$$

其中，m 为每个符号的比特数，其值等于总码率 R_b 与带宽 B 之比，即 $m = R_b/B$。由 $C/N = C/(N_0 B)$ 可得

$$(C/N_0) = (E_b/N_0) + 10\lg R_b$$

3. 接收系统品质因数 G/T 的确定

接收系统的品质因数与接收机输入端的载噪比的关系为

$$G/T = C/N - (EIRP)_e + (L_d + \Delta L) + 10\lg K + 10\lg B$$

或

$$G/T = C/N_0 - (EIRP)_e + (L_d + \Delta L) + 10\lg K$$

或

$$G/T = E_b/N_0 - (EIRP)_e + (L_d + \Delta L) + 10\lg K + 10\lg R_b$$

其中，ΔL 为传播链路的附加损耗，包括雨衰、大气吸收、指向误差和极化损耗等。对于 Ku 波段直播卫星，根据当地的降雨情况，可取 $\Delta L = 3\sim6$ dB。$(EIRP)_e$ 为转发器等效为单载波的全向辐射功率。一般卫星参数给出的是饱和的全向等效辐射

功率$(EIRP)_s$,只有当下行信号采用 MCPC 方式时,$(EIRP)_e$才与$(EIRP)_s$相等;当下行信号采用 SCPC 方式由 n 路载波共用一个转发器时,每个载波只能分得发射功率的 $1/n$,此时还要考虑到各路载波间的交互调等非线性失真因素,必须把转发器的输出功率再回退 4 dB 左右,此时$(EIRP)_e$与$(EIRP)_s$的关系为

$$(EIRP)_e = (EIRP)_s - 10\lg n - 4$$

4. 天线口径的确定

确定了 G/T 后,就可计算天线的有关参数。根据所使用高频头的噪声温度 T_e 和天线的噪声温度 T_a,按下式计算天线增益:

$$G = (G/T) + 10\lg(T_a + T_e) \quad (单位:dB)$$

进而再根据下式计算出天线的口径:

$$D = \frac{\lambda}{\pi}\sqrt{G/\eta} \quad (单位:m)$$

式中,G 的单位为倍数。根据所得的结果,选择大于或等于该值的标称天线口径。

10.3.3　设计计算实例

"亚洲 2 号"卫星定点于 $100.5°E$,该星的一个 Ku 波段转发器,以 SCPC 传输方式传送 5 路数字卫星电视信号,下行频率为 12.0 GHz,每路数字电视信号的码率为 4.42 Mbps,卷积码编码效率为 3/4。在福建地区,该转发器在饱和状态下的 EIRP 为 52 dBW。接收站的地理位置分别为 $\theta_{站}=119.30°$、$\varphi_{站}=26.08°$。若要求信道解码输出后的误码率优于 10^{-11}(即达到 5 级的图像质量),试确定接收天线的尺寸(假设天线的噪声系数温度为 $T_a=50\,K$,效率为 $\eta_a=60\%$,高频头的噪声系数为 0.7 dB)。

1) 确定接收机输入端的 E_b/N_0 值

根据 DVB-S 系统的卷积码编码效率 η_c 为 3/4,查表 10.3 得到相应的接收机解调门限值为 5.5 dB。取链路余量 ΔM 为 3 dB,则可得 $E_b/N_0=8.5\,dB$。

2) 计算接收机输入端载噪比 C/N_0

由 $S = 4.42\,Mbps$,$\eta_c=3/4$,得 $R_b = 2\eta_c S = 6.63\,Mbps$,故

$$(C/N_0) = (E_b/N_0) + 10\lg R_b = 8.5 + 68.2 = 76.7(dB)$$

3) 计算接收系统的品质因数 G/T

对于 SCPC 方式,由于 5 路节目不在同一个地方上星,用同 5 个载波来传送 5 路数字电视信号,此时每个载波能利用的卫星转发器功率为

$$(EIRP)_e = (EIRP)_s - 10\lg n - 4 = 52 - 10\lg 5 - 4 = 41(dBW)$$

再由 $f = 12\,GHz$,计算可得 $L_d = 205\,dB$,$10\lg K = -228.60\,dB$,并取 $\Delta L = 2\,dB$,则

$$G/T = C/N_0 - (EIRP)_e + (L_d + \Delta L) + 10\lg K$$
$$= 76.7 - 41 + 207 - 228.6$$

$$= 14.1(\text{dB/K})$$

4）计算天线参数

由高频头的噪声系数 0.7 dB,转换为相应的噪声温度 $T_e = 50$ K;天线的噪声温度 $T_a = 50$ K,则可计算天线的增益为

$$G = (G/T) + 10\lg(T_a + T_e) \approx 14.1 + 10\lg 100 \approx 34.1(\text{dB}) = 2\,570(\text{倍})$$

已知天线的效率为 60%,可计算出天线的口径为

$$D = \frac{\lambda}{\pi}\sqrt{G/\eta_a} = \frac{2.5 \times 10^{-2}}{3.14}\sqrt{\frac{2570}{0.6}} = 0.52(\text{m})$$

据此,实际可取口径为 0.6 m 的偏馈型卫星接收天线。

10.4　卫星接收天线的安装与调整

卫星接收天线的安装与调整是使卫星直播数字电视系统接收到卫星信号的关键一环。卫星天线安装地点的选择需要根据所要接收的直播卫星的方位、接收点所处的地理位置和现场所具备的安装条件等因素来确定。具体过程是根据接收天线指向的要求,到现场进行观测,选择既有利于提高接收效果又安全可靠的天线安装场所,从而保证整个卫星电视接收系统长期、可靠地工作。

10.4.1　天线指向的确定

天线指向的确定对于站点的正确选择、系统的快速调试等都是极为重要的前提。接收天线的指向由天线的仰角和方位角两个参量决定,它们与接收站所在的地点和所接收卫星的定点位置有关,其计算公式如下:

仰角

$$E = \arctan \frac{\cos(\varphi_{星} - \varphi_{站})\cos\theta_{站} - r/R}{\sqrt{1 - \left[\cos(\varphi_{星} - \varphi_{站})\cos\theta_{站}\right]^2}}$$

方位角

$$A = 180° - \arctan \frac{\operatorname{tg}(\varphi_{星} - \varphi_{站})}{\sin\theta_{站}}$$

其中,$\varphi_{星}$ 为卫星的定点位置(经度);$\varphi_{站}$ 和 $\theta_{站}$ 为接收站所在的地理位置的经度和纬度;r 为地球的半径(约为 6 378 km),R 为同步轨道半径(约为 42 218 km),故 $r/R \approx 0.151$。对于仰角,水平为 0°,上升为正号;对于方位角,正北为 0°,顺时针为正号。表 10.5 给出了我国部分城市的地理位置参数。

表 10.5　我国部分城市的地理位置参数

城市	经度(°)	纬度(°)	城市	经度(°)	纬度(°)	城市	经度(°)	纬度(°)
北京	116.5	39.9	合肥	117.3	31.9	南宁	108.3	22.8
天津	117.2	39.1	福州	119.3	26.1	重庆	106.5	29.6
石家庄	114.5	38.0	南昌	115.9	28.7	成都	104.1	30.7
太原	112.5	37.9	济南	117.0	36.7	贵阳	106.7	26.6
呼和浩特	111.6	40.8	郑州	113.6	34.8	昆明	102.7	25.0
沈阳	123.4	41.8	武汉	114.3	30.5	西安	109.0	34.3
长春	125.4	43.8	长沙	113.0	28.2	兰州	103.7	36.0
哈尔滨	126.6	45.8	广州	113.2	23.1	西宁	101.7	36.6
上海	121.5	31.2	海口	110.4	20.0	银川	106.3	38.5
南京	118.8	32.0	香港	114.1	22.2	拉萨	91.1	29.7
杭州	120.2	30.3	澳门	113.5	22.2	乌鲁木齐	87.8	43.8

10.4.2　安装地点的选择

根据计算获得的接收天线的仰角和方位角,借助于指南针和经纬仪等工具到现场进行实地观测。天线安装选点的原则主要有以下几个方面:

① 在天线的指向上,有较开阔、无遮挡的视野。对于拟考虑接收多颗不同卫星节目信号的,则还需为各个卫星的指向留出足够的调整范围。

② 安装天线的地点应选择结构坚实的场所。尤其要考虑天线承受的风压,充分考虑安装地点应便于固定,不产生天线移动,并保证长期稳定、可靠。

③ 从抗风和避雷的角度出发,接收天线也应尽量安装于较低处,这样也会给安装、调试及日后的维护、保养带来方便。

10.4.3　室外系统的安装

1. 天线的安装

将天线连同支架安装在天线座架上。天线的方位通常有一定的调整范围,应保证在接收方向的左右有足够的调整余地。对于具有方位度盘和俯仰度盘的天线,应使之方位度盘的 0° 与正北方向、俯仰度盘的 0° 与水平面保持一致。

天线馈源安装是否正确,对接收效果影响极大,应当仔细按照天线安装说明书正确安装。对于前馈或偏馈天线,应保证馈源口处于抛物面焦点位置上;天线的极化器安装于馈源之后。对于线极化(如水平极化和垂直极化),应使馈源输出口的矩形波导窄边(或波导内的探针)与极化方向平行;对于圆极化波(如右旋圆极化波),应使矩形波导口的两窄边垂直线与移相器内的介质片所在平面成偏右 45° 角的位置。

2. 高频头的安装

高频头的安装虽然较为简单,但要特别注意防水问题。首先,将高频头的输入波导口与馈源或极化器输出波导对齐,中间加密封橡胶垫圈和防水隔离薄膜,以防止雨水从高频头接口处和波导管中流入高频头,然后用高频头专门配套的螺钉固紧。其次,在所选用的低损耗射频同轴电缆的一头安装上 FL10 接头(阳性接头),然后将射频电缆线的插头与高频头的中频输出接头(阴性接头)相接拧紧,并敷上防水粘胶或橡皮防水套。对于高频头与馈源一体化结构的高频头,则馈源一端要按照馈源的安装方法进行,要注意馈源的极化方向位置正确;中频输出一端则与前面介绍的方法相同。

10.4.4　系统的调整

1. 准备工作

在业余条件下,要顺利地调准天线的指向,应先做好以下准备工作:

1) 显示器的连接

对于准备采用没有 AV 输入端子的电视机作为显示器的情况,应利用接收机射频输出部分的测试信号,将电视机的频道设置到正确的位置上;对于有 AV 输入端子的监视器,则用音视频电缆分别将接收机的音、视频输出接口与电视机的音、视频输入端子相连。

2) 卫星接收机的设置

对于大多数国产的卫星数字电视接收机而言,机器在出厂时都预设好了几颗常收的卫星电视节目频道参数,如果这些预设参数中恰好包含了所要接收的卫星及其电视节目参数,则不需对卫星接收机进行设置;如果预设参数中不包含所要接收的卫星及其电视节目参数,则需要通过查表或上网搜索获得所要接收的卫星节目的参数(主要是频率、符号率、传输标准、电波极化方向等参数),并利用卫星接收机的节目预设功能进行设置,然后加以存储。

还有一种获得卫星节目参数的方法:将卫星接收机拿到别处已安装好的、接收同一颗卫星电视节目的卫星接收系统中,替换原有的接收机,并采用卫星接收机的自动节目搜索功能,进行卫星电视节目参数的搜索。完成搜索后,将搜索结果进行存储。此时,切换频道可以在显示器上看到所接收到的电视节目。要注意的是,该系统所用的高频头的本振频率应与新安装的接收系统的高频头频率一致,以避免由于高频头本振频率的偏差而造成的频道设置不准确。

如果所购买的卫星接收机具备用于进行天线调整的功能选项,或者本接收机具有宽频带输入电平指示器功能,则只需利用卫星接收机的这些功能选项,就可以对接收天线进行调整。

3) 接收系统的连接

按照图 10.6 所示的方法进行系统连接。首先将高频头安装于卫星接收天线的馈源上;接着用射频电缆将高频头的输出端与卫星接收机的输入端相连接。再用音视频电缆,将卫星接收机的音视频输出接口与电视机的音视频输入接口相连接,并把电视机设置成 AV 输入方式。如果电视机没有音视频输入接口,则采用一条射频电缆将卫星接收机的射频输出口与电视机的天线输入口相连接(见图 10.6 中的虚线),并把电视机的接收频道切换到与卫星接收机输出相同的频道上。最后把卫星接收机的电源线和电视机的电源线插到 220 V 交流电的插座上。

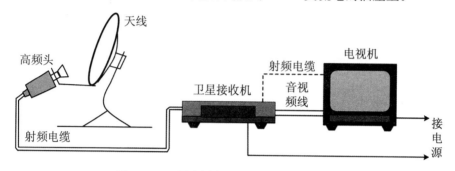

图 10.6 卫星直播电视接收系统连接示意图

2. 天线的调整

将系统的各个设备用相应的电缆连接无误后,将接收机和电视机的电源开关打开。通过接收机功能选择菜单,将其设置于天线调整选项、室外输入电平强度指示选项或所要接收的卫星电视相应频道号(或参数)上。此时,显示器上应为黑屏(对于采用 AV 端子输入的电视机)或呈现较大的雪花点(对于采用天线输入的电视机)。将天线调整到所计算的方位和仰角的大致范围内,然后在大约±15°范围内搜索。每次将仰角移动 5°左右,方位角搜索一次(范围可大些)。反复调整,直到显示器出现最清晰图像或电平指示器指示最大。然后固定方位角,上下微调仰角,使图像更清晰、稳定,电平指示最大。如此反复几次,最终得到最好、最稳定的图像或最大的电平指示值,然后将方位角和仰角的固定螺丝拧紧。

由于直播卫星的接收天线面积小,其波束宽度较大,一般不需精确测量方位角和俯仰角,只需粗略地判定一下大致方向。松开角度固紧螺丝,用手握住抛物面,慢慢地摆动天线的指向,就可很快地找到信号,收到图像。

对于线极化波(水平或垂直极化波)的接收,由于接收点的位置不同,存在一个极化倾斜角,故接收天线的最佳极化角并不在水平或垂直方向上。调整者若查不到这个倾角的数值,也可以通过调整馈源内筒的位置来获得最佳效果。具体做法是:松开馈源内筒的固紧螺丝,用手慢慢转动内筒的方向,直到图像最清晰或电平指示值最大时为止,再重新拧紧馈源内筒的固紧螺丝。

3. 接收机的设置

调整好天线之后,用户可以根据自己的需要重新设置或增加接收的卫星电视节目和顺序。此时,可根据接收机的操作说明,按照所要接收的各个频道的参数进行预设;还可利用接收机的自动节目搜索等功能,调出同一颗卫星上的所有电视节目和广播节目。

10.5 共用卫星天线的方法

对于许多卫星电视用户来说,常常希望能够在多个房间安装多套卫星接收机系统。如果这些不同的接收系统都是接收同一个卫星的信号,则可采用共用卫星室外接收系统的方法来实现。具体做法是:通过一个卫星中频功率分配器,将高频头输出的第一中频信号分配到不同房间的卫星接收机上。这样,每个房间只需增加一台卫星接收机,即可实现每个房间分别接收该卫星上的不同电视节目。

共用卫星天线系统的设备构成如图 10.7 所示。由图可知,室外部分的卫星接收天线和高频头为系统的共用部分,卫星数字电视接收机为各用户(或个房间)自备。系统通过射频电缆和卫星电视专用的功率分配器,将卫星第一中频信号分配到每个用户端。这样,每个用户仅需要一台卫星数字电视接收机,就能灵活、方便地收看卫星上传送的所有电视频道节目。

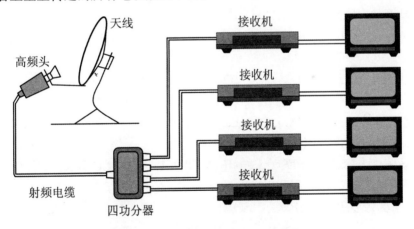

图 10.7 共用卫星天线系统的组成框图

由于卫星电视的第一中频频率较高(950~1 450 MHz),射频传输电缆和功率分配器对信号都有较大的损耗。如果射频电缆采用一般有线电视用的射频电缆,则每百米损耗为 30 dB 左右,二功率分配器损耗为 4 dB 左右,四功率分配器损耗为 7 dB 左右。故当连接电缆不太长时(30 m 以内),通过功率分配器,可以连接四台卫星数字电视接收机。如果连接电缆太长、级联的功率分配器较多时,可在前端适当位置加接卫星电视专用的线路放大器(一般增益为 10~30 dB),使每个用户接收机都有足够的输入电平(应达到−60~−30 dBm 范围内),以保证良好的接收效果。

参 考 文 献

[1] 活动图像专家组(MPEG). ISO/IEC 13818-1,系统—描述视频和音频的同步和多路技术[S]//MPEG-2 标准(ISO/IEC13818 国际标准). 1994.

[2] 活动图像专家组(MPEG). ISO/IEC 13818-2,视频—视频压缩[S]//MPEG-2 标准(ISO/IEC13818 国际标准). 1994.

[3] 活动图像专家组(MPEG). ISO/IEC 13818-3,音频—音频压缩,包括多通道的 MP3 扩展[S]//MPEG-2 标准(ISO/IEC13818 国际标准). 1994.

[4] 活动图像专家组(MPEG). ISO/IEC 13818-4,测试规范[S]//MPEG-2 标准(ISO/IEC13818 国际标准). 1994.

[5] 活动图像专家组(MPEG). ISO/IEC 13818-5,仿真软件[S]//MPEG-2 标准(ISO/IEC13818 国际标准). 1994.

[6] 活动图像专家组(MPEG). ISO/IEC 13818-6,DSM-CC(Digital Storage Media Command and Control)扩展[S]//MPEG-2 标准(ISO/IEC13818 国际标准). 1994.

[7] 活动图像专家组(MPEG). ISO/IEC 13818-7,Advanced Audio Coding(AAC)[S]//MPEG-2 标准(ISO/IEC13818 国际标准). 1994.

[8] 活动图像专家组(MPEG). ISO/IEC 13818-9,实时接口扩展[S]//MPEG-2 标准(ISO/IEC13818 国际标准). 1994.

[9] 活动图像专家组(MPEG). ISO/IEC 13818-10,DSM-CC 规范[S]//MPEG-2 标准(ISO/IEC13818 国际标准). 1994.

[10] 活动图像专家组(MPEG). ISO/IEC 13818-11, IPMP on MPEG-2 systems[S]//MPEG-2 标准(ISO/IEC13818 国际标准). 1994.

[11] 联合视频组(JVT). ISO/IEC 14496-10, H. 264/MPEG-4 AVC[S] //MPEG-4 标准. 2003.

[12] European Telecommunications Standards Institute. ETS 300 421, DVB-S[S]//European Telecommunication Standard. 1993.

[13] European Telecommunications Standards Institute. ETSI EN 302 307, DVB-S2 [S] //European Telecommunication Standard. 2003.

[14] 国际数字视频广播组织. DVB-CI(digital video broadcast Common Interface)[S]//DVB 标准. 1997.

[15] 国家广播电影电视总局广播科学研究院.中国卫星直播数字电视专用信号传输技术行业标准(ABS-S)[S].2005.

[16] 国家广播电影电视总局.GY/T 230—2008 数字电视广播业务信息规范[S].北京:中国标准出版社,2008.

[17] 苏凯雄,郭里婷.数字卫星电视接收技术[M].北京:人民邮电出版社,2002.

[18] 沈少阳.一种具有 CA 功能的 DVB-C 机顶盒的设计[D].福州:福州大学硕士论文,2005.

[19] 王献飞.条件接收和数据广播业务在 DVB-C 机顶盒上的设计与实现[D].福州:福州大学硕士论文,2005.

[20] 张书义.数字高清电视的移动接收技术研究[D].福州:福州大学硕士论文,2006.

[21] 陈建.基于 FPGA 的 MPEG-2 传输流复用器的研究[D].福州:福州大学硕士论文,2007.

[22] 吴林煌.数字电视条件接收前端的研究与实现[D].福州:福州大学硕士论文,2009.

[23] 李欣.AC-3 音频编码器研究与实现[D].天津:天津大学电子信息工程学院硕士论文,2008.

[24] 袁东风,等.LDPC 码理论与应用[M].济南:山东大学出版社,2008.

[25] 杨静.DVB-S2 标准中 LDPC 码的编译码研究及仿真[D].西安:西安电子科技大学硕士论文,2011.

[26] 樊昌信,曹丽娜.通信原理[M].北京:国防工业出版社,2009.